Photoshop 平面设计实用教程

主　编　赵　艳　宋传磊　胡　鹏
副主编　张光亮　周　芳

华中科技大学出版社
中国·武汉

内 容 简 介

Photoshop 是目前世界公认的权威图形图像处理软件，尤其是 Photoshop CS5 版本，更是在使用功能上进行了改进和完善，让用户拥有更轻松快捷的使用体验。Photoshop 性能稳定、使用方便，所以在平面广告设计、室内装潢、数码照片处理、日常图像处理等领域中发挥着越来越重要的作用。

本书从实际应用的角度出发，本着易学易用的原则，采用零起点方式学习软件的基本操作和使用，应用实例囊括了现实生活中多个层面的设计应用，全面、系统地介绍了 Photoshop CS5 图像处理的基本操作与应用技巧。本书主要包括 Photoshop CS5 基础工具的使用，图像处理基础知识，图层的了解和应用，图像选区的编辑，通道、路径的使用等方面，在实例上选择了现实中较常见的图像合成、照片修正与处理、广告和海报的制作、后期效果图处理等方面进行练习。

为了方便教学，本书配有教学资源包，其中提供书中所有范例和上机练习的素材文件、最终效果的源文件，电子教案及 PPT 幻灯片文件，大量、实用的素材资源包括图片资源和 Photoshop 中使用的样式、笔刷、形状等资源，可满足设计人员的实际需求，相关教师和学生可以登录“我们爱读书”网，免费注册并下载，或者发邮件至 hustpeiit@163.com 免费索取。

本书可满足不同层次、各种学历、各类行业读者的实际需求。本套教材定位准确，教学内容全面，难易适中，适合作为高等院校计算机专业的专业教材和艺术设计类专业的基础教材，也可作为社会培训班的教材及平面设计爱好者的自学参考用书。

图书在版编目(CIP)数据

Photoshop 平面设计实用教程/赵艳，宋传磊，胡鹏主编. —武汉：华中科技大学出版社，2015.1
应用型本科信息大类专业“十二五”规划教材
ISBN 978-7-5680-0597-5

Ⅰ.①P…　Ⅱ.①赵…　②宋…　③胡…　Ⅲ.①平面设计-图像处理软件-高等学校-教材　Ⅳ.①TP391.41

中国版本图书馆 CIP 数据核字(2015)第 022836 号

Photoshop 平面设计实用教程
Photoshop Pingmian Sheji Shiyong Jiaocheng

赵艳　宋传磊　胡鹏　主编

策划编辑：康　序
责任编辑：史永霞
封面设计：原色设计
责任校对：曾　婷
责任监印：张正林
出版发行：华中科技大学出版社(中国·武汉)
武昌喻家山　邮编：430074　电话：(027)81321913
录　　排：武汉正风天下文化发展有限责任公司
印　　刷：湖北新华印务有限公司
开　　本：880mm×1230mm　1/16
印　　张：10
字　　数：331 千字
版　　次：2019 年 1 月第 1 版第 3 次印刷
定　　价：39.80 元

FOREWORD
前言

本书在编写时结合编者大量的实际教学经验，注重学生基础能力和实践能力的培养。在编写形式上本书完全按照教学规律，精选实例，由浅入深地讲述了图像编辑处理的理论知识，系统讲述了 Photoshop CS5 软件的使用和操作，为广大教师及学生提供很好的学习参考。

[关于本书]

根据当前中国电脑职业教育与培训市场的特点，结合读者自学需求，从初学者角度出发，以“适应学习，实际应用”为线索，从零开始，通过大量丰富的实例，系统全面地讲解了 Photoshop CS5 软件在平面设计与图像处理中的作用。

本书在内容的设置上具有较强的专业性与针对性，以满足职业的工作需求作为写作出发点，全面提高学习的针对性和适用性，以增强学生实践操作能力和处理实际问题的能力。因此，在编写时本书重点解决了职业技能中“学”与“用”两个关键问题。

全书内容安排由浅入深，语言文字通俗易懂，实例丰富多彩，每个操作步骤的介绍都清晰准确，既可作为教学用书，也可作为广大平面设计者的自学用书。

[内容安排]

全书共分 8 章，每章前面为基础知识及基本使用讲解，后面用实例来巩固理论知识。主要内容如下。

第 1 章：图像处理基础，主要讲解了图像设计的领域、用途及理念，图像处理中需要掌握的相关概念和 Photoshop 的发展历史。

第 2 章：Photoshop CS5 工具介绍，包括 Photoshop CS5 的新增功能和基本工具的使用。

第 3 章：Photoshop CS5 图层介绍，讲解了 Photoshop CS5 中图层的概念和使用方法。

第 4 章：Photoshop CS5 的通道和蒙版，讲解了通道的概念和种类、用途，以及通道和蒙版在使用中的相通点。

第 5 章：Photoshop CS5 的路径和矢量图形，讲解了路径和矢量图形的特点和使用技巧。

第 6 章：Photoshop CS5 中的色彩处理，讲述了色彩的调整方法。

第 7 章：Photoshop CS5 中的滤镜，介绍了滤镜的概念和常用滤镜的使用技巧，滤镜的叠加使用效果。

第 8 章：综合实例。利用前面讲述的知识进行一系列实例的制作，将艺术设计与使用技巧相结合，旨在引导学生自己进行作品的创作。

［特色介绍］

● 图标清晰，易学易懂：在写作方式上，采用“步骤讲述＋图标注解”的方式进行编写，操作简单明了，浅显易懂，读者按照书中的步骤和图解，一步步操作，就可做出想要的效果。

● 教学光盘，实用超值：本书附带的专业级教学 DVD 光盘，配套素材与效果图，可以与书中的讲解同步进行，并对最终效果进行比较。同时，大量精美的资源，可以满足设计人员的使用需求。

● 实例丰富，实用性强：书中每一个实例都针对一个知识点进行讲解和制作，比起一味讲解知识点的做法更加直观。实例都是在现实生活中见到或用到的案例，其参考价值很高。

本书由西北师范大学知行学院赵艳、青岛理工大学琴岛学院宋传磊、昆明理工大学津桥学院胡鹏任主编，由青岛理工大学琴岛学院张光亮、周芳任副主编。其中第 1 章、第 2 章、第 3 章由赵艳编写，第 5 章由宋传磊编写，第 4 章、第 7 章由胡鹏编写，第 6 章由周芳编写，第 8 章由张光亮编写。

为了方便教学，本书还配有电子课件等教学资源包，相关教师和学生可以登录“我们爱读书”网，免费注册并下载，或者发邮件至 hustpeiit@163.com 免费索取。

由于计算机技术飞速发展，加上编者水平有限，时间仓促，不妥之处在所难免，敬请广大读者和同行批评指正。

编　者

2015 年 2 月

CONTENTS

目录

第1章　图像处理基础

1.1　位图与矢量图 …… 1
1.2　分辨率 …… 2
1.3　色彩知识 …… 4
1.4　图像的数据格式 …… 6
1.5　Photoshop 的发展历史 …… 9
1.6　Photoshop CS5 的新功能介绍 …… 10
1.7　Photoshop CS5 的启动、退出及其工作界面 …… 10
1.8　Photoshop CS5 中参数的设置 …… 12
1.9　Photoshop CS5 中文件的基本操作 …… 13

第2章　Photoshop CS5 工具介绍

2.1　工具箱介绍 …… 17
2.2　选择类工具 …… 17
2.3　修饰类和绘画类工具 …… 25
2.4　色彩调整类工具 …… 35
2.5　路径选择工具 …… 36
2.6　辅助工具 …… 39
2.7　3D 工具 …… 43
2.8　实例制作 …… 45

第3章　Photoshop CS5 图层介绍

3.1　图层面板介绍 …… 52
3.2　图层类型 …… 54
3.3　图层的编辑操作 …… 58
3.4　图层样式 …… 62
3.5　实例制作 …… 64

第4章　通道与蒙版

4.1　通道的概念及分类 …… 78
4.2　通道的操作 …… 79
4.3　通道的应用实例 …… 81

4.4 蒙版的概念和分类 …… 85
4.5 蒙版的操作 …… 85
4.6 蒙版的应用实例——咖啡时光 …… 90

第5章 路径和矢量图形

5.1 路径的概念及组成 …… 95
5.2 路径的绘制 …… 95
5.3 路径的编辑 …… 99
5.4 路径与矢量图的关系 …… 100
5.5 路径的调整和操作 …… 100
5.6 路径应用案例分析 …… 102

第6章 图像色彩处理

6.1 颜色模式及转换 …… 104
6.2 色彩校正 …… 109
6.3 图像色彩调整 …… 109

第7章 滤镜的使用

7.1 认识滤镜 …… 116
7.2 独立滤镜的使用 …… 118
7.3 其他滤镜的使用 …… 120
7.4 滤镜叠加使用实例——《冰与火之歌》海报 …… 142

第8章 综合实例

8.1 广告设计 …… 148
8.2 海报设计 …… 151

第1章　图像处理基础

1.1　位图与矢量图

在计算机当中，显示和处理的图形一般可以分为两大类——位图和矢量图。不管是位图还是矢量图，都可以称为图形，有位图图形，也有矢量图形。图片、图形和图像没有从属关系，说的都是图，图形重在形，就像工程图，图像重在像，就像效果图，都是图，只是侧重点不同而已。无论是位图还是矢量图，认识它们的特色和差异，有助于创建、输入、输出编辑和应用数字图像。位图图像和矢量图形没有好坏之分，只是用途不同而已。因此，整合位图图像和矢量图形的优点，才是处理数字图像的最佳方式。

1.1.1　位图

位图也称为点阵图、栅格图像、像素图，简单地说，就是由最小单位像素构成的图。位图由一个个的像素点组成，这些像素点可以进行不同的排列和染色以构成图样。

位图图像是连续色调图像(如照片或数字绘画)最常用的电子媒介，因为它可以表现阴影和颜色的细微层次。

与下述基于矢量的绘图程序相比，像 Photoshop 这样的编辑照片程序则用于处理位图图像。我们处理位图图像时，可以优化微小细节，进行显著改动以及增强效果。点阵图像是与分辨率有关的，即在一定面积的图像上包含有固定数量的像素。因此，如果在屏幕上以较大的倍数放大显示图像，或以过低的分辨率打印，位图图像会出现锯齿边缘。当位图放大到一定比例时，可以看见赖以构成整个图像的无数像马赛克一样的方块，这就是像素。每个像素都有一定的颜色数量，颜色数量的不同决定了这个图像的颜色深度，所以，一个像素所具有的颜色深度称为位深度。像素和颜色深度都是位图的基本属性。因此，对位图的操作实际上是对它的最小单位——像素的操作。

图 1-1-1 所示为位图原图，图 1-1-2 所示为将图 1-1-1 放大到 500%时的图像局部。

图 1-1-1　位图原图

图 1-1-2　位图放大到 500%时的图像局部

位图的文件类型很多，如 *.bmp、*.pcx、*.gif、*.jpg、*.tif、*.psd、*.pcd、*.cpt 等。同样的图形，存储成以上几种文件时的文件数据量会有一些差别，尤其是 *.jpg 格式，它的文件大小只有同样的 *.bmp 格式的 1/35 到 1/20，这是因为它的点矩阵经过了复杂的压缩算法的缘故。对于位图的数字图像文件格式我们在后面会详细讲述。

1.1.2 矢量图

矢量图即矢量图形，也称为面向对象的图像或绘图图像，在数学上定义为一系列由线连接的点。矢量图使用直线和曲线来描述图形，这些图形的元素是一些点、线、矩形、多边形、圆等，它们都是通过数学公式计算获得的。

Adobe Illustrator、CorelDraw、Auto CAD 等软件是以矢量图形为基础进行创作的。矢量文件中的图形元素称为对象。每个对象都是一个自成一体的实体，它具有颜色、形状、轮廓、大小和屏幕位置等属性。每个对象既然都是一个自成一体的实体，就可以在维持它原有清晰度和弯曲度的同时，多次移动和改变它的属性，而不会影响图例中的其他对象。这些特征使基于矢量的程序特别适用于图例和三维建模，因为它们通常要求能创建和操作单个对象。基于矢量的绘图同分辨率无关。这意味着它们可以按最高分辨率显示到输出设备上。

矢量图形与分辨率无关，可以将它缩放到任意大小和以任意分辨率在输出设备上打印出来，都不会影响清晰度。因此，矢量图形是文字（尤其是小字）和线条图形（比如徽标）的最佳选择。

有一些图形（如工程图、白描图、卡通漫画等），它们主要由线条和色块组成，这些图形可以分解为单个的线条、文字、圆、矩形、多边形等图形元素。再用一个代数式来表达每个被分解出来的元素。例如：一个圆可以表示成圆心在(x_1,y_1)，半径为 r 的图形；一个矩形可以通过指定左上角点的坐标(x_1,y_1)和右下角点的坐标(x_2,y_2)的四边形来表示；线条可以用一个端点的坐标(x_1,y_1)和另一个端点的坐标(x_2,y_2)的连线来表示。当然，我们还可以为每种元素加上一些属性，如边框线的宽度、边框线是实线还是虚线、中间填充什么颜色等。然后把这些元素的代数式和它们的属性作为文件存盘，就生成了矢量图（也叫向量图）。

由于矢量图形可通过公式计算获得，所以矢量图形的文件体积一般较小。矢量图形最大的优点是无论对其进行放大、缩小或旋转等操作，其都不会失真，最大的缺点是难以表现色彩层次丰富的逼真图像效果。图 1-1-3 所示为矢量图原图，图 1-1-4 所示为将图 1-1-3 放大到 500％时的图像局部。

图 1-1-3　矢量图原图

图 1-1-4　矢量图放大到 500％时的图像局部

矢量图形的格式很多，如 Adobe Illustrator 的 *.ai、*.eps 和 SVG，AutoCAD 的 *.dwg 和 *.dxf，Corel Draw 的 *.cdr，Windows 标准图元文件 *.wmf 和增强型图元文件 *.emf 等。当需要打开这种图形文件时，程序根据每个元素的代数式计算出这个元素的图形，并显示出来。就好像我们写出一个函数式，通过计算也能得出函数图形一样。编辑这样的图形的软件叫矢量图形编辑器，如 AutoCAD、CorelDraw、Adobe Illustrator、Freehand 等。

基于矢量图的软件和基于位图的软件的最大区别在于：基于矢量图的软件原创性比较大，主要长处在于从无到有进行创作，而基于位图的软件，后期处理能力比较强大，主要长处在于图片的加工和处理。

1.2 分辨率

分辨率的种类有很多，其含义各不相同。正确理解分辨率在各种情况下的具体含义，弄清不同表示方法之间的相互关系，是至关重要的一步。分辨率和点距是两个截然不同的概念。点距是指像素点与像素点之间的距离，像素数越多，其分辨率就越高，因此，分辨率通常是以像素数来计量的。

分辨率是和图像相关的一个重要概念，是衡量图像细节表现力的技术参数。高分辨率是保证彩色显示清晰度的重要前提。分辨率体现屏幕图像的精密度，是指显示器所能显示的点数的多少。通常，分辨率被表示成每一个方向上的像素数量，分辨率越高，可显示的点数越多，画面就越精细。

1.2.1 最高分辨率

数码相机能够拍摄最大图片的面积，就是这台数码相机的最高分辨率，通常以像素为单位。在相同尺寸的照片下，分辨率越大，图片的面积越大，文件（容量）也越大。通常，分辨率表示成每一个方向上的像素数量，比如 640×480 等。图像包含的数据越多，图形文件就越大，也能表现更丰富的细节。但更大的文件需要耗用更多的计算机资源，更多的内存，更大的硬盘空间等。假如图像包含的数据不够充分（分辨率较低），就会显得相当粗糙，特别是把图像放大为较大尺寸的时候。所以在图片创建期间，我们必须根据图像最终的用途决定合适的分辨率。技巧是在保证图像包含足够多的数据、能满足最终输出需要的前提下，尽量少地占用计算机资源。

1.2.2 图像分辨率

位图图像在高度和宽度方向上的像素总量称为图像的像素大小。打印在纸上的每英寸像素数决定了图像分辨率。

图像中细节的数量取决于其像素大小，而图像分辨率控制打印像素的空间大小。例如，用户无须更改图像中的实际像素数据便可修改图像的分辨率，只需要更改图像的打印大小。但是，如果想保持相同的输出尺寸，则更改图像的分辨率时需要更改像素总量。

图像的文件大小是图像文件的数字大小，以千字节（KB）、兆字节（MB）或千兆字节（GB）为度量单位。文件大小与图像的像素大小成正比。图像中包含的像素越多，在给定的打印尺寸上显示的细节也就越丰富，但需要的磁盘存储空间就会增多，而且编辑和打印的速度可能会较慢。因此，在图像品质（保留所需要的所有数据）和文件大小难以两全的情况下，图像分辨率成为它们之间的折中办法。

1.2.3 显示器分辨率

由于屏幕上的点、线和面都是由点组成的，显示器可显示的点数越多，画面就越精细，同样的屏幕区域内能显示的信息也越多，所以分辨率是个非常重要的性能指标之一。可以把整个图像想象成一个大型的棋盘，而分辨率的表示方式就是所有经线和纬线交叉点的数目。分辨率为 1024×768 的屏幕，就是每一条水平线上包含 1024 个像素点，共有 768 条线，即扫描列数为 1024 列，行数为 768 行。分辨率不仅与显示尺寸有关，还受显像管点距、视频带宽等因素的影响。其中，它和刷新频率的关系比较密切，严格地说，只有刷新频率为“无闪烁刷新频率”，显示器最高能达到多少分辨率，才能称这个显示器的最高分辨率为多少。

图像数据可直接转换为显示器像素。这意味着，当图像分辨率比显示器分辨率高时，在屏幕上显示的图像比其指定的打印尺寸大。

显示器分辨率取决于显示器的大小及其像素设置。例如，一幅图像（尺寸为 800 像素×600 像素）在 15 英寸显示器上显示时几乎会占满整个屏幕，而在更大的显示器上显示时所占的屏幕空间就会比较小。

1.2.4 打印机分辨率

打印机分辨率以打印机产生的每英寸的油墨点数（dpi）为度量单位。

喷墨打印机产生的是极小的墨粒，而不是实际的点；但大多数喷墨打印机的分辨率为 240dpi 到 720dpi。许多喷墨打印机驱动程序都提供了简化的打印设置，以便选取更高品质的打印。

1.2.5 网频

网频也称为网目线数或线网，度量单位通常采用线/英寸（lpi），或半调网屏中每英寸的网点线数。输出设备的分辨率越高，可以使用的网目线数就越精细。

图像分辨率和网频间的关系决定打印图像的细节品质。要生成高品质的半调图像，通常使用的图像分辨率为网频的1.5倍。但对于某些图像和输出设备而言，较低的分辨率会产生较好的效果。

1.3 色彩知识

人们凭借着光才能看到物体的形状、色彩，有了光才有了人的色彩感觉，从而获得了对客观事物的认识。因此，色彩就是光刺激人的眼睛的视觉反应。

我们能看到太阳和灯，是因为这些物体都能自发光，发出的光刺激我们的眼睛，让我们感觉到颜色，光的波长不同，我们感觉的颜色就不一样。光在物理学上是电磁波的一部分，其波长为400～700nm，在此范围内的光线称为可视光线。当把光线引入三棱镜时，光线被分离为红、橙、黄、绿、青、蓝、紫，因而得出的自然光是七色光的混合。这种现象称作光的分解或光谱，七色光谱的颜色分布是按光的波长排列的。

1.3.1 色彩模式

1. CMYK 模式

CMYK 模式称为减色模式，模拟白光被物体吸收部分色光后的反射光，如图1-3-1所示，主要用于印刷行业。CMYK 代表印刷上用的四种油墨色：C 代表青色，M 代表洋红色，Y 代表黄色，K 代表黑色。在吸光配色时，洋红色、黄色、青色被称为三原色。

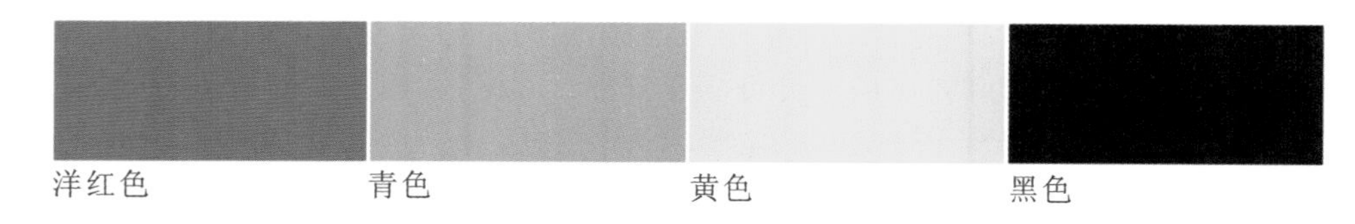

图 1-3-1 CMYK 模式

2. RGB 模式

(0,0,0)代表黑色，(255,255,255)代表白色，(255,0,0)代表红色，(0,255,0)代表绿色。发光配色适合于自身发光的物体，比如显像管、霓虹灯。在发光配色时，红、绿、蓝称为三原色，规律是红色光与绿色光相加会形成黄色光，红色光与蓝色光相加会形成紫色光等。

(1) RGB 模式用红(red)、绿(green)、蓝(blue)三色光按不同比例和强度的混合来表示，如图1-3-2所示。

(2) RGB 模式可以合成高达16 700 000种颜色，通常称为真彩色。

(3) RGB 模式又称为加色模式，适用于光照、视频和显示器。

(4) RGB 模式是三通道图像，每个颜色通道的颜色值由8位数据表示，包含24位像素。

3. Lab 颜色模式

Lab 颜色模式是 Photoshop 在不同颜色模式之间转换时使用的内部颜色模式。打印时，要将 RGB 模式转换为 CMYK 模式，需经 Lab 颜色模式这一过程以保证品质。

Lab 颜色模式由一个发光率和两个颜色轴组成。它用颜色轴所构成的平面上的环形线来表示颜色的变化，其中径向表示色饱和度的变化，自内向外，饱和度逐渐增高；圆周方向表示色调的变化，每个圆周形成一个色环；而不同的发光率表示不同的亮度并对应不同的环形线，如图1-3-3所示。

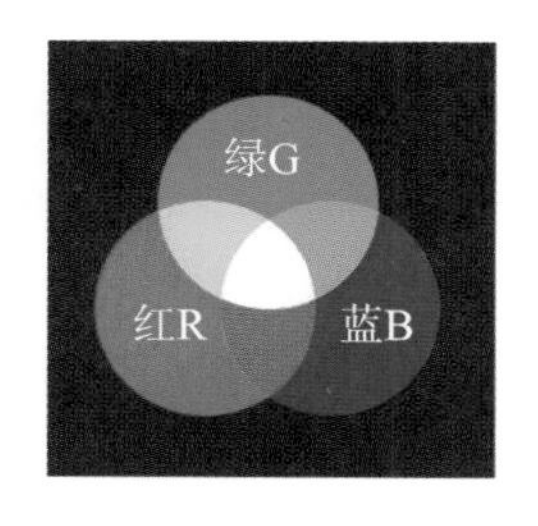

图 1-3-2 RGB 模式

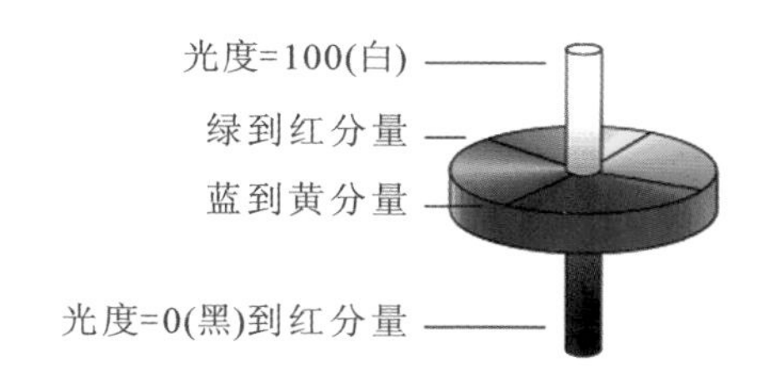

图 1-3-3 Lab 颜色模式

Lab 颜色模式是由 RGB 模式转换而来的。它是一种“独立于设备”的颜色模式，即不论使用何种监视器或者打印机，Lab 颜色不变。

4. HSB 颜色模式

从心理学的角度来看，颜色有三个要素：色相、饱和度和亮度。HSB 颜色模式(见图 1-3-4)便是基于人对颜色的心理感受的颜色模式。

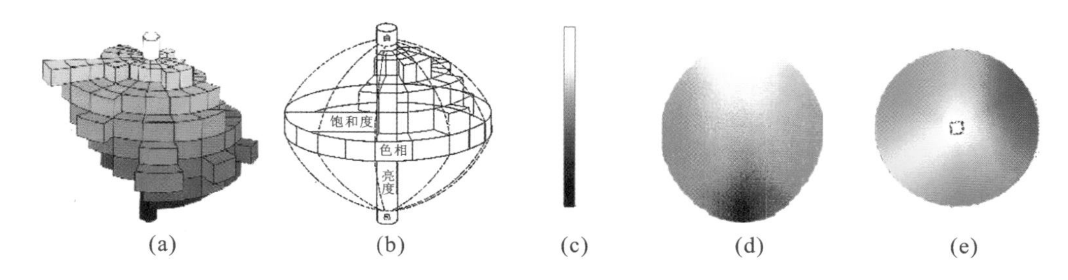

图 1-3-4 HSB 颜色模式

(a)HSI 圆锥空间模型；(b)线条示意图：圆锥上亮度、色相和饱和度的关系；(c)纵轴表示亮度；(d)圆锥纵切面：描述了同一色相的不同亮度和饱和度的关系；(e)圆锥横切面：色相 H 为绕着圆锥截面度量的色环，圆周上的颜色为完全饱和的纯色，饱和度为穿过中心的半径横轴

5. 索引颜色

索引颜色下图像像素用一个字节表示，索引颜色最多包含 256 色的色表(储存并索引其所用的颜色)，它的图像质量不高，占用空间较少。

6. 灰度模式

灰度模式只用黑色和白色显示图像，像素值 0 表示黑色，像素值 255 表示白色。

7. 位图模式

像素不是由字节表示的，而是由二进制表示的，即黑色和白色由二进制表示，从而占用磁盘空间较小。

8. 双色调模式

采用 2～4 种彩色油墨混合其色阶来创建双色调(2 种颜色)、三色调(3 种颜色)、四色调(4 种颜色)，主要用于减少印刷成本。

9. 多通道模式

若图像只使用了 1～3 种颜色，使用多通道模式可减少印刷成本并保证图像颜色的正确输出。

10. 8 位/通道和 16/通道模式

8 位/通道中包含 256 个灰阶，16/通道中包含 65 535 个灰阶。在灰度、RGB 或 CMYK 模式下可用 16/通道代替 8 位/通道。16/通道模式的图像不能被打印，且有的滤镜不能用。

1.3.2 色彩的模式转换

在出版系统中，没有哪种设备能够重现人眼可以看见的整个范围的颜色。每种设备都在一定的色彩空间内工作，只能生成某一范围或色域的颜色，如图 1-3-5 所示。

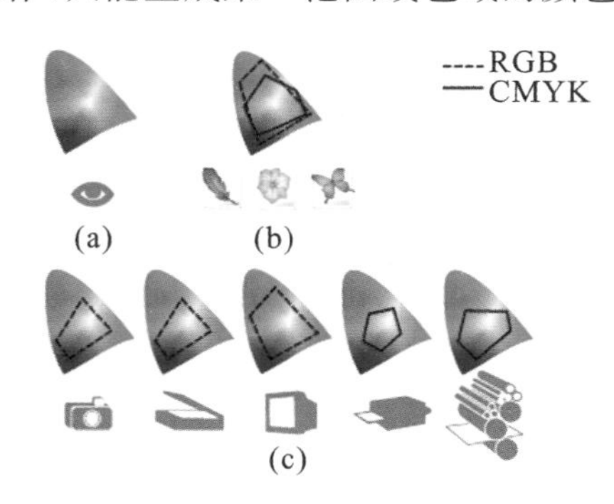

图 1-3-5　不同设备和文档的色域

(a)Lab 色彩空间；(b)文档(工作空间)；(c)设备

颜色模式确定各值之间的关系，色彩空间将这些值的绝对含义定义为颜色。某些颜色模式(如 Lab 颜色模式)有固定的色彩空间，因为它们与人感知颜色的方式直接相关。这些模式被视为与设备无关。其他一些颜色模式(如 RGB、HSL、HSB、CMYK 等)可能具有许多不同的色彩空间。这些模式因每个相关的色彩空间或设备而异，因此它们被视为与设备相关。

由于色彩空间不同，在不同设备之间传递文档时，颜色在外观上会发生改变。颜色变化有多种原因：图像源(扫描仪和软件使用不同的色彩空间生成图片)不同；计算机显示器的品牌不同；软件应用程序定义颜色的方式不同；印刷介质不同(新闻印刷纸与杂志的纸相比，重现的色域较小)和其他自然变化，如显示器的制造差别。

在 Photoshop 中，可以为每个文档选取一种颜色模式。颜色模式决定了用来显示和打印所处理图像的颜色方法。选择某种特定的颜色模式，就选用了某种特定的颜色模型(一种描述颜色的数值方法)。Photoshop 的颜色模式基于颜色模型，而颜色模型对于印刷中使用的图像非常有用。灰度模式是位图/双色调模式和其他模式相互转换的中介模式。

只有灰度模式和 RGB 模式的图像可以转换为索引颜色模式。

Lab 颜色模式的色域最宽，包括 RGB 模式和 CMYK 模式的色域中的所有颜色。Photoshop 以 Lab 颜色模式作为内部转换模式。

多通道模式可通过转换颜色模式和删除原有图像的颜色通道得到。我们可以从以下模式中选取：RGB 模式(红色、绿色、蓝色)、CMYK 模式(青色、洋红色、黄色、黑色)、Lab 颜色模式和灰度模式。Photoshop 还包括用于特殊色彩输出的颜色模式，如索引颜色和双色调。颜色模式决定了图像中的颜色数量、通道数和文件大小。

1.4　图像的数据格式

一般来说，所有的位图图像都包含一定的压缩方式，压缩方式和比率不同，图像的大小和特点也必然不同，自然决定了它的使用途径不同。图像的数据格式主要有以下几种类型。

1.4.1　BMP 格式

BMP 是英文 bitmap(位图)的简写，它是 Windows 操作系统中的标准图像文件格式，能够被多种 Windows 应用程序所支持。随着 Windows 操作系统的流行与 Windows 应用程序的开发，BMP 位图格式理所当然地被广泛应用。

BMP 格式的文件名后缀是.bmp，它的色彩深度有 1 位、4 位、8 位及 24 位几种格式。BMP 格式是应用比较广泛的一种格式，由于采用非压缩格式，所以图像质量较高，但缺点是这种格式的文件占空间比较大，通常只能应用于单个的计算机上，不适于网络传输，一般情况下不推荐使用。

1.4.2　TIFF 格式

TIFF(tagged image file format)是 Mac 中广泛使用的图像格式，它由 Aldus 公司和微软公司联合开发，最初是出于跨平台存储扫描图像的需要而设计的，适用于不同的应用程序及平台，用于存储和图形媒体之间的交换效率很高，并且与硬件无关，是应用最广泛的点阵图格式，是最佳的无损压缩选择之一。

TIFF 格式有压缩和非压缩两种形式，其中压缩可采用 LZW 无损压缩方案存储。不过，由于 TIFF 格式结构较为复杂，兼容性较差，因此有些软件可能不能正确识别 TIFF 文件（现在绝大部分软件都已解决了这个问题）。目前在 Mac 和计算机上移植 TIFF 文件十分便捷，因而 TIFF 格式现在已是计算机上使用非常广泛的图像文件格式。

它的特点是图像格式复杂、存储信息多。它最大的色彩深度为 48 bit，这种格式适合从 Photoshop 中导出图像到其他排版制作软件中。正因为它存储的图像细微层次的信息非常多，图像的质量也得以提高，故而非常有利于原稿的复制。

1.4.3 PSD 格式

PSD 格式是著名的 Adobe 公司的图像处理软件 Photoshop 的专用格式，扩展后缀名为. psd，支持 Photoshop 的所有图像模式，可以存放图层、通道、遮罩等数据，便于使用者反复修改。PSD 格式的文件其实是 Photoshop 进行平面设计的一张“草稿图”，它里面包含各种图层、通道、遮罩等多种设计的样稿，以便于下次打开文件时可以修改上一次的设计。在 Photoshop 所支持的各种图像格式中，PSD 格式的存取速度比其他格式快很多，功能也很强大。随着 Photoshop 越来越广泛的应用，这种格式会逐步流行起来。但是此格式不适用于输出（打印、与其他软件的交换）。

1.4.4 JPEG 格式

JPEG 格式是一种常见的图像格式，它是由 JPEG 专家组（Joint Photographic Experts Group）制定的标准。JPEG 文件的扩展名为. jpg 或. jpeg，其压缩技术十分先进，它用有损压缩方式去除冗余的图像和色彩数据，在获取极高的压缩率的同时能展现十分丰富生动的图像，换句话说，就是可以用很小的磁盘空间得到较好的图像质量。

JPEG 是一种很灵活的格式，具有调节图像质量的功能，允许用户用不同的压缩比例对这种文件进行压缩，比如可以把 1. 37MB 的 BMP 位图文件压缩至 20. 3KB 的 JPEG 文件。当然，我们需要在图像质量和文件大小之间找到平衡点。

JPEG 优异的品质和杰出的表现使得它的应用非常广泛，特别是在网络和光盘读物上。目前各类浏览器均支持 JPEG 图像格式，JPEG 格式的文件较小，下载速度快，使得 Web 页有可能在较短的下载时间里提供大量美观的图像，成为网络上非常受欢迎的图像格式。

1.4.5 JPEG2000 格式

JPEG2000 是由 JPEG 专家组制定的，与 JPEG 相比，它是具备更高压缩率及更多新功能的新一代静态影像压缩技术。

JPEG2000 作为 JPEG 的升级版，其压缩率比 JPEG 高 30%左右。与 JPEG 不同的是，JPEG2000 同时支持有损和无损压缩，而 JPEG 只支持有损压缩。无损压缩对保存一些重要图片是十分有用的。JPEG2000 的一个极其重要的特征在于它能实现渐进传输，这一点与 GIF 的“渐显”有异曲同工之妙，即先传输图像的轮廓，然后逐步传输数据，不断提高图像质量，让图像由朦胧到清晰显示，而不像 JPEG 一样，由上到下慢慢显示。

此外，JPEG2000 还支持所谓的“感兴趣区域”特性，用户可以任意指定影像上自己感兴趣区域的压缩质量，还可以选择指定的部分先解压缩。JPEG2000 和 JPEG 相比优势明显，且向下兼容，因此有可能取代 JPEG 格式。

JPEG2000 可应用于传统的 JPEG 市场，如扫描仪、数码相机等，亦可应用于新兴领域，如网路传输、无线通信等。

色彩信息比较丰富的图像适用于 JPEG 压缩格式。

1.4.6 PCD 格式

PCD 格式是 Photo CD 专用储存格式，它是 Kodak 公司的一项专有技术。这种文件格式支持从专业摄影到普通显示用的多种图像分辨率，因采用高质量的设备，故效果一流。

1.4.7 GIF 格式

GIF 是英文 graphics interchange format(图形交换格式)的缩写。顾名思义，这种格式是用来交换图片的，事实上也是如此。20 世纪 80 年代，美国一家著名的在线信息服务机构 CompuServe 针对当时网络传输带宽的限制，开发出了这种 GIF 图像格式。

GIF 格式的特点是压缩比高，磁盘空间占用较少，所以这种图像格式迅速得到了广泛的应用。最初的 GIF 只是简单地用来存储单幅静止图像(称为 GIF87a)，后来随着技术的发展，可以同时存储若干幅静止图像进而形成连续的动画，成为当时支持 2D 动画的为数不多的格式之一(称为 GIF89a)，而在 GIF89a 图像中可指定透明区域，使图像具有非同一般的显示效果，这更使 GIF 风光十足。目前 Internet 上采用的彩色动画文件多为这种格式的文件(也称为 GIF89a 格式文件)。

此外，考虑到网络传输中的实际情况，GIF 图像格式还增加了渐显方式，也就是说，在图像传输过程中，用户可以先看到图像的大致轮廓，然后随着传输过程的继续而逐步看清图像中的细节部分，从而适应了用户的"从朦胧到清楚"的观赏心理。

但 GIF 格式有个小小的缺点，即不能存储超过 256 色的图像。尽管如此，这种格式仍在网络上被大量使用，这和 GIF 图像文件短小、下载速度快、可用许多具有同样大小的图像文件组成动画等优势分不开。

GIF 格式是一种流行的彩色图形格式，常应用于网络。GIF 格式是一种 8 位彩色文件格式，它支持的颜色信息只有 256 种，但是它同时支持透明和动画，而且文件较小，所以广泛用于网络动画。

1.4.8 PNG 格式

PNG(portable network graphics)是一种新兴的网络图像格式。在 1994 年年底，Unisys 公司宣布 GIF 拥有专利的压缩方法，要求开发 GIF 软件的人须交一定费用，由此促使 PNG 图像格式的诞生。PNG 最大的色深为 48 bit，采用无损压缩方式存储。

PNG 具有以下特点。

(1) PNG 是目前保证最不失真的格式，它汲取了 GIF 和 JPEG 二者的优点，存储形式丰富，兼有 GIF 和 JPEG 的色彩模式。

(2) PNG 能把图像文件压缩到极限以利于网络传输，但又能保留所有与图像品质有关的信息，因为 PNG 是采用无损压缩方式来减少文件大小的，这一点与牺牲图像品质以换取高压缩率的 JPEG 有所不同。

(3) 显示速度很快，只需下载 1/64 的图像信息就可以显示出低分辨率的预览图像。

(4) PNG 支持透明图像的制作，透明图像在制作网页图像的时候很有用，我们可以把图像背景设为透明，用网页本身的颜色信息来代替设为透明的色彩，这样可让图像和网页背景很和谐地融合在一起。

PNG 的缺点是不支持动画应用效果。Macromedia 公司(2005 年被 Adobe 公司收购)的 Fireworks 软件的默认格式是 PNG。现在越来越多的软件开始支持这一格式，而且在网络上也越来越流行。

1.4.9 TGA 格式

TGA(tagged graphics)文件是由美国 Truevision 公司为其显示卡开发的一种图像文件格式，已被国际上的图形、图像工业所接受。TGA 的结构比较简单，属于一种图形、图像数据的通用格式，在多媒体领域有很大的影响，是计算机生成图像向电视转换的一种首选格式。

1.5 Photoshop 的发展历史

Photoshop 是迄今为止世界上最畅销的图像编辑软件，它已成为许多涉及图像处理的行业的标准，并且是 Adobe 公司最大的收入来源。Photoshop 的发展历程简单介绍如下。

- 1987 年，Knoll 兄弟编写了一个灰阶图像显示程序，即 Photoshop 0.87，又称为 Barneyscan XP。
- 1988 年，Adobe 公司买下了 Photoshop 的发行权。
- 1990 年，Photoshop 1.0 发布，那个时候只有 100 KB 大小，从功能上来说仅是有了"工具面板"和少量的滤镜。
- 1991 年，Photoshop 2.0 发布，成为行业标准，增加了"路径"功能，以及内存分配从以前的 2 MB 扩展到了 4 MB，同时支持 Adobe Illustrator 文件格式。
- 1992 年，Photoshop 2.5 发布，第一个 Windows 版本的 Photoshop 2.5.1 发布。Photoshop 2.5 增加了"Dodge"和"Burn"工具，以及"蒙版"概念。
- 1994 年，Photoshop 3.0 发布，代号为 Tiger Mountain，在功能上增加了"图层"，这是一个极其重要的发展标志。
- 1997 年，Photoshop 4.0 发布，代号为 Big Electric Cat，Adobe 公司买断了 Photoshop 的所有权。Photoshop 4.0 增加了动作功能、调整层、标明版权的水印图像等功能。
- 1998 年，Photoshop 5.0 发布，增加了历史面板、图层样式、撤消功能、垂直书写文字、魔术套索工具，创造性地新增了历史动作功能。同时，从 Photoshop 5.0.2 开始，Photoshop 首次面向中国用户推出了中文版。
- 1999 年，Photoshop 5.5 发布，Image Ready 2.0 捆绑发布。
- 2000 年，Photoshop 6.0 发布。Photoshop 6.0 增加了强大的 Web 功能，包括众多的 Web 工具，如 Web-safe 色彩面板。Photoshop 6.0 还增加了"形状"工具、矢量绘图工具、新的工具栏、增强的层管理功能等。
- 2002 年 3 月，Photoshop 7.0 发布，它在功能上增加了"Healing Brush"笔刷，同时为了迎合数码时代的到来，Photoshop 添加了强大的数码图像编辑功能。
- 2003 年，Photoshop CS(8.0)发布，它集成了 Adobe 的其他软件，形成 Photoshop Creative Suite。
- 2005 年 4 月，Adobe Photoshop CS2 发布，开发代号为 Space Monkey。
- 2006 年，Adobe 公司发布了一个开放的 Beta 版 Photoshop Lightroom。
- 2007 年 4 月，发布 Adobe Photoshop CS3。
- 2007 年，Photoshop Lightroom 1.0 正式发布。
- 2008 年 9 月，发布 Adobe Photoshop CS4，该版本有一百多项创新。
- 2008 年，Adobe 公司发布了基于闪存的 Photoshop 应用，提供有限的图像编辑和在线存储功能。
- 2009 年，Adobe 公司为 Photoshop 发布了 iPhone(手机上网)版。
- 2009 年 11 月 7 日，发布 Photoshop Express 版本。
- 2010 年 05 月 12 日，发布 Adobe Photoshop CS5。
- 2012 年 3 月 22 日，发布 Adobe Photoshop CS6 Beta 公开测试版。
- 2013 年 2 月 16 日，发布 Adobe Photoshop v1.0.1 版源代码。
- 2013 年 6 月 17 日，Adobe 公司在 MAX 大会上推出了最新版本的 Photoshop CC(CreativeCloud)。

1.6 Photoshop CS5 的新功能介绍

Photoshop CS5 的界面与功能的结合更加趋于完美，各种命令与功能不仅得到了很好的扩展，还最大限度地为用户的操作提供了简捷、有效的途径。Photoshop CS5 除了增加了轻松完成精确选择、内容感知型填充、操控变形等功能外，还添加了用于创建和编辑 3D 和基于动画的内容等突破性工具。

在 Photoshop CS5 中，单击应用程序栏中的图标，在展开的菜单中选择“CS5 新功能”选项，更换为相应的界面。

此时单击任意菜单，在展开的菜单中，Photoshop CS5 的新增功能部分显示为蓝色，可方便用户查看新增的功能。新增功能具体介绍如下。

1. “Mini Bridge 中浏览”命令

借助更灵活的分批重命名功能轻松管理媒体，使用 Photoshop CS5 中的“Mini Bridge 中浏览”命令，可以方便地在工作环境中访问资源。

2. 增强的“合并到 HDR Pro”命令

使用“合并到 HDR Pro”命令，可以创建写实的或超现实的 HDR 图像。借助自动消除叠影以及对色调映射，可更好地调整控制图像，以获得更好的效果，甚至可使单次曝光的照片获得 HDR 图像的外观。新增的“HDR 色调”命令，可用来修补太亮或太暗的图像，制作出高动态范围的图像效果。

3. 自动镜头矫正

根据 Adobe 对各种相机与镜头的测量自动校正，可更轻易地消除桶状和枕状变形、相片周边暗角及彩色光晕的色相差。

借助混色器画笔和毛刷笔尖，可以创建逼真、带纹理的笔触，轻松地将图像转变为绘图或创建独特的艺术效果。

Photoshop CS5 在对模型设置灯光、材质、渲染等方面都得到了增强。结合这些功能，在 Photoshop 中可以绘制透视精确的三维效果图，也可以辅助三维软件创建模型的材质贴图。这些功能大大拓展了 Photoshop 的应用范围。

1.7 Photoshop CS5 的启动、退出及其工作界面

1.7.1 Photoshop CS5 的启动

要很好地使用 Photoshop CS5，必须要掌握 Photoshop CS5 的启动和退出的方法。一般使用以下方法进行 Photoshop CS5 的启动：

◆ 单击任务栏上的“开始”按钮，指向“所有程序”选项，单击“Adobe Photoshop CS5”；

◆ 双击桌面上的 Adobe Photoshop CS5 快捷方式图标；

◆ 打开任意一个后缀名为“*.psd”的文件。

Photoshop CS5 的启动界面如图 1-7-1 所示。

1.7.2 Photoshop CS5 的退出

退出 Photoshop CS5 有几种操作方法，下面进行介绍：

◆ 打开“文件”菜单，选择“退出”命令；

◆ 单击 Photoshop CS5 程序右上角的"关闭"按钮；
◆ 按 Ctrl+Q 快捷键快速退出 Photoshop CS5 应用程序。

1.7.3 Photoshop CS5 的工作界面

启动 Photoshop CS5 后，打开任意一个图像文件就进入了 Photoshop CS5 的工作界面，如图 1-7-2 所示。

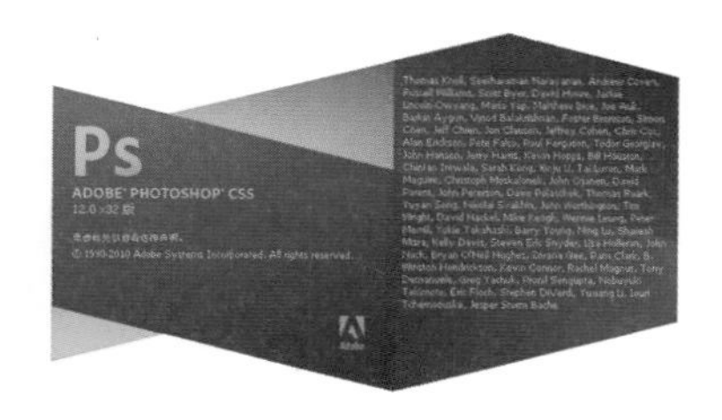

图 1-7-1 Photoshop CS5 的启动界面

图 1-7-2 Photoshop CS5 的工作界面

Photoshop CS5 的工作界面包括标题栏、菜单栏、选项栏、工具箱、控制面板、图像编辑窗口和状态栏。

1. 标题栏

标题栏位于 Photoshop CS5 工作界面的最顶层，其左侧显示了 Photoshop CS5 的程序图标，中间的图标分别是"启动 Bridge"按钮、"启动 Mini Bridge"按钮、"查看额外内容"按钮、"缩放级别"按钮、"排列文档"按钮、"屏幕模式"按钮，如图 1-7-3 所示。

单击标题栏右侧"基本功能"区的 » 按钮，在弹出的下拉菜单中可以选择 Photoshop CS5 的界面布局方式。另外，还有控制按钮，从左到右依次为"最小化""恢复""关闭"按钮，如图 1-7-4 所示。

图 1-7-3 标题栏(左侧)　　图 1-7-4 标题栏(右侧)

2. 菜单栏

Photoshop CS5 中有 11 个菜单，主要用于完成图像处理中的各种操作和设置，如图 1-7-5 所示。

图 1-7-5 菜单栏

3. 状态栏

状态栏位于 Photoshop CS5 当前图像文件窗口的最底部。状态栏主要用于显示图像处理的各种信息，它由当前图像的放大倍数和文件大小两部分组成，如图 1-7-6 所示。

单击状态栏中的三角形按钮，可以打开图 1-7-7 所示的快捷菜单，从中可以选择显示文件的不同信息。

图 1-7-6　状态栏

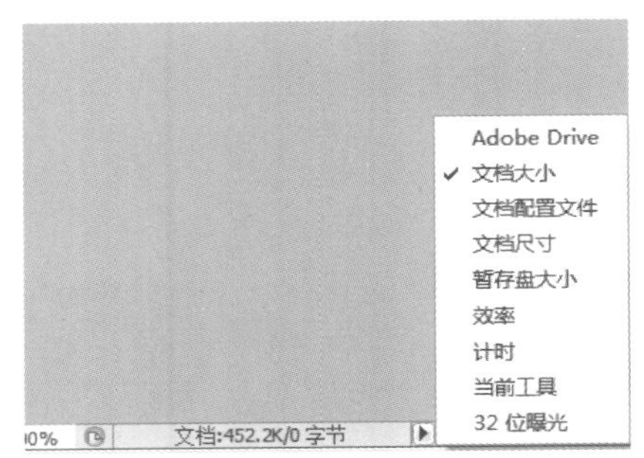

图 1-7-7　状态栏的快捷菜单

1.8　Photoshop CS5 中参数的设置

Photoshop CS5 从功能上对硬件性能的利用，比以前的版本有了很大的改进。但是在使用软件时，尤其在处理数据比较大的图片时，仍会感到速度较慢，有时计算机甚至会没有反应。这需要使用者有良好的计算机使用和保养习惯，也要求我们了解让 Photoshop 速度更快、反应更敏捷的方法。所以，如何设置 Photoshop CS5 的参数，显得非常重要。

在使用 Photoshop 处理图像或者进行设计创作时，更好的环境优化是不可缺少的，执行菜单“编辑”→“首选项”命令，在弹出的子菜单中选择相应命令即可在弹出的对话框中设置优化选项。

在“首选项”中不但可以更改参数使 Photoshop CS5 的运行更加流畅，速度更快，而且可以根据自己的使用习惯，设置界面和工具。

设置时首先打开“编辑”菜单，在“首选项”的子菜单中任意选择一个选项都会打开参数设置对话框，或者使用快捷键 Ctrl＋K。

想要让 Photoshop CS5 的速度更快，可以进行如下设置。

(1) 在“首选项”对话框的“常规”选项卡下，取消选择“带动画效果的缩放”和“启用轻击平移”选项，如图 1-7-8所示。

(2) 在“首选项”对话框的“界面”选项卡下，取消选择“自动折叠图标面板”和“自动显示隐藏面板”选项，如图 1-7-9 所示。

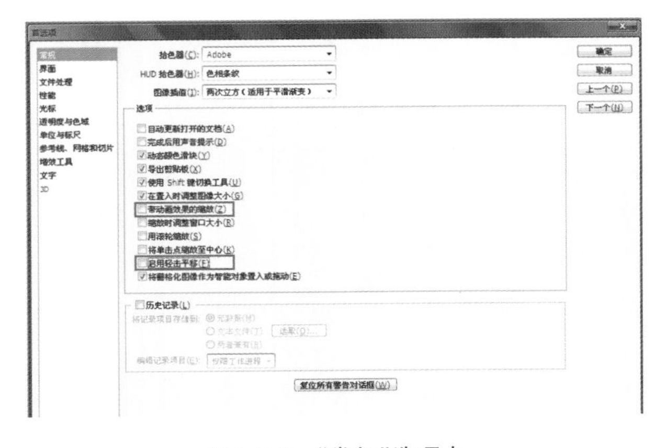

图 1-7-8　“常规”选项卡

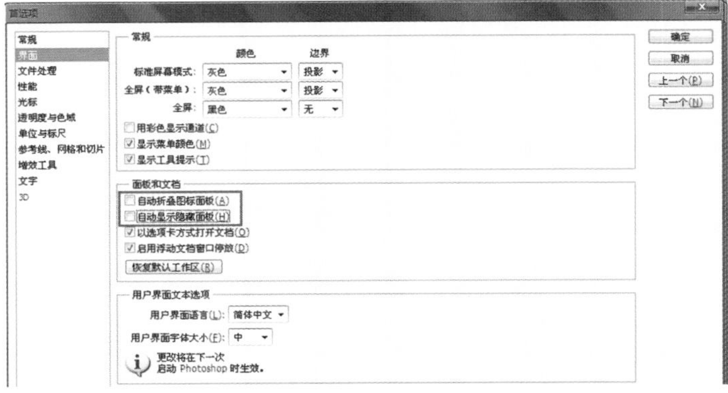

图 1-7-9　“界面”选项卡

（3）修改“性能”选项卡中的参数设置，可以分配给 Photoshop 更多的内存，拖动图 1-7-10 所示的小三角块进行设置。另外，暂存盘要设置为除了 C 盘(C 盘一般是系统盘)以外的剩余空间量较大的磁盘。我们可以根据自己的情况对“历史记录状态”进行设置。

（4）在“增效工具”选项卡下，取消选择“在应用程序栏显示 CS Live 选项”，如图 1-7-11 所示。

（5）在“文字”选项卡下，取消选择“字体预览大小”选项，如图 1-7-12 所示。

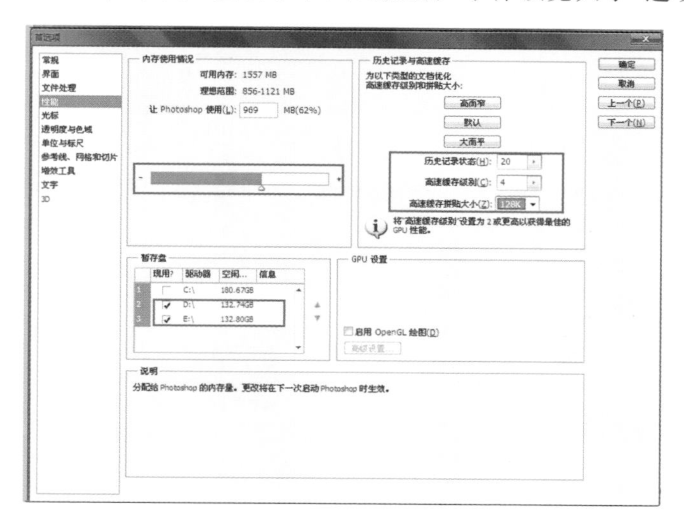

图 1-7-10 “性能”选项卡

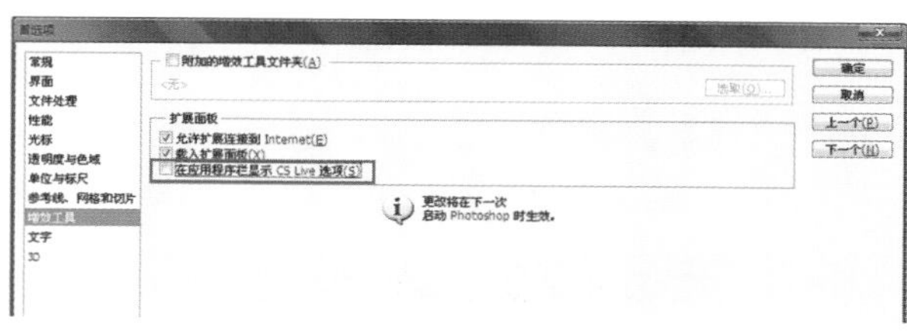

图 1-7-11 “增效工具”选项卡

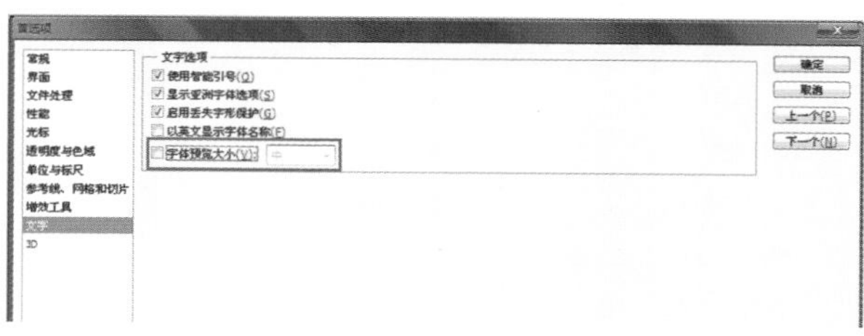

图 1-7-12 “文字”选项卡

1.9 Photoshop CS5 中文件的基本操作

1.9.1 新建文件

使用菜单命令“文件”→“新建”或使用快捷键 Ctrl+N 可打开“新建”对话框，如图 1-9-1 所示。

（1）在“名称”文本框中输入图像文件的名称。

（2）“预设”中可以选择默认设置或者根据需要进行设置，有“照片”“美国标准纸张”和“Web”等，每一种预设下面又有不同的选项供用户选择。

（3）在“宽度”文本框和“高度”文本框中输入相应的宽度和高度的尺寸。

（4）设置图像的分辨率(选择“预设”后，分辨率会自动调整，用户无须更改)。

（5）颜色模式可以选择位图、灰度、RGB、CMYK 或 Lab Color。但一般来说，如果要创建预设大小的图像文件，它的颜色模式是已经选择好的，无须更改。

（6）背景内容可以选择白色、背景色或透明。

（7）单击“确定”按钮完成文件创建。

1.9.2 保存文件

对新建或修改后的文件应及时进行保存，对于新建的文件可以选择“文件”菜单下的“存储”命令，在弹出的“存储为”对话框中输入相关内容。

（1）在菜单项中进行文件的保存：“文件”→“存储”或使用快捷键 Ctrl+S(文件在保存时默认是 Photoshop 的固有格式“*.psd”)。

“存储为”对话框中的选项如下。

(a) 作为副本：在一幅图像以不同的文件格式或不同的文件名保存的同时，将它的 PSD 文件保留，以备修改。

(b) 注释：勾选该复选框可以将图像中的注释信息保留。

(c) Alpha 通道：保存图像时，把 Alpha 通道一并保存。

(d) 专色：保存图像时，把专色通道一并保存。

(e) 图层：勾选该复选框将各个图层都保存。

(2) 把图像文件另外保存，可以选择菜单“文件”→“存储为”命令或使用快捷键 Shift+Ctrl+S，图像在另存时可以转换图像的格式。

1.9.3 打开及关闭文件

使用菜单“文件”→“打开”命令或使用快捷键 Ctrl+O，会弹出“打开”对话框，如图 1-9-2 所示。

图 1-9-1 “新建”对话框　　图 1-9-2 “打开”对话框

可选择显示图像文件的格式，或选择“所有格式”选项，选中要打开的图像文件，单击“打开”按钮或在列表中双击要打开的图像文件。

1.9.4 文件浏览

使用“文件”→“在 Mini Bridge 中浏览” 命令可以对图像文件进行浏览。

(1) 执行“文件”→“在 Mini Bridge 中浏览”命令，打开“Mini Bridge”面板，如图 1-9-3 所示。

(2) 在“Mini Bridge”面板中，单击并拖动其右下角，可调整面板的大小。

(3) 在“Mini Bridge”面板中单击图标，在弹出的菜单中选择“我的电脑”命令，如图 1-9-4 所示。

(4) 在其中选择要查看图像的路径，将图像显示，如图 1-9-5 所示。

图 1-9-3 “Mini Bridge”面板

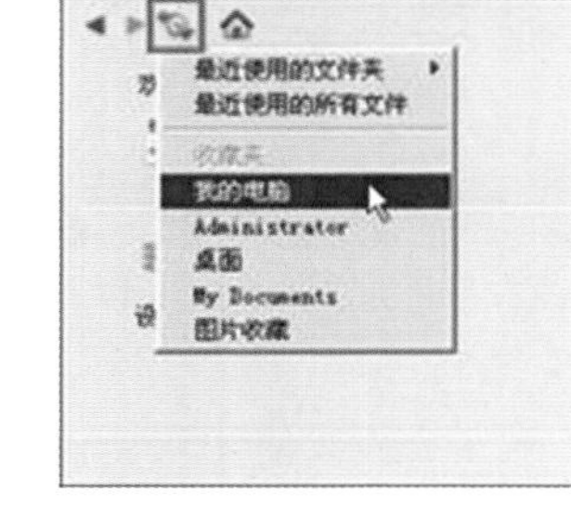

图 1-9-4 选择“我的电脑”命令

图 1-9-5 查看图像的路径

(5) 拖动“内容”中的滑块可以浏览文件夹中的所有图像。

(6) 在“Mini Bridge”面板中双击图像的缩略图，或者将缩略图拖动到图像编辑窗口处，就可在视图中打开图像。

1.9.5 辅助设置

1. 标尺的应用

在 Photoshop CS5 中，用户在处理图像和绘制图像时，可以精确地定位图形，特别是一些手工制作的图形。

(1) 利用菜单：执行“视图”→“标尺”命令。

(2) 利用快捷键：Ctrl+R。

调出标尺后，可以看到标尺的原点，通常是点(0,0)，我们可以调节标尺原点的位置，将光标放到标尺交汇的地方，用鼠标拖动即可。

2. 参考线的应用

我们可以利用参考线在指定的位置建立相应的参考线，将其作为坐标，这样可以精确地作图，如图 1-9-6 所示。

1) 新建参考线

在“视图”菜单下选择“新建参考线”命令，在弹出的“新建参考线”对话框中设置“取向”和“位置”参数即可。

2) 清除参考线

当不想用参考线时，可以一次性清除所有添加的参考线，方法是：执行“视图”→“清除参考线”命令。

3) 锁定参考线

执行“视图”→“锁定参考线”命令或利用快捷键 Alt+Ctrl+；可锁定参考线。

3. 网格的应用

在 Photoshop CS5 中，用户可以利用网格(相当于在标有坐标的纸上)进行绘图，如图 1-9-7 所示。通常情况下，先将图形放大到适合屏幕的尺寸，再使用网格。启动的方法有以下两种。

图 1-9-6 使用参考线

图 1-9-7 使用网格

(1) 利用菜单：执行“视图”→“显示”→“网格”命令。

(2) 利用快捷键：Ctrl+’。

4. 设置网格、参考线

(1) 选择“编辑”→“首选项”→“常规”命令，弹出“首选项”对话框，如图 1-9-8 所示。

(2) 选择“参考线、网格和切片”选项卡。

(3) 可以设置的参数有颜色、网格线间隔、样式、子网格数。

在“编辑”菜单的首选项中除了可以设置以上辅助功能外，还可以设置更多的参数。这些参数的设置需要读者在实际应用中去了解。

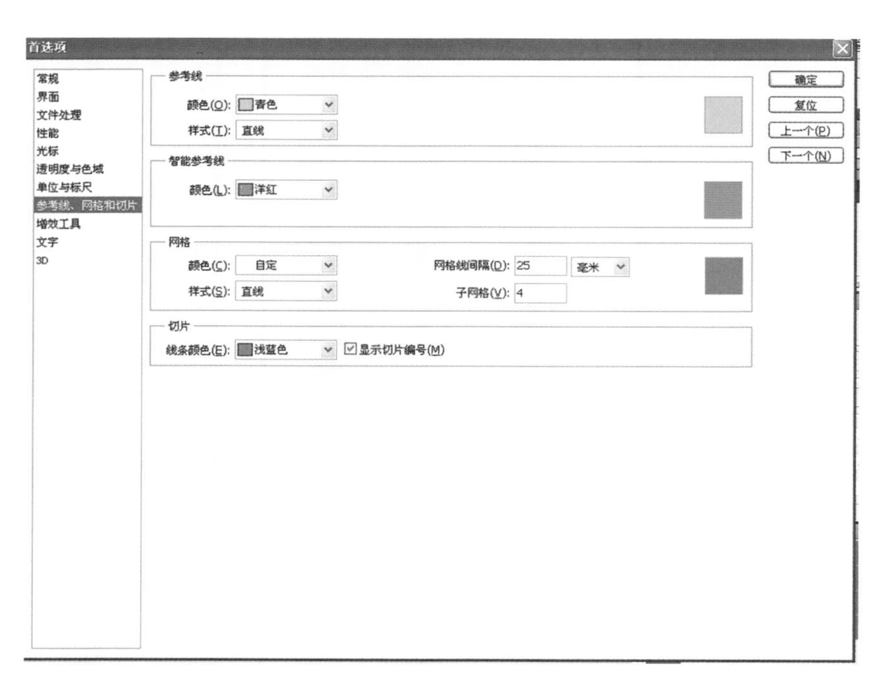

图 1-9-8 “首选项”对话框

本章小结

学习一种软件首先要了解它的历史，这样对这个软件的了解会更加深入。在本章中我们了解了Photoshop CS5的发展历史，知道了它是如何一步步演变成业界的标准的。对静态图像文件格式的了解和图像颜色模式的熟悉会让我们在实践中事半功倍。

第2章　Photoshop CS5工具介绍

2.1 工具箱介绍

Photoshop CS5 的工具箱是使用 Photoshop CS5 最重要的工具之一，在工具箱中用户可以使用单个工具或多个工具来进行图像的选择或编辑处理。Photoshop CS5 的工具箱如图 2-1-1 所示，在 Photoshop CS5 中我们看到的工具箱是一列显示，这个改变在 Photoshop CS3 之后才有，为的是扩大编辑区域。当然，在Photoshop CS5 中工具箱也可以更改为两列显示。只要双击 Photoshop CS5 工具箱的标题栏就可以了，这个操作适用于 Photoshop 的所有版本。如图 2-1-1 所示，Photoshop CS5 根据工具的功能不同把工具箱分成了 5 个区域。

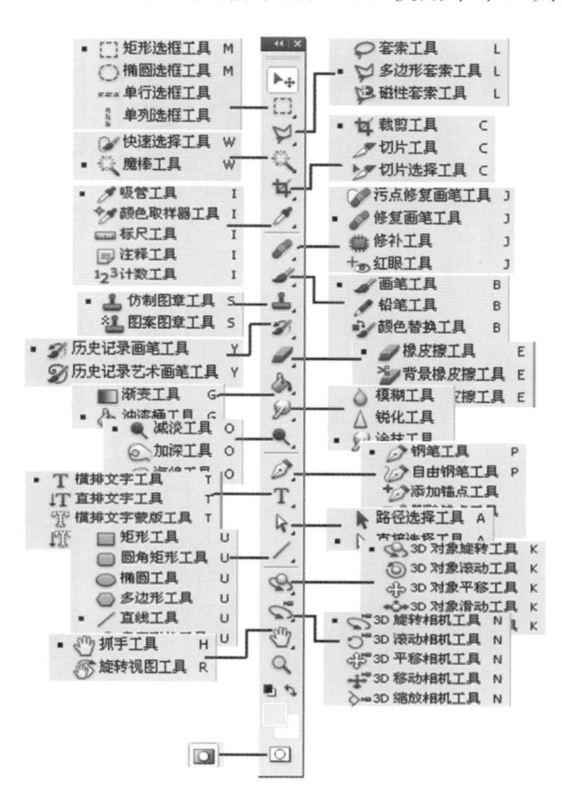

图 2-1-1　Photoshop CS5 工具箱

选择不同的工具，在菜单栏下会出现不同的选项栏，选项栏显示该工具所含的不同选项。

☺注意：(1)直接选定的是工具箱当前显示的工具。(2)在工具图标上按住鼠标左键不放，就可以显示出这个工具下隐含的不同工具。

在 Photoshop CS5 中控制图像终端的是图层而不是工具，工具只是在选中目标后，对目标进行的一系列操作。所有的工具是针对某个图层中的对象起作用的，而不是图像上的画面。若出现要对人物进行填充颜色，但却填充了其他区域，这就是没有选中所要操作的图层导致的。

所以，使用工具时要结合图层面板进行。首先在图层面板上选中要进行操作的图层，然后再进行操作。

2.2 选择类工具

有人说过“Photoshop 是选择的艺术”，编者对此深有同感。因为在 Photoshop 中，我们主要是对位图来进行编辑及处理的，而组成位图的单位是像素，所以我们主要是对像素的修饰处理。只要精确选择了我们要处理

图 2-2-1　选择类工具

的像素，对图像的编辑处理就事半功倍了。选择类工具出现在工具箱的第一部分，其地位显而易见，如图2-2-1所示。

2.2.1　移动工具

移动工具能实现对所选图层中的对象进行位置移动的操作同时还可以进行复制操作。在按下键盘上的 Alt 键的同时移动对象，就复制了选中的对象。复制后的对象会在图层面板中以原图层副本的名称出现，如图 2-2-2 所示。

如果有选区，那么上述复制操作只在本图层中有效，不会在图层面板上创建副本图层，如图2-2-3所示。

图 2-2-2　复制对象

图 2-2-3　复制对象(有选区)

在工具箱中选择移动工具后会出现该工具的选项栏。选中自动选择图层选项时，系统会自动选中鼠标所在点的图层，便于接下来的操作。选中“显示变换控件”选项后，选中的对象上会出现有 8 个句柄的变换框，在变换框上单击，选项栏会变成图 2-2-4 所示的样子。这表明可以对选中的对象进行变换操作了，包括位置的移动、缩放、旋转、斜切。同时，可以在相应的输入框中输入准确的变换数值。如果变换操作满意，可以单击 ✔，否则单击 ⊘ 取消。

利用移动工具还可以把其他文档中选中的图层或选区内容移动到另外一个文件中，形成新的图层。

2.2.2　选框工具

选框工具主要用于创建一些比较规则的形状区域，如矩形、椭圆形等。在工具箱中的选框工具上，按住鼠标左键不放将弹出选框工具组。矩形选框工具、椭圆选框工具、单行选框工具和单列选框工具(见图 2-2-5)是基于像素的实际接近度建立选区的。

图 2-2-4　变换对象时的选项栏

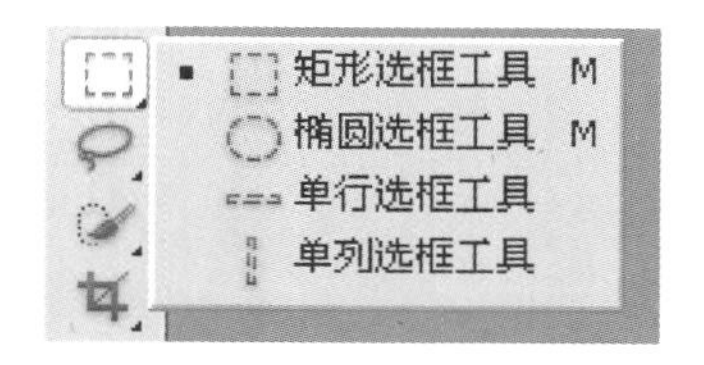

图 2-2-5　选框工具组

➤ 各选框工具的作用如下。

➤ 矩形选框工具：用于创建矩形或正方形选区。

➤ 椭圆选框工具：用于创建椭圆形或正圆形选区。

➤ 单行选框工具：用于创建宽度为 1 像素的单行选区。

➤ 单列选框工具：用于创建高度为 1 像素的单列选区。

选框工具选项栏中的选区运算按钮（见图 2-2-6）用于创建由 2 个及 2 个以上基本选区组合构成的复杂选区。这 4 个按钮的作用如下。

* 新选区：新选区会替代原选区，相当于取消后重新选取。

* 添加到选区：新选区会与原选区相加。若两个选区不相交，则最后都独立存在；若两个选区有相交部分，则最后两选区会合并成一个大的选区。

* 从选区减去：新选区将从原选区中减去。若两个选区不相交，则没有任何效果；若两个选区有相交部分，则最后效果是从原选区中减去了两者相交的区域。要注意新选区不能大于原选区。

* 与选区交叉：保留两个选区的相交部分，若没有相交部分，则会出现警告框。

☺ 建立选区时：

按 Shift 键创建的是正圆形或正方形选区；按 Alt 键，以鼠标所在点为中心向四周建立选区；按 Alt＋Shift 键，以鼠标所在点为中心向四周建立正选区；按 Space 键，可移动正在建立的选区；精确建立选区，使用"固定大小"选项；建立特定长宽比的选区，使用"约束长宽比"选项；建立柔化选区，使用前设置"羽化"选项。

☺ 使用选区时：

* 扩大选区按 Shift 键（即添加到选区），减少选区按 Alt 键（即从选区减去）。

* 按 Alt＋Shift 键选取相交选区（即与选区交叉）。

* 移动选区时，按 Ctrl 键裁剪图像。使用方向键移动选区时，一次移动 1 个像素距离；加按 Shift 键，一次移动 10 个像素距离。

* 单列、单行选区的高度、宽度为 1 像素。

* 取消选区：Ctrl＋D。

2.2.3 套索工具

在 Photoshop 中使用套索工具（见图 2-2-7）可以在图像中创建任意形状的选择区域，套索工具适用于不是很精确且不规则的形状的创建。套索工具通常用来创建不太精细的选区，这正符合套索工具操作灵活、使用简单的特点。

使用套索工具创建选区的方法非常简单，就像用铅笔绘画一样，非常方便。

具体使用时，先在图像中单击确定一个起点，然后按住鼠标左键随意拖拽或沿所需形状边缘拖拽，若拖拽到起点后释放鼠标，则会形成一个封闭的选区；若未回到起点就释放鼠标，则起点和终点会自动以直线相连。

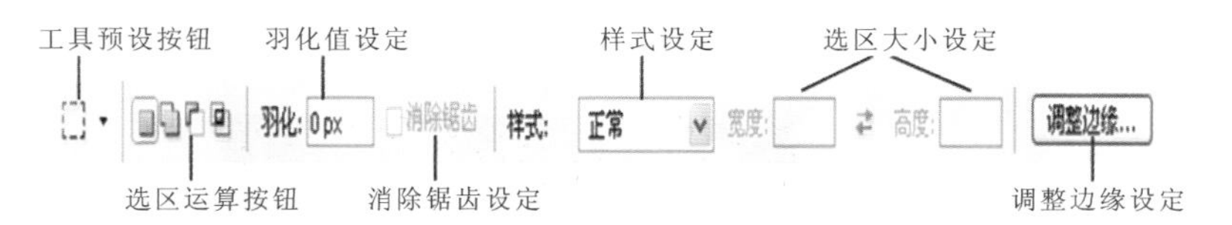

图 2-2-6 选框工具的选项栏

图 2-2-7 套索工具

2.2.4 多边形套索工具

多边形套索工具适用于由多条边组成的图形或由直线构成的图像对象。

多边形套索工具的原理是使用折线作为选区局部的边界，由鼠标连续单击生成的折线段连接起来形成一个多边形的选区。具体使用时，如图 2-2-8 所示，先在图像上单击确定多边形选区的起点，移动鼠标时会有一条直线跟随着鼠标，沿着要选择形状的边缘到达合适的位置单击鼠标左键创建一个转折点，按照同样的方法沿着选区边缘移动并依次创建各个转折点，最终回到起点后单击鼠标完成选区的创建。若不回到起点，在任意位置双击鼠标会自动在起点和终点间生成一条连线作为多边形选区的最后一条边。

多边形套索工具相比套索工具来说能更好地控制鼠标走向，所以创建的选区更为精确，一般适合于绘制形状边缘为直线的选区。

2.2.5 磁性套索工具

磁性套索工具根据颜色像素自动查找边缘来生成与选择对象最为接近的选区，一般适用于外形相对复杂、边缘清晰、物体与背景反差较大的图像。

磁性套索工具的具体使用方法与套索工具类似，先单击鼠标确定一个起点，然后鼠标在沿着对象边缘移动时会根据颜色范围自动绘制边界，如图2-2-9所示。

图 2-2-8　使用多边形套索工具

图 2-2-9　使用磁性套索工具

若在选取过程中，局部对比度较低难以精确绘制，则可以人为地单击鼠标添加紧固点，按 Delete 键将会删除当前取样点，最后移动到起点位置单击鼠标，完成图像的选取。

选择磁性套索工具后，选项栏中会显示磁性套索工具的选项栏，如图 2-2-10 所示。

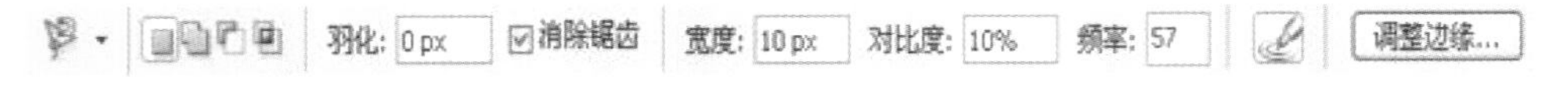

图 2-2-10　磁性套索工具的选项栏

* 宽度：取值范围为 1～256 像素，默认值为 10 像素，用于指定检测到的边缘宽度，数值越小，选择的图像越精确。
* 对比度：取值范围为 1%～100%，用于设置检测图像边缘的灵敏度。如果选取的图像与周围图像间的颜色对比度较大，应设置一个较高的数值；反之，设置较低的数值。
* 频率：取值范围为 0～100，默认值为 57，用于设置生成紧固点的数量。数值越大，紧固点越多，选区的精确度越高，在选取边缘较复杂的图像时应设置较大的频率。

2.2.6 魔棒工具

魔棒工具如图 2-2-11 所示，用于选取相邻的同种色块，适用于背景颜色比较单一且主体图形比较复杂的图像，如图 2-2-12 所示。

图 2-2-11　魔棒工具

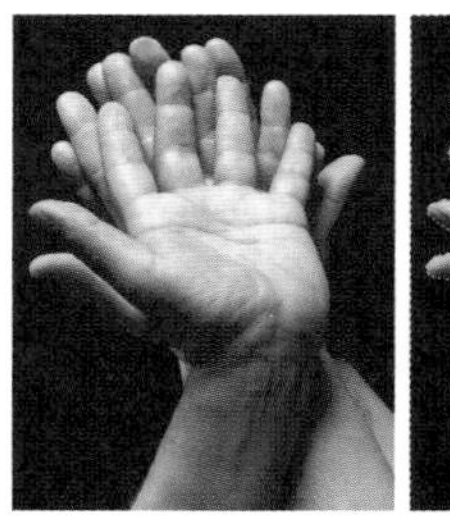
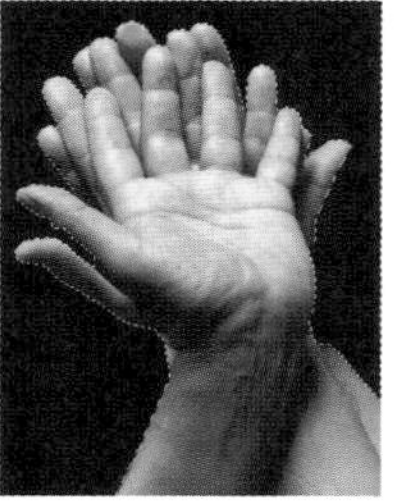

图 2-2-12　使用魔棒工具

当选择魔棒工具时，会出现图 2-2-13 所示的选项栏。在该选项栏中除了选取的四种方式外，还有容差，因为魔棒工具是根据颜色的色值分布来选取图像的。其中，容差的大小影响选取范围的大小。

＊容差：容差数值越大，选择的颜色数量越多；容差数值越小，选择的颜色越单一，范围越小。

图 2-2-13　魔棒工具的选项栏

＊消除锯齿：使选区的边缘更为平滑。

＊连续：勾选此选项，只选择与鼠标落点颜色相近并相连的区域；不勾选此选项，将会选择整个图像中所有与鼠标落点颜色相近的部分。

＊对所有图层取样：勾选此选项，将选中所有可见图层中的与取样点颜色相近的区域；不勾选此选项，将只从当前选定图层中选择与取样点颜色相近的区域。

2.2.7　快速选择工具

Photoshop CS5 新增的“快速选择工具”功能非常强大，给用户提供了快速“绘制”优质选区的方法。快速选择工具的使用方法类似于画笔工具，设置好选项栏中的参数后，在要选择的图像区域上拖动鼠标，选区会随之扩展并自动查找和跟随图像中定义的边缘。

选择快速选择工具后，选项栏中会显示相关的工具选项，如图 2-2-14 所示。

图 2-2-14　快速选择工具的选项栏

＊新选区：在未选择任何选区的情况下的默认选项。创建初始选区后，此选项将自动更改为“添加到选区”。

＊添加到选区：新绘制的区域将被包含到已有的选区中。

＊从选区减去：从已有选区中减去新拖过的区域。

使用快速选择工具，单击鼠标就可以选择一个图像中的特定区域，轻松选择复杂的图像元素，再单击“调整边缘”按钮，可以消除选区边缘周围的背景色，自动改变选区边缘并改进蒙版，使选择的图像更加精确。

（1）执行“文件”→“打开”命令，打开一幅图像。

（2）在工具箱中选择魔棒工具，设置其选项栏的参数后，在灰色的背景上单击，选择背景图像，然后按 Shift＋Ctrl＋I 键，反向选区。使用矩形选框工具，加选人物部分的选区，如图 2-2-15 所示。

图 2-2-15　加选人物部分的选区

（3）在魔棒工具和快速选择工具的选项栏中，都有“调整边缘”按钮，如图 2-2-16 和图 2-2-17 所示，单击该按钮可以打开“调整边缘”对话框。

图 2-2-16　魔棒工具选项栏中的“调整边缘”按钮

图 2-2-17　快速选择工具选项栏中的“调整边缘”按钮

(4) 在"调整边缘"对话框(见图 2-2-18)中,单击"视图"右侧的小三角形按钮,弹出其下拉列表,可看到默认状态下"白底"选项为选择状态,按键盘上的 F 键,可循环切换视图,以便更加清晰地观察选取的图像。

选择默认的视图,如图 2-2-18 所示。

选择视图模式:视图的下拉列表中共有七种视图模式可供选择。

* 闪烁虚线:用标准形式即蚁线来显示选区。
* 叠加:用快速蒙版方式显示选区。
* 黑底:背景用黑色显示,如图 2-2-19 所示。

图 2-2-18 "调整边缘"对话框及选择的视图

图 2-2-19 黑底视图

* 白底:背景用白色显示。
* 黑白:主体显示为白色,背景显示为黑色,其实就是用蒙版显示。
* 背景图层:背景显示为透明,即背景用灰白方格显示。
* 显示图层:保持主体选区建立当前图层的原貌。

(5) 切换到黑白视图来观察选区缺陷。选中的主体应为白色,要删除的背景应为黑色。如果主体和背景中有灰色区域,那是它们在检测区域内被判断错误所致。所以,应该使用涂抹调整工具将其从检测范围内排除,让主体完全保留,背景完全清除。观察主体缺陷时,应使用黑底视图查看浅色部分,使用白底视图查看深色部分。

(6) 在"调整边缘"对话框中的"边缘检测"栏中设置"半径"值为 70 像素,其值越大,边缘扩展区域越大。如图 2-2-20 所示,选择"边缘检测"栏中的"智能半径"复选框,系统将根据图像智能地调整扩展区域,勾选"智能半径",设置半径为 100 像素,边缘检测的初始效果立即显现。

(7) 单击快速选择工具选项栏上的"调整边缘"按钮,打开"调整边缘"对话框,调整各项参数,让选取更加精细,如图 2-2-21 所示。

图 2-2-20 勾选"智能半径"

图 2-2-21 让选取更加精细

(8) 调整“羽化”值，让边缘虚化，便于制作一种边缘发光的效果，如图 2-2-22 所示。

(9) 勾选“净化颜色”，以新建图层输出，如图 2-2-23 所示。

图 2-2-22　调整“羽化”值

图 2-2-23　以新建图层输出

➤ 使用“色彩范围”命令创建选区

“色彩范围”命令是按指定的颜色或颜色子集来确定选择区域的。在“选择”菜单中选择“色彩范围”命令，将弹出“色彩范围”对话框(见图 2-2-24)。若选择“取样颜色”为选择方式，则可用吸管工具在图像预览栏或图像上单击设置取样颜色，结合所设置的容差值确定选区范围；也可以根据某种颜色或亮度来确定选择区域，利用加色工具可以增加颜色范围，利用减色工具可以减少颜色范围。

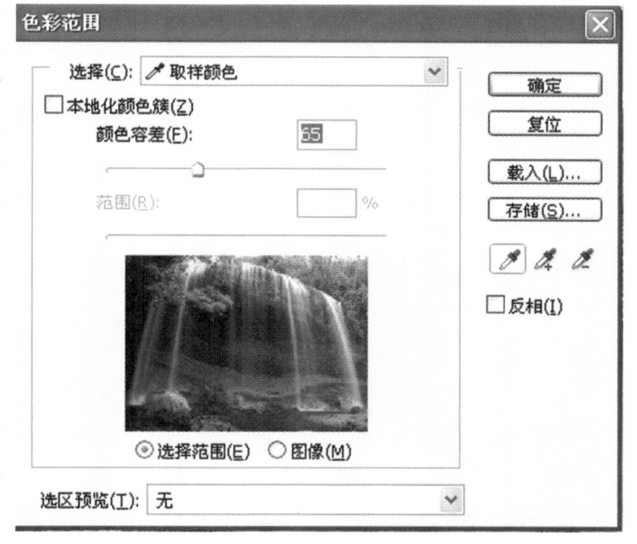

图 2-2-24　“色彩范围”对话框

➤ “色彩范围”参数

* 选择：有取样颜色、标准色(红色、黄色、绿色、青色、蓝色、洋红)、亮度(高光、中间调、阴影)和溢色几种选择。溢色是无法使用印刷色打印的 RGB 模式或 Lab 颜色模式。(注：如果选择了一种颜色，但图像中并没有包含高饱和度的这种颜色，则会出现警告提示。)

* 颜色容差：可以通过拖动“颜色容差”滑块或直接输入数值来设置颜色的选取范围。数值越小，所选择的颜色范围就越小；反之，数值越大，所选择的颜色范围就越大。

* 选择范围：选中该选项，在图像预览框中只显示被选中的颜色范围。

* 图像：选中该选项，在图像预览框中将显示整幅图像。

* 选区预览：设置图像窗口的预览模式，有 5 种选择，即无、灰度、黑色杂边、白色杂边、快速蒙版。

* 标准吸管：吸管工具，创建新的颜色选区时选择此选项。

* 加色吸管：添加到取样，向已有选区添加颜色区域时选择此选项。

* 减色吸管：从取样中减去，从已有选区删除颜色区域时选择此选项。

* 反相：选择与原选定区域的相反区域。

✡ 利用“选择”菜单中的命令对选区进行细化。

(1) 利用“反向”命令创建选区。

“反向”命令用于将图像中选择区域和非选择区域进行互换。在创建选区后，执行“选择”→“反向”命令，将选择范围变为与原选择相反的区域。

反向快捷键：Shift+Ctrl+I。

（2）利用“扩大选取”和“选取相似”命令创建选区。

“扩大选取”命令可以将现有选区扩大，把相邻且颜色相近的区域添加到选择区域内，颜色相近程度由魔棒工具选项栏中的容差值决定。“选取相似”命令的作用和“扩大选取”命令的相似，但它所扩大的范围不仅仅局限于相邻的区域，还可以将整个图像中不连续但颜色相近的像素区域扩充到选区内。

2.2.8 裁剪工具

图 2-2-25 使用裁剪工具

裁剪工具是将图像中被裁剪工具选取的图像区域保留而将没有被选取的图像区域删除的一种编辑工具。裁剪工具就是对图像的裁剪操作，同时也可以对图像重新取样，如图 2-2-25 所示。

单击工具箱中的裁剪工具可以调出裁剪工具的选项栏，如图 2-2-26 所示。在选项栏中可分别输入宽度值和高度值，并输入所需分辨率，这样在使用裁剪工具时，无论如何拖动鼠标，一旦确定，最终的图像大小都将和在选项栏中所设定的尺寸及分辨率完全一样。

➢ 使用裁剪工具裁剪图像

选择裁剪工具，可以使用选项栏来设置任何裁剪工具选项，也可以在图像中在保留的部分上拖移，以便创建一个选框。

调整裁剪选框：将指针放在定界框内并拖移，可以将选框移动到其他位置；如果要缩放选框，可拖移手柄。按住 Shift 键可以等比例缩放；如果要旋转选框，可将指针放在定界框外（指针变为弯曲的箭头）并拖移。如果要移动选框旋转时所围绕的中心点，可拖移位于定界框中心的圆。

图 2-2-26 裁剪工具的选项栏

☺ 注意：在 Photoshop 中，对于处在位图模式下的图像，用户无法旋转选框。

要完成裁剪操作，可按 Enter 键或单击选项栏中的“提交”按钮 ✓，或者在裁剪选框内双击。要取消裁剪操作，可按 Esc 键或单击选项栏中的“取消”按钮 ⊘。

➢ 设置裁剪工具选项

从裁剪工具选项栏中选取以下选项以设置裁剪工具的模式。

* 要裁剪图像而不重新取样，请确保选项栏中的“分辨率”文本框为空。

* 要在裁剪过程中对图像进行重新取样，可在选项栏中输入高度、宽度和分辨率的值。除非提供了宽度、高度或分辨率，否则裁剪工具将不会对图像重新取样。

* 如果输入了高度和宽度的值并且想要快速交换它们，可单击“高度和宽度互换”图标。

* 如果要依据另一幅图像的尺寸和分辨率对一幅图像进行重新取样，可打开依据的那幅图像，选择裁剪工具，然后单击选项栏中的“前面的图像”按钮，使要裁剪的图像成为现用图像。

☺ 在裁剪过程中要重新取样，可将“图像”→“图像大小”命令的功能与裁剪工具的功能组合起来。

按下裁剪边框时，裁剪工具选项栏会变为图 2-2-27 所示的内容。

图 2-2-27 按下裁剪边框时的裁剪工具选项栏

指定要隐藏或删除被裁剪的区域：选择“隐藏”将裁剪区域保留在图像文件中，可以使用移动工具移动图像来使隐藏区域可见;选择"删除"将扔掉裁剪区域。

☺注意:在 Photoshop 中,"隐藏"选项不适用于只包含背景图层的图像。如果想通过隐藏来裁剪背景,首先要将背景图层转换为常规图层。选中"屏蔽"选项时,可以为裁剪屏蔽的图像指定颜色和不透明度。取消选择"屏蔽"后,裁剪选框外部的区域就会显示出来。

2.2.9 切片工具

Photoshop CS 的切片工具组包括切片工具 和切片选择工具 ,主要用来将源图像分成许多功能区域。将图像存为 Web 页时,每个切片作为一个独立的文件存储,文件中包含切片的设置、颜色面板、链接、翻转效果及动画效果。选择切片工具后,所有现有切片都将自动出现在文档窗口中。

切片工具的选项栏如图 2-2-28 所示,样式选项包含如下 3 个选择。

图 2-2-28 切片工具的选项栏

* 正常:切片的大小由鼠标随意拉出。
* 固定长宽比:输入切片宽度和高度的值。
* 固定大小:输入宽度和高度的数值,切割时按照此数值自动切割。

☺在要创建切片的区域上拖移,按住 Shift 键并拖移可将切片限制为正方形,按住 Alt 键拖移会从中心绘制。使用"视图"→"对齐到"命令使新切片与参考线或图像中的另一切片对齐。

2.2.10 切片选择工具

切片选择工具的选项栏如图 2-2-29 所示。

图 2-2-29 切片选择工具的选项栏

该选项栏中有 4 个按钮 ,它们的含义分别为置为顶层、前移一层、后移一层、置为底层。

2.3 修饰类和绘画类工具

工具箱第二区中的工具属于修饰类和绘画类工具。这里的工具要么针对像素起作用,要么针对颜色起作用,但目的都是把图像修饰和处理得更加漂亮,更加符合设计的需要。修饰类和绘画类工具如图 2-3-1 所示。

☺说明:所有的修复或修补工具都会把样本像素的纹理、光照、不透明度和阴影与所修复的像素相匹配。当这组工具配合选区使用时,操作仅对选区内的对象起作用。

➤ 修复工具组如图 2-3-2 所示。

随着数码相机的普及,Photoshop 修饰功能的应用更加广泛。利用修复工具,既可以对照片上脸部的雀斑及伤痕进行处理,也可以对拍摄中留下的红眼进行去除。

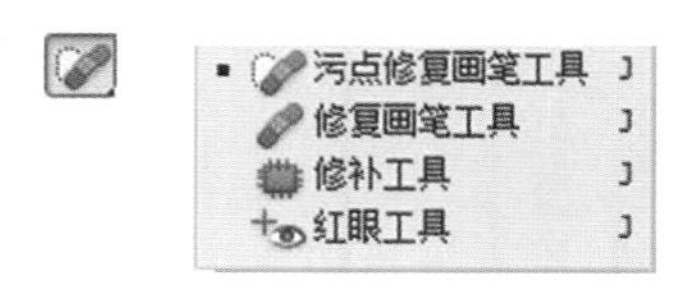

图 2-3-1　修饰类和绘画类工具　　　　图 2-3-2　修复工具组

2.3.1　污点修复画笔工具

污点包含在大片相似或相同颜色区域中的其他颜色，不包含在两种颜色过渡处出现的其他颜色。

修复的原理：使用图像或图案中的样本像素进行绘画，并将样本像素的纹理、光照、不透明度和阴影与所修复的像素相匹配。污点修复画笔工具的选项栏如图 2-3-3 所示。

图 2-3-3　污点修复画笔工具的选项栏

图 2-3-4　使用污点修复画笔工具

➤ 样本像素的确定方法

在污点修复画笔工具选项栏中选取一种画笔大小。如果没有建立污点选区，则画笔大小的设置比要修复的区域稍大一点最为适合，这样，只需单击一次即可覆盖整个区域，如图 2-3-4 所示。

* 从污点修复画笔工具选项栏的“模式”下拉列表中选取“正常”模式。选取“替换”模式可以保留画笔描边的边缘处的杂色、胶片颗粒和纹理。

* 如果在污点修复画笔工具选项栏中选择“对所有图层取样”，可从所有可见图层中对数据进行取样。如果取消选择“对所有图层取样”，则只从当前图层中取样。方法：单击要修复的区域，或单击并在较大的区域上拖移。

* 在“近似匹配”模式下，如果没有为污点建立选区，则样本自动采用污点四周的像素。如果选中污点，则样本采用选区外围的像素。

* 在“创建纹理”模式下，使用选区中的所有像素创建一个用于修复该区域的纹理。

2.3.2　修复画笔工具

运用修复画笔工具可以对破损的照片进行仔细的修复。首先按下 Alt 键，利用光标定义好一个与破损处相近的基准点，然后放开 Alt 键，反复涂抹就可以了。

修复画笔工具的选项栏如图 2-3-5 所示。

设置取样点：按 Alt 键并单击。如果在被修复处单击且在选项栏中未选中“对齐”，则取样点一直固定不变；如果在被修复处拖动或在选项栏中选中“对齐”，则取样点会随着拖动范围的改变而相对改变。（取样点用十字形表示。）

☺ 说明：如果要从一幅图像中取样并应用于另一幅图像，则这两幅图像的颜色模式必须相同，除非其中一幅图像处于灰度模式中。

图 2-3-5　修复画笔工具的选项栏

＊模式：如果选用“正常”，则在使用样本像素进行绘画的同时把样本像素的纹理、光照、不透明度和阴影与所修复的像素相融合；如果选用“替换”，则只用样本像素替换目标像素且与目标位置没有任何融合。（也可以在修复前先建立一个选区，则选区限定了要修复的范围在选区内，而不在选区外。）

＊源：如果选择“取样”，则必须按 Alt 键单击取样并使用当前取样点修复目标；如果选择“图案”，则在“图案”列表中选择一种图案并用该图案修复目标。

＊对齐：不选中该项时，每次拖动后松开左键再拖动，都是以按下 Alt 键时选择的同一个样本区域修复目标；而选中该项时，每次拖动后松开左键再拖动，都会接着上次未复制完成的图像修复目标。

2.3.3 修补工具

绘制一个需要修补的选区，会出现一个选区虚线框，移动鼠标时这个虚线框会跟着移动，移动到适当的位置（比如与修补区域相近的区域）单击即可。修补工具会将样本像素的纹理、光照和阴影与源像素进行匹配。

修补工具修复的效果与修复画笔工具的类似，只是使用方法不同，该工具的使用方法是通过创建的选区来修复目标或源的。

修补工具一般在快速修复瑕疵较少的图片时使用。

修补工具的选项栏如图 2-3-6 所示。

图 2-3-6 修补工具的选项栏

＊源：要修补的对象是现在选中的区域；方法是先选中要修补的区域，再把选区拖动到用于修补的区域。

＊目标：与“源”相反，要修补的是选区被移动后到达的区域，而不是移动前的区域；方法是先选中区域，再拖动选区到要修补的区域。

＊透明：如果不选中该项，则被修补的区域与周围图像只在边缘融合，而内部图像纹理保留不变，仅在色彩上与原区域融合；如果选中该项，则被修补的区域除边缘融合外，还有内部的纹理融合，即被修补区域好像做了透明处理一样。

＊使用图案：选中一个待修补区域后，单击“使用图案”按钮，则待修补区域用这个图案修补。

2.3.4 红眼工具

利用红眼工具可移去拍摄的（用闪光灯）人物照片中的红眼，也可以移去拍摄的（用闪光灯）动物照片中的白色或绿色反光。

红眼工具的选项栏如图 2-3-7 所示。在该选项栏中可以调整瞳孔大小和变暗量，可以使调整后的照片效果更加自然，如图 2-3-8 所示。

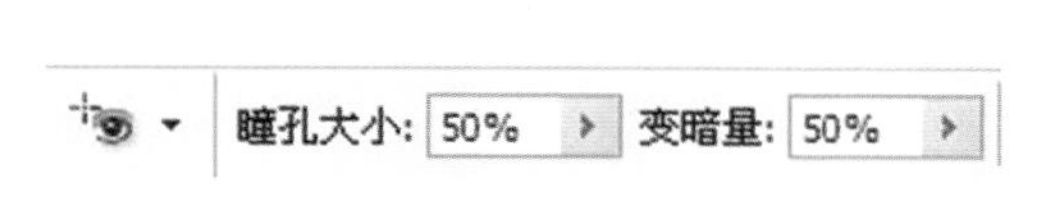

图 2-3-7 红眼工具的选项栏

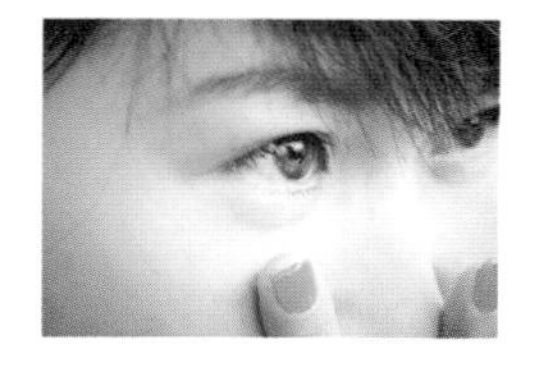
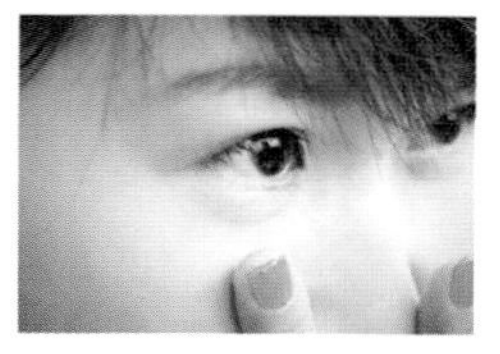

图 2-3-8 使用红眼工具

2.3.5 仿制图章工具

在 Photoshop CS 中，图章工具根据其作用方式被分成两个独立的工具：仿制图章工具和图案图章工具。仿制图章工具的选项栏如图 2-3-9 所示。它们一起组成了 Photoshop CS 的一个图章工具组，如图 2-3-10 所示。

仿制图章工具是 Photoshop 工具箱中很重要的一种编辑工具。在实际工作中，仿制图章工具将图像的一部分复制到同一图像的另一部分，或复制到具有相同颜色模式的任何打开的文档中，也可以将一个图层的一部

图 2-3-9　仿制图章工具的选项栏

分复制到另一个图层。仿制图章工具对于复制对象或移去图像中的缺陷很有用。仿制图章工具可以将图像复制到原图上，它常用于复制大面积的图像区域部分。

利用仿制图章工具复制图像(见图 2-3-11)，首先按下 Alt 键，利用仿制图章工具定义好一个基准点，然后放开 Alt 键，反复涂抹就可以复制原始图像，效果如图 2-3-12 所示。

图 2-3-10　图章工具组

图 2-3-11　原始图像

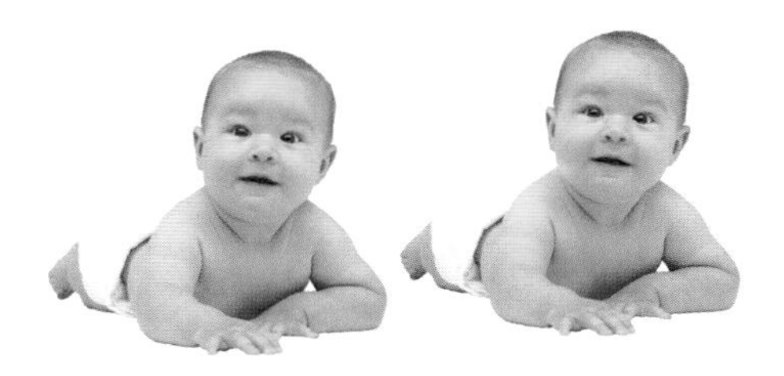

图 2-3-12　使用仿制图章工具

2.3.6　图案图章工具

在使用图案图章工具之前，必须先选取图像的一部分并选择“编辑”菜单下的“定义图案”命令定义一个图案，然后才能使用图案图章工具将设定好的图案复制到鼠标的拖放处。

单击工具箱中的图案图章工具，就会调出图案图章工具的选项栏，如图 2-3-13 所示。

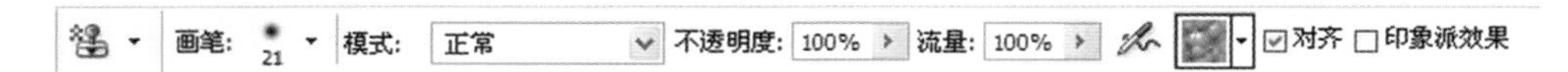

图 2-3-13　图案图章工具的选项栏

图案图章工具选项栏与仿制图章工具选项栏的选项基本一致，只是多了一个图案选项。在选择“对齐”选项后，使用图案图章工具可为图像填充连续图案。如果第二次执行定义指令，则此时所设定的图案就会取代上一次所设定的图案。当取消“对齐”选项时，每次开始使用图案图章工具，都会重新开始复制填充。图 2-3-14 所示是利用图案图章工具复制图案的实例，图 2-3-14(b)是将图 2-3-14(a)所示的选区作为图案进行涂抹的结果。

☺ 使用修复工具和图章工具时的技巧——“六个不一样”：

修复时选中和不选中不一样；修复时对齐和不对齐不一样；

画笔笔头大和笔头小不一样；画笔硬度大和硬度小不一样；

修复时拖动和不拖动不一样；透明和不透明不一样。

(a)原始图像及作为图案的选区

(b)使用图案图章工具将图案连续复制

图 2-3-14　使用图案图章工具

2.3.7 画笔工具

使用画笔工具(见图 2-3-15)可以绘制出比较柔和的线条,其效果如同用毛笔画出的线条。在使用画笔工具绘图时,必须在工具选项栏中选定一个适当大小的画笔,才可以绘制图像。

图 2-3-15 画笔工具

在画笔工具的选项栏中设置选项后,可以调整笔触的大小、形态和材质,可以任意调整特定形态的笔触,而且可以从画笔列表中选择多种属性的画笔,从而表现不同的效果。

选择工具箱中的画笔工具,此时工具选项栏将切换到画笔工具的选项栏,如图 2-3-16 所示。

图 2-3-16 画笔工具的选项栏

单击"切换画笔面板"图标,将打开画笔面板,如图 2-3-17 所示,从中可以选择不同形状的画笔,还可以设置画笔的硬度和直径。喷枪:选中"喷枪"选项后,画笔工具在绘制图案时将具有喷枪效果。

运用画笔工具可以创建出较柔和的笔触,笔触的颜色为前景色。此外,单击选项栏中"画笔"右侧的小三角形按钮,将打开"画笔预设"选取器,该选取器中包括画笔调整的所有参数,如图 2-3-18 所示。

在"画笔预设"选取器中,Photoshop CS5 提供了多种不同类型的画笔,使用不同类型的画笔,可以绘制出不同的效果,如图 2-3-19 所示。

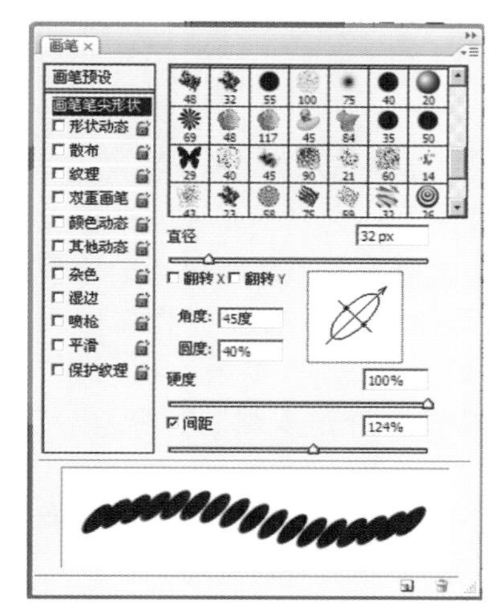

图 2-3-17 画笔面板

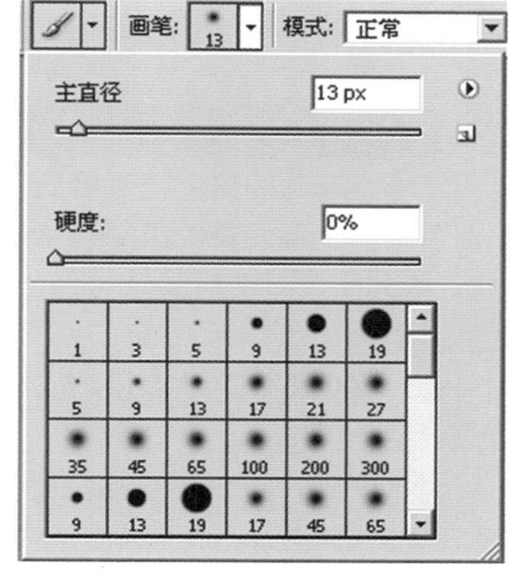

图 2-3-18 "画笔预设"选取器

图 2-3-19 使用不同类型的画笔绘制的效果

虽然 Photoshop CS5 提供了很多类型的画笔,但在实际应用中并不能完全满足需要,所以为了绘图的需要,Photoshop CS5 还提供了新建画笔的功能。新建画笔的具体操作步骤如下。

(1) 选中绘制好的图案,然后执行菜单中的"窗口"→"画笔"命令,调出画笔面板,单击鼠标右键,从弹出的快捷菜单中选择"新建画笔预设"命令。

☺ 提示:也可以单击画笔面板右下角的"创建新画笔"按钮来新建画笔。

(2) 在弹出的"画笔名称"对话框中输入画笔名称,如图 2-3-20 所示,单击"确定"按钮,即可创建一个与所选画笔相同的新画笔。

(3) 对新建的画笔进行参数设置。方法:选中要设置的画笔,然后在"画笔笔尖形状""形状动态""颜色动态""其他动态"选项卡中进行参数设置,如图 2-3-21 所示。

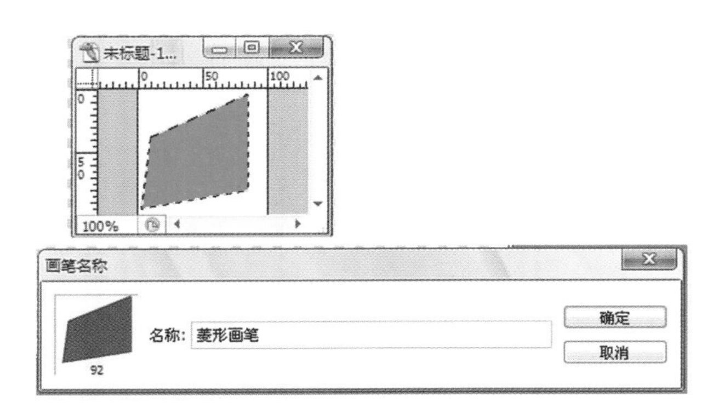

图 2-3-20 “画笔名称”对话框

图 2-3-21 对新建画笔设置参数

2.3.8 铅笔工具

运用铅笔工具可以创建出硬边的曲线或直线，它的颜色为前景色。

在画笔面板中设置好画笔的形态后，铅笔的形态就被设置好了。所以，铅笔工具的使用方法和画笔工具的类似，只不过铅笔工具选项栏中的画笔都是硬边的，如图 2-3-22 所示。

图 2-3-22 铅笔工具的选项栏

另外，铅笔工具还有一个特有的“自动抹除”复选框。自动抹除是铅笔工具的特殊功能。当勾选该项时，如果在与前景色一致的颜色区域拖动鼠标，所拖动的痕迹将以背景色填充；如果在与前景色不一致的颜色区域拖动鼠标，所拖动的痕迹将以前景色填充。

2.3.9 颜色替换工具

使用颜色替换工具可以用一种新的颜色代替选定区域的颜色。使用颜色替换工具可以十分轻松地将图像中的颜色按照设置的“模式”替换成前景色。颜色替换工具一般常用来快速替换图像中的局部颜色。颜色替换工具的原理是用前景色替换图像中指定的颜色，因此使用时需选择好前景色。选择好前景色后，在图像中需要更改颜色的地方涂抹，即可将其替换为前景色。不同的绘图模式会产生不同的替换效果，常用的模式为“颜色”。在图像中涂抹时，起笔(第一个单击的点)像素颜色将作为基准色，选项栏中的取样、“限制”和“容差”都以其为准。

单击工具箱中的颜色替换工具后，Photoshop CS5 的选项栏会自动变为颜色替换工具所对应的选项的设置，通过选项栏可以对该工具进行相应的属性设置，使其更加好用，如图 2-3-23 所示。

图 2-3-23 颜色替换工具的选项栏

颜色替换工具选项栏中的各项含义如下。

* 模式：用来设置替换颜色时的混合模式，包括色相、饱和度、颜色和明度，如图 2-3-24 所示(此时的前景色为绿色)。

* 取样：“连续”方式将在涂抹过程中不断以鼠标所在位置的像素颜色作为基准色，决定被替换的范围；“一次”方式将始终以涂抹开始时的像素颜色为基准色；“背景色板”方式将只替换与背景色相同的像素颜色。以上 3 种方式的使用都要参考容差的数值。

* 限制：“不连续”方式将替换鼠标所到之处的颜色；“连续”方式替换鼠标邻近区域的颜色；“查找边缘”方式将重点替换位于色彩区域之间的边缘部分。“查找边缘”替换包含样本颜色的相连区域，同时更好地保留形

状边缘的锐化程度。

* 容差：输入数值或者拖移滑块。容差值较小时，可以替换与所单击像素非常相似的颜色，而增大容差值可替换范围更广的颜色。

* 要为所校正的区域定义平滑的边缘，可选择“消除锯齿”选项。

2.3.10 混合器画笔工具

使用混合器画笔工具可以通过选定的不同画笔笔触对选定的照片或图像进行轻松的描绘，使其产生具有实际绘画的艺术效果。混合器画笔工具是 Photoshop CS5 新增的一个工具，该工具不需要用户具有绘画的基础就能绘制出有艺术表现力的画作。该工具的使用方法与现实中的画笔较相似，只要在选择相应的画笔笔触后，在文档中按下鼠标左键并拖动便可以进行绘制，效果如图 2-3-25 所示。

图 2-3-24 四种模式效果

图 2-3-25 使用混合器画笔工具制作的效果

在工具箱中单击混合器画笔工具后，Photoshop CS5 的选项栏会自动变为混合器画笔工具所对应的选项的设置，通过选项栏可以对该工具进行相应的属性设置以使其更加好用，如图 2-3-26 所示。

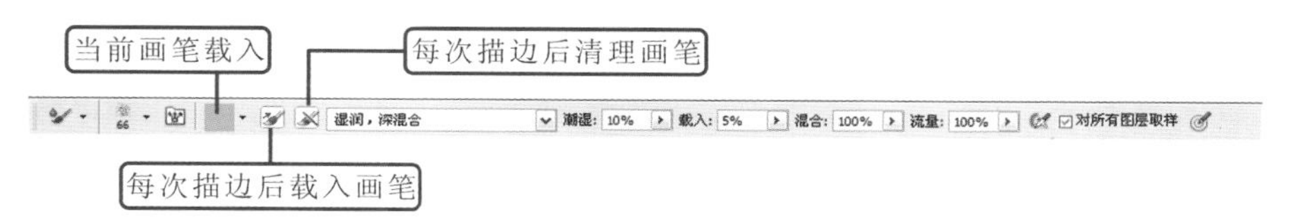

图 2-3-26 混合器画笔工具的选项栏

其中的各项含义如下（与之前功能相似的选项这里就不多讲了）。

* 当前画笔载入：用来设置使用时载入的画笔与清除画笔，包括载入画笔、清除画笔和只载入纯色。
* 每次描边后载入画笔：选择此功能后，每次绘制完成松开鼠标后，系统自动载入画笔。
* 每次描边后清理画笔：选择此功能后，每次绘制完成松开鼠标后，系统自动将之前的画笔清除。
* 有用的混合画笔组合：用来设置不同的混合预设效果。
* 潮湿：用来设置画布拾取的油彩量，数字越大，油彩越浓。
* 载入：用来设置画笔上的油彩量。
* 混合：用来设置绘画时颜色的混合比。
* 流量：用来设置绘制时的画笔流动速率。
* 对所有图层取样：勾选该复选框后，画笔会自动在多个图层中起作用。

2.3.11 历史记录画笔工具

历史记录画笔工具是 Photoshop 工具箱中的一种十分有用的编辑工具，在 Photoshop CS5 中记录工具包括历史记录画笔工具和历史记录艺术画笔工具。

历史记录画笔工具可以很方便地恢复图像，而且在恢复图像的过程中可以自由调整恢复图像的某一部分。该工具常与历史记录面板配合使用。

历史记录画笔工具与 Photoshop 的历史记录面板配合使用时，单击历史记录面板中某一步骤前的历史记录画笔工具图标后，用工具箱中的历史记录画笔工具可将图像恢复到此步骤时的状态，如图 2-3-27 所示。

2.3.12 历史记录艺术画笔工具

历史记录艺术画笔工具是一个比较有特点的工具，主要用来绘制不同风格的油画质感图像。其选项栏如

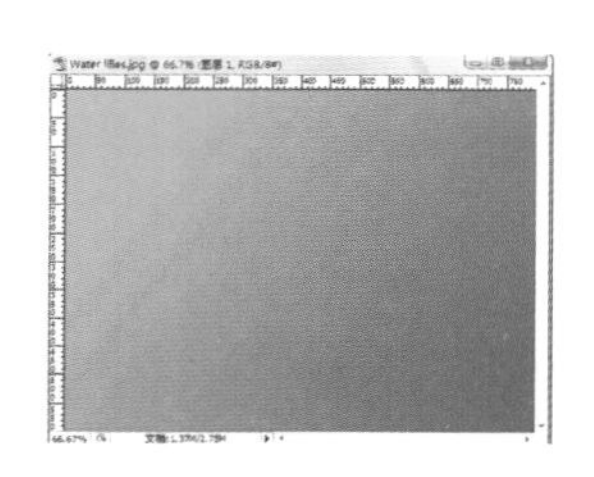

图 2-3-27　使用历史记录画笔工具

图 2-3-28 所示。

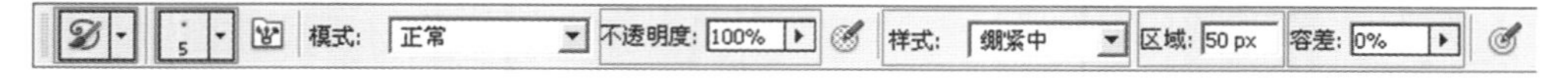

图 2-3-28　历史记录艺术画笔工具的选项栏

在历史记录艺术画笔工具的选项栏中,"样式"用于设置画笔的风格样式,"模式"用于选择绘图模式,"区域"用于设置画笔的渲染范围(见图 2-3-29 至图 2-3-31),"容差"用于设置画笔的样式显示容差。

图 2-3-29　区域:10px

图 2-3-30　区域:50px

图 2-3-31　区域:100px

2.3.13　橡皮擦工具

橡皮擦工具是在图片处理过程中常用的一种工具,在 Photoshop CS5 中有 3 种橡皮擦工具:橡皮擦工具、背景橡皮擦工具和魔术橡皮擦工具。

在橡皮擦工具擦除的区域,一切图像都会消失,擦除的地方会以前景色显示。橡皮擦工具的选项栏如图 2-3-32所示。

图 2-3-32　橡皮擦工具的选项栏

使用橡皮擦工具的效果如图 2-3-33 所示。同时,在选项栏上勾选"抹到历史记录"选项时,被涂抹的区域又会恢复到橡皮擦擦除前的效果。

图 2-3-33　使用橡皮擦工具的效果

2.3.14 背景橡皮擦工具

背景橡皮擦工具可将被擦除区域的背景色擦掉，被擦除的区域将变成透明。使用背景橡皮擦工具可以有选择地擦除图像，主要通过设置采样色，擦除图像中颜色和采样色相近的部分。背景橡皮擦工具的选项栏如图2-3-34所示。

图 2-3-34　背景橡皮擦工具的选项栏

其中的各项含义如下。

* 画笔：用来设置橡皮擦的主直径、硬度和画笔样式。

* 取样：用来设置擦除图像颜色的方式，包括连续、一次和背景色板。连续：可以将鼠标经过的所有颜色作为选择色并对其进行擦除。一次：在图像上需要擦除的颜色上按下鼠标，此时选取的颜色将自动作为背景色，只要不松手即可一直在图像上擦除该颜色区域。背景色板：背景橡皮擦工具只能擦除与背景色一样的颜色区域。

* 限制：用来设置擦除时的限制条件。在“限制”下拉列表中有不连续、连续和查找边缘三个选项。不连续：可以在选定的色彩范围内多次重复擦除。连续：在选定的色彩范围内只可以进行一次擦除，也就是说，必须在选定颜色后连续擦除。查找边缘：擦除图像时可以更好地保留图像边缘的锐化程度。

* 容差：用来设置擦除图像中颜色的准确度，数值越大，擦除的颜色范围就越广，可输入的数值范围是1%～100%。

* 保护前景色：勾选该复选框后，图像中与前景色一致的颜色将不会被擦除掉。

使用背景橡皮擦工具的绘制效果如图2-3-35所示。

2.3.15 魔术橡皮擦工具

魔术橡皮擦工具有着更灵活的擦除功能，操作也更简洁，设置好魔术橡皮擦工具选项栏中的参数后，只需轻轻地单击鼠标，就可以擦除预定的图像，效果如图2-3-36所示。

保护前景色
擦除背景色

图 2-3-35　使用背景橡皮擦工具的绘制效果

图 2-3-36　使用魔术橡皮擦工具

2.3.16 渐变工具

填充工具主要包括渐变工具和油漆桶工具，如图2-3-37所示。

图 2-3-37　填充工具

渐变工具可以在图像区域或图像选择区域填充一种渐变混合色。这种工具的使用方法是按住鼠标拖动，形成一条直线，直线的长度和方向决定渐变填充的区域和方向。如果在拖动鼠标时按住 Shift 键，渐变的方向就只可能是水平、竖直或呈45°角。

Photoshop CS5 的渐变样式和 Photoshop 以前的版本基本相同，都包括5种基本渐变：线性渐变、径向渐变、角度渐变、对称渐变、菱形渐变。可以在选项栏中任意地定义、编辑渐变色。渐变工具的选项栏如图2-3-38所示。

其中的各项含义如下（与之前功能相似的选项这里就不多讲了）。

* 渐变类型：用于设置不同渐变样式填充时的颜色渐变。

图 2-3-38 渐变工具的选项栏

＊渐变样式：用于设置填充渐变颜色的形式，包括线性渐变、径向渐变、角度渐变、对称渐变和菱形渐变，选择渐变样式后在画面中拖动填充后的效果如图 2-3-39 所示。

图 2-3-39 使用渐变工具

当单击渐变工具选项栏中的色带时，会弹出“渐变编辑器”对话框，如图 2-3-40 所示。

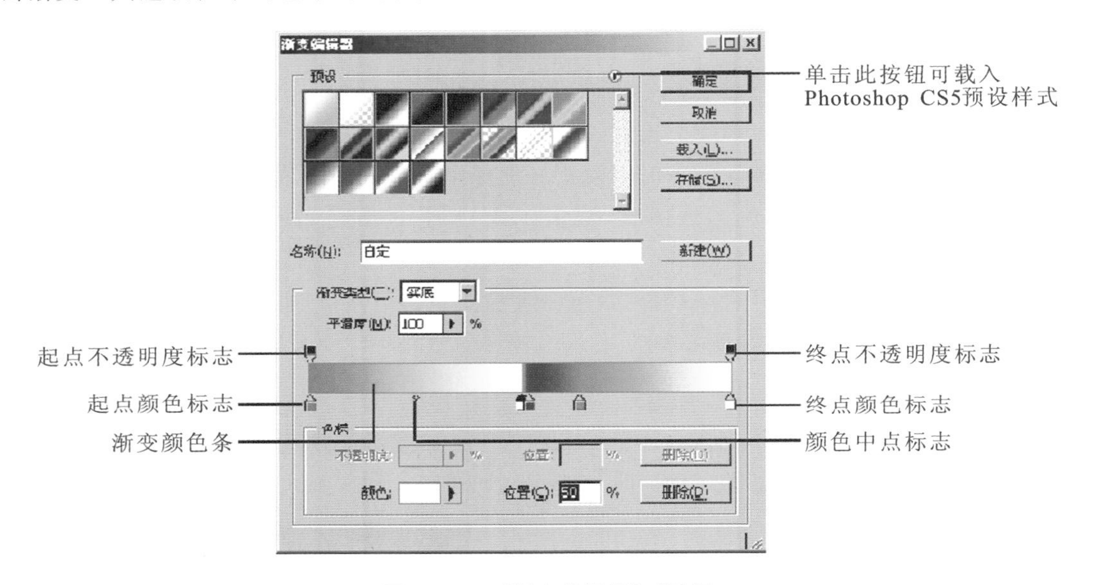

图 2-3-40 “渐变编辑器”对话框

＊预设：显示当前渐变组中的渐变类型，可以直接选择。

＊名称：当前选取渐变色的名称，可以自行定义渐变名称。

＊渐变类型：在“渐变类型”下拉列表中包括“实底”和“杂色”两个选项。参数和设置效果会随着渐变类型的不同而改变。

＊平滑度：用来设置颜色过渡时的平滑均匀度，数值越大，过渡越平稳。

＊色标：用来对渐变色的颜色与不透明度以及颜色和不透明度的位置进行控制。选择“颜色色标”时，可以对当前色标对应的颜色和位置进行设定；选择“不透明度色标”时，可以对当前色标对应的不透明度和位置进行设定。

＊颜色：更改所选色标的颜色。

＊不透明度：更改所选色标的不透明度，取值范围是 1%～100%。

2.3.17 油漆桶工具

油漆桶工具可以在图像中填充颜色，但它只对图像中颜色接近的区域进行填充。油漆桶工具的功能类似于魔棒工具的功能，在填充时会先对单击处的颜色进行取样，确定要填充颜色的范围。可以说，油漆桶工具

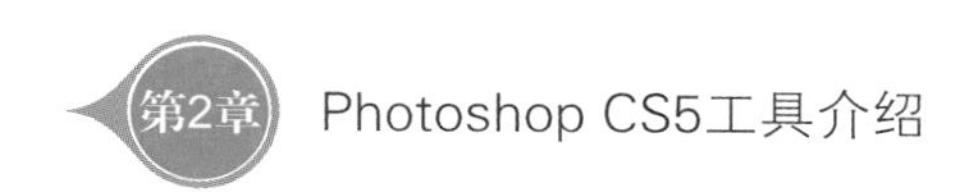

是魔棒工具和填充命令功能的结合。

单击工具箱中的油漆桶工具，就会调出油漆桶工具选项栏，如图 2-3-41 所示。

调节油漆桶工具选项栏中的容差值，会得到不同的效果，如图 2-3-42 至图 2-3-45 所示。

图 2-3-41　油漆桶工具的选项栏

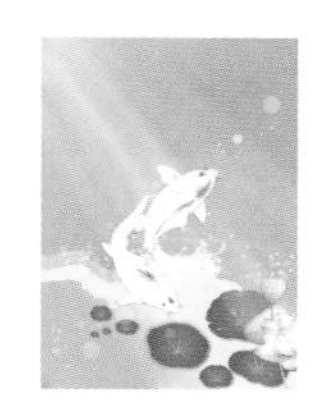

图 2-3-42　原图

图 2-3-43　容差:20

图 2-3-44　容差:50

图 2-3-45　容差:100

☺在使用油漆桶工具填充颜色之前，需要先设定前景色，然后才可以在图像中单击以填充前景色。油漆桶工具可以根据图像中像素颜色的近似程度来填充前景色或连续图案。

2.3.18　模糊工具

Photoshop CS 的调焦工具包括模糊工具、锐化工具和涂抹工具，此组工具可以使图像中某一部分像素边缘模糊或清晰，可以使用此组工具对图像细节进行修饰。模糊工具可以降低图像中相邻像素的对比度，将较硬的边缘柔化，使图像变得柔和；锐化工具可以增加相邻像素的对比度，将模糊的边缘锐化，使图像聚焦，如图 2-3-46 所示。

图 2-3-46　使用模糊工具和锐化工具的效果

这 3 种调焦工具的选项栏很相似，图 2-3-47 所示是模糊工具的选项栏。

图 2-3-47　模糊工具的选项栏

2.4　色彩调整类工具

Photoshop CS 的色彩调整类工具包括减淡工具、加深工具和海绵工具三种。使用此组工具可以对图像的细节部分进行调整，可使图像的局部变亮、变深或色彩饱和度降低。

2.4.1　减淡工具

减淡工具可使图像的细节部分变亮，类似于给图像的某一部分淡化。单击工具箱中的减淡工具，就可以调出减淡工具选项栏，如图 2-4-1 所示。

图 2-4-1　减淡工具选项栏

2.4.2 加深工具

加深工具可使图像的细节部分变暗,类似于减淡工具的操作。在加深工具选项栏中可以分别设定阴影、中间调或高光来对图像的细节进行调整。另外,也可以设定不同的曝光度,这些操作的设置和减淡工具的一样。

2.4.3 海绵工具

使用海绵工具能够精细地改变某一区域的色彩饱和度,但对黑白图像处理的效果不是很明显。在灰度模式中,海绵工具通过将灰色色阶远离或移到中灰来增加或降低对比度。海绵工具选项栏如图 2-4-2 所示。

图 2-4-2 海绵工具选项栏

* 在“模式”下拉列表中,可以选择“降低饱和度”或“饱和”。
* 降低饱和度:用于降低图像颜色的饱和度,一般用它来表现比较阴沉、昏暗的效果。
* 饱和:用于增加图像颜色的饱和度。

图 2-4-3 所示为使用色彩调整类工具制作的不同效果。

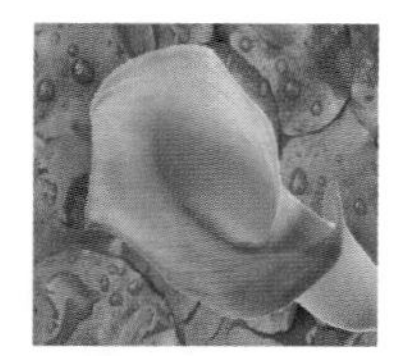
(a)原始图像

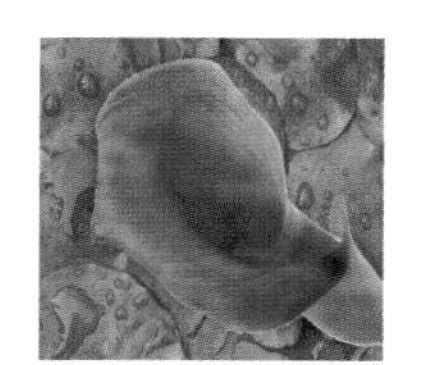
(b)使用加深工具处理效果

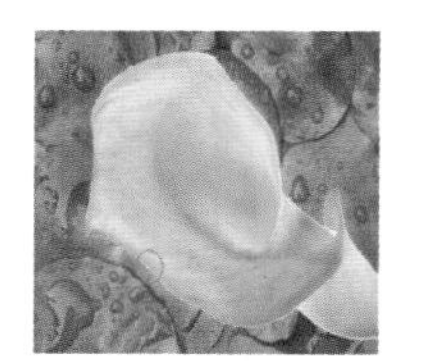
(c)使用减淡工具处理效果

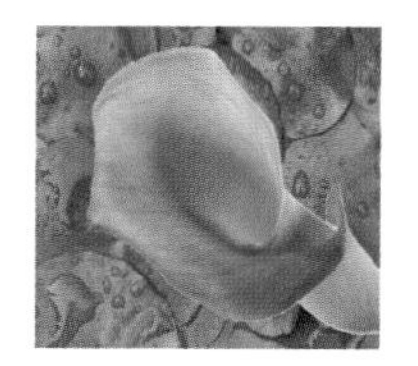
(d)使用海绵工具处理效果

图 2-4-3 使用色彩调整类工具

2.5 路径选择工具

在 Photoshop CS5 中,路径选择工具组包括路径选择工具和直接选择工具,这两个选择工具均要结合路径面板一起使用。

2.5.1 文字工具

在广告、网页或者印刷品等作品中,能够直观地将信息传递给观众的载体就是文字。将文字以更加丰富多彩的方式加以表现,是设计领域里一个至关重要的主题,其应用已经扩展到多媒体演示、网页文字的各个领域。

Photoshop CS5 提供的文字工具,可以对文字进行适当的操作,对其应用特效。用文字工具输入文字,与在一般程序中输入文字的方法基本一致,但是 Photoshop CS5 可以给文字添加更多样化的文字特效,使文字更加生动、漂亮。

Photoshop CS5 文字工具组中主要有横排文字工具、直排文字工具、横排文字蒙版工具和直排文字蒙版工具,如图 2-5-1 所示。在输入文字时对文字属性的控制,集中在文字工具的选项栏中,如图 2-5-2 所示。在该选项栏中,可以对文字的基本属性进行设置,包括字体、字号、颜色等。

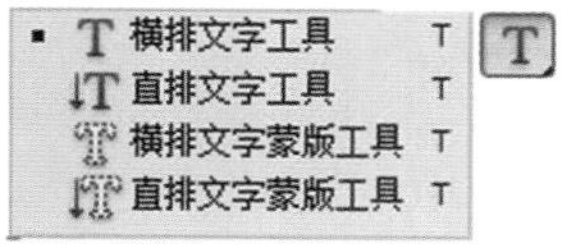

横排文字工具 T
直排文字工具 T
横排文字蒙版工具 T
直排文字蒙版工具 T

图 2-5-1　文字工具组

图 2-5-2　文字工具选项栏

☺ 输入文字时，Photoshop CS5 会自动创建一个文本图层。

输入的文字有以下两种类型。

* 字符文字：是一个水平或垂直的文本行，从单击的位置开始输入，适合输入少量文字或标题。

* 段落文字：用文字工具拉出一个文本框，在框中输入文字会自动换行，当文本框不够大时，右下角的标志从“口”形变成“田”形，拖放可调整。

若要设置文本的格式，可以在输入文字之前先在工具的选项栏中设置，也可以在输入文字以后用文字工具将要设置文本格式的文字选中，再在文字工具的选项栏中设置，然后单击工具选项栏最右侧的“提交所有当前编辑”按钮，以确认操作。

如果要控制文字的更多属性，可以单击文字工具选项栏中的“切换字符和段落面板”按钮，在弹出的字符面板(见图 2-5-3)中进行属性参数设置。

字符面板是专门设置文字格式的面板，主要包括：

* 选择字体系列；
* 选择文字大小；
* 指定字符间距；
* 指定文字的横向拉伸和竖向拉伸；
* 将文字整体向上移动或者向下移动；
* 设定文字的颜色效果；
* 旋转的设置，也可以进行自由变换；
* 粗体、斜体、大小写、上下标、下划线、删除线等。

图 2-5-3　字符面板

☺ 字符文字和段落文字可以互相转换。

☺ 直接输入文字的时候，默认的是字符文字，此时不能执行段落中的操作，若要执行段落中的操作，可执行“图层”→“文字”→“转换为段落文本”命令。

☺ 段落面板主要用来调整段落的对齐方式。

更改文字图层的走向：在选中文字图层之后，选择“图层”→“文字”菜单中的“水平”或者“垂直”命令来改变文字图层的走向。

将文字转换为路径：选中文字图层后，选择“图层”→“文字”→“创建工作路径”命令就可将文字边界转换为当前工作路径。

文字图层转换为形状图层：在图层面板中选择文字图层后，选择“图层”→“文字”→“转换为形状”命令，文字图层就转换为形状图层了，此时 T 字消失，再也不能进行文字编辑了。

☺ 说明：

(1) 大部分绘图工具和图像编辑功能(如色彩和色调的调整、滤镜、渐变等)不能在文本图层上使用。

(2) 在对文本图层进行以上处理前，必须先将文本图层转换成普通图层，方法是执行“图层”→“栅格化”命令。

(3) 文本图层转换为普通图层后，无法再还原。可以进行图像处理，但文字不能编辑了。

2.5.2 钢笔工具

如果想要在图像中准确地建立选区，一般不使用选择工具，而是使用钢笔工具绘制路径来建立选区。如果想要获得高品质的图像，那么钢笔工具将是一个不错的选择。

对钢笔工具使用的熟练程度，是区分 Photoshop 的初、中、高级用户的标准之一。钢笔工具可以制作出复杂的、不规则的曲线和直线，通过单击开始点和结束点的方法创建路径，然后调整路径上的点，制作出需要的形态。路径是由连续的锚点构成的，被称为贝塞尔曲线。Photoshop CS5 的钢笔工具包括钢笔工具、自由钢笔工具、添加锚点工具、删除锚点工具、转换点工具。这组路径工具主要用来绘制路径或给图像中的物体描边，这和 FreeHand 或 Illustrator 中的路径工具的使用方法大致相同。

选择钢笔工具组中的任意一个工具，出现的工具选项栏都是相同的，如图 2-5-4 所示。

图 2-5-4 钢笔工具选项栏

从 Photoshop 4.0 版本开始这组工具就被移到了工具箱中，但路径面板依然保留，用来进行有关路径的其他操作，如路径的存储、删除等。在使用路径工具时，通常需要与路径面板配合使用。

2.5.3 矩形工具

使用图形工具，可以制作出漂亮的图形对象，且不受分辨率的影响。为了方便用户绘制不同样式的图形形状，Photoshop CS5 提供了一些基本的图形工具。利用这些图形工具可以绘制直线、矩形、椭圆形、多边形和其他自定义的形状。

用户在绘制形状后，还可根据需要对其进行编辑。形状的编辑方法与路径的编辑方法完全相同。例如，可增加和删除形状的锚点，移动锚点的位置，对锚点的控制柄进行调整，对形状进行缩放、旋转、扭曲、透视和倾斜变形、水平或垂直翻转形状等。

图形工具主要用于制作图标形态的按钮，也可以在利用基本图形制作对象的时候使用。在 Photoshop CS5 中，追加各种形态，然后用鼠标选择需要的形态图像，拖动鼠标，便可以简单地制作出图像。

Photoshop CS 矢量图像工具组包括矩形工具、圆角矩形工具、椭圆工具、多边形工具、直线工具和自定形状工具。

使用矩形工具可以在图像中快捷地画出一个矩形，并且可以控制矩形区域的形状和颜色。矩形工具选项栏如图 2-5-5 所示。

图 2-5-5 矩形工具选项栏

打开矩形工具选项栏下拉窗口，如图 2-5-6 所示，在该下拉窗口中有不受限制、方形、固定大小、比例、从中心、对齐像素等选项。

图 2-5-7 所示为使用矩形工具绘图的实例。

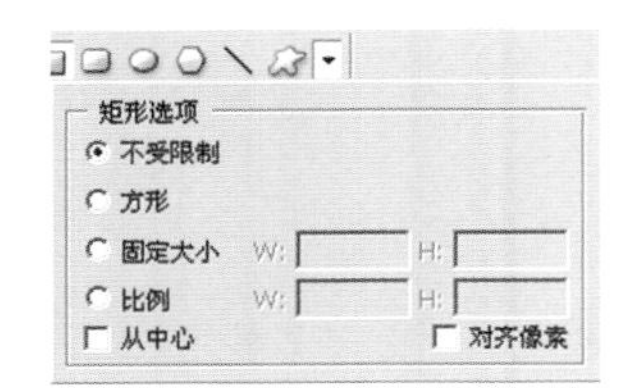

图 2-5-6 矩形工具选项栏下拉窗口

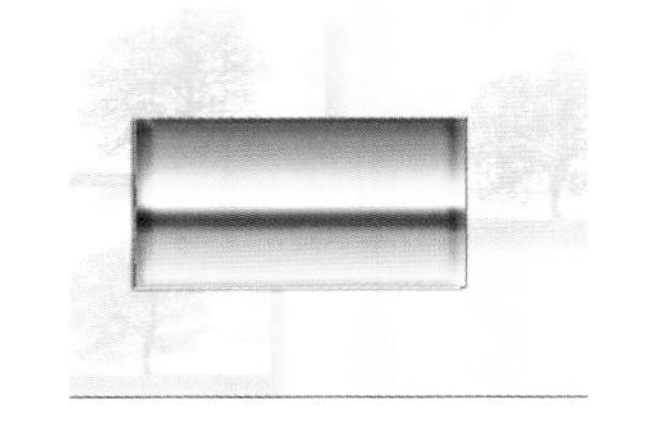

图 2-5-7 使用矩形工具绘图实例

2.5.4 圆角矩形工具

圆角矩形工具和矩形工具的用法基本相同，都是用来在图像中绘制矩形，但是圆角矩形工具绘制出来的矩形不是直角的。使用圆角矩形工具的方法和矩形工具的基本相同，都是按下鼠标左键不放然后拖动，在圆角矩形工具的选项栏中有一个半径输入项，如图 2-5-8 所示，这个半径是指圆角的弧半径，其余几项与矩形工具的基本相同。

图 2-5-8　圆角矩形工具选项栏

2.5.5　椭圆工具

使用椭圆工具可以在图像中绘制椭圆，它的用法和前面的矩形工具的基本类似。在椭圆工具的选项栏中，可以选择长短轴尺寸，或选择长短轴的比例，或选择椭圆的中心点来确定椭圆的形状或位置。

2.5.6　多边形工具

多边形工具是用来绘制各种规则形状的多边形的。如图 2-5-9 所示，在该窗口中根据需要和效果选择适当的多边形边界形状，可绘制不同的效果。另外，在多边形工具的选项栏中有一个边数填充项，该项的意义是确定所要画的多边形的边数。

2.5.7　直线工具

使用直线工具可以创建一条直线。其使用方法是选择直线工具后，在图像中单击鼠标左键确定此直线的起始点，然后拖动鼠标至合适的终点处再单击一下鼠标左键，即可创建一条以前景色为颜色的直线。如果在使用直线工具时按住 Shift 键，可控制画线的方向，画出的线只能为水平、竖直或呈 45°角的线。

2.5.8　自定形状工具

自定形状工具是 Photoshop CS 新增的一种绘图工具。从自定形状选项栏中可以看出，自定形状工具的选项栏和其他几种图形工具的基本类似，单击自定形状工具右侧的小三角形按钮，将弹出面板，如图 2-5-10 所示。

图 2-5-9　使用多边形工具

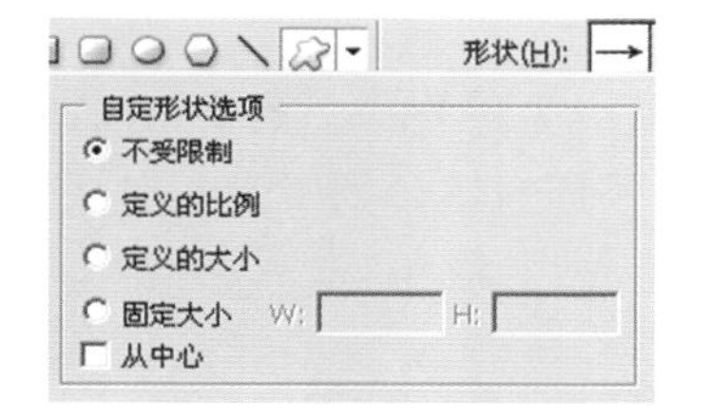

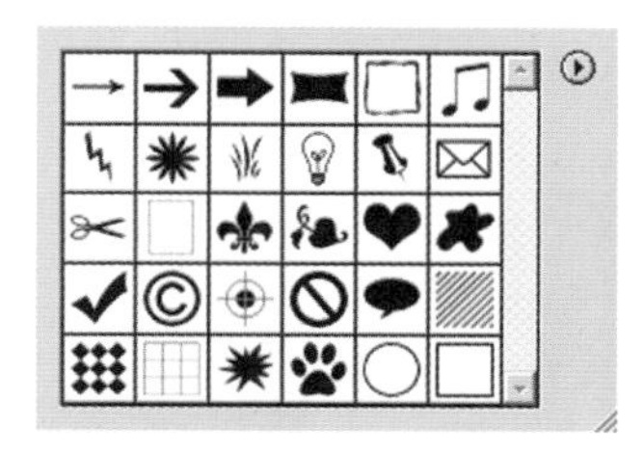

图 2-5-10　自定形状选项栏中的面板

2.5.9　路径选择工具

路径选择工具组包括路径选择工具和直接选择工具，这两个选择工具均要结合路径面板一起使用。

路径选择工具是对路径的整体选择。同时，路径选择工具还可以把不同的路径进行组合，使多个路径变为一个路径，为我们进行矢量绘图给予了很大的帮助。

2.5.10　直接选择工具

使用直接选择工具可以对路径的部分进行选择。

2.6 辅助工具

2.6.1　文字注释工具

注释工具组包括文字注释工具和声音注释工具。这两项工具随着现代网络和多媒体的不断发展，用途越来越广泛。

文字注释工具的用法比较简单，单击文字注释工具的图标，就会出现其选项栏，如图 2-6-1 所示。

图 2-6-1　文字注释工具选项栏

可以使用文字注释工具为图像添加注释。注释的添加可以方便不同的作者对同一幅图像进行编辑和修改，如图 2-6-2 所示。

2.6.2　声音注释工具

声音注释工具的用法和文字注释工具的类似，单击声音注释工具的图标，会出现其选项栏，该选项栏主要包括作者和颜色两项。颜色选项用来设定声音注释图标的边框颜色。

Photoshop CS5 提供了颜色取样功能，利用取样工具可以精确地采集图像中像素点的颜色参数值，并以此来设定颜色或作为色彩控制参考。Photoshop CS5 还提供了距离和角度测量功能，利用测量工具可以测量图像中任意两点的距离和相对角度，也可以使用两条测量线来创建一个量角器，以测定角度。

2.6.3　吸管工具

可以利用吸管工具在图像中取色样以改变工具箱中的前景色或背景色。用吸管工具在图像上单击，工具箱中的前景色就显示为所选取的颜色，如果在按住 Alt 键的同时，用此工具在图像上单击，工具箱中的背景色就显示为所选取的颜色。

2.6.4　颜色取样器工具

颜色取样器工具可以获取多达 4 个色样，并可按不同的色彩模式将获取的每一个色样的色值在信息浮动窗口中显示出来，从而提供了进行颜色调节工作所需的色彩信息，能够更准确、更快捷地完成图像的色彩调节工作。

在使用颜色取样器工具之前应先在“窗口”菜单中选择“信息”命令，将信息面板调出，然后在工具箱中选取颜色取样器工具，在图像的 4 个不同区域分别单击 4 次，图像的相对区域即会出现 4 个标有 1、2、3、4 的色样点图标，如图 2-6-3 所示。

图 2-6-2　使用文字注释工具

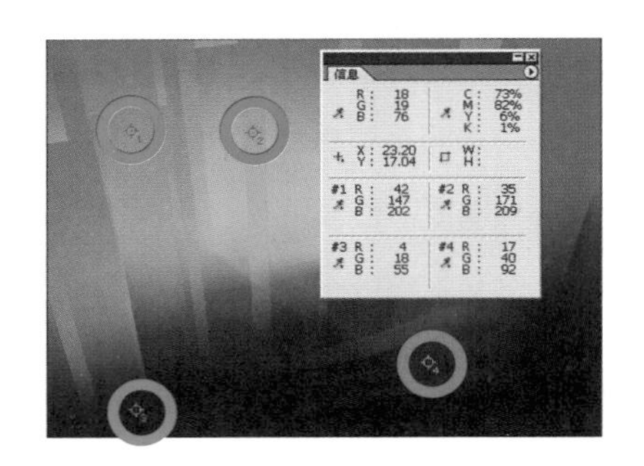

图 2-6-3　使用颜色取样器工具

2.6.5　度量工具

使用度量工具能准确地计算出图像中两点之间的距离及两线之间的夹角，使作图时能达到非常精确的程度。在使用度量工具时，需要调出信息面板，以观察测量结果，或者从度量工具的选项栏中读出测量的结果。

度量工具的选项栏如图 2-6-4 所示，主要用来显示度量结果信息。

图 2-6-4　度量工具选项栏

使用度量工具并对相关参数进行不同的设置，可得到不同的效果，如图 2-6-5 和图 2-6-6 所示。

图 2-6-5 使用度量工具(1)

图 2-6-6 使用度量工具(2)

2.6.6 抓手工具

抓手工具是用来移动画面使用户能够看到滚动条以外图像区域的工具。抓手工具与移动工具的区别在于:它实际上并不移动像素或是以任何方式改变图像,而是将图像的某一区域移到屏幕显示区内。可双击抓手工具,将整幅图像完整地显示在屏幕上。如果在使用其他工具时想移动图像,可以按住 Ctrl+空格键,此时原来的工具图标会变为手掌图标,图像将会随着鼠标的移动而移动。抓手工具选项栏,如图 2-6-7 所示。

图 2-6-7 抓手工具选项栏

2.6.7 缩放工具

缩放工具是用来放大或缩小画面的工具,使用缩放工具可以非常方便地对图像的细节加以修饰。如果选择工具箱中的缩放工具并在图像中单击鼠标,图像就会以单击点为中心放大 2 倍,最多可放大 16 倍。如果按着 Ctrl 键单击,则图像会以 2,3,4,5,…,16 倍缩小。如果双击工具箱中的缩放工具,图像就会以 100%的比例显示。在缩放工具选项栏中可选择“调整窗口大小以满屏显示”选项,这样当使用缩放工具时,图像窗口会随着图像的变化而变化,如果不选此项,则无论图像如何缩放,窗口的大小始终不变,除非用鼠标单击窗口右上角的调节框。对图 2-6-8 所示图像的局部进行放大,可得到图 2-6-9 所示的效果。

2.6.8 色彩控制器

可以通过 Photoshop CS 的色彩控制器设置颜色。色彩控制器包括设置前景色、设置背景色、切换前景色和背景色及默认前景色和背景色。图 2-6-10 所示为“自定颜色”对话框。

图 2-6-8 原始图像

图 2-6-9 对局部进行放大

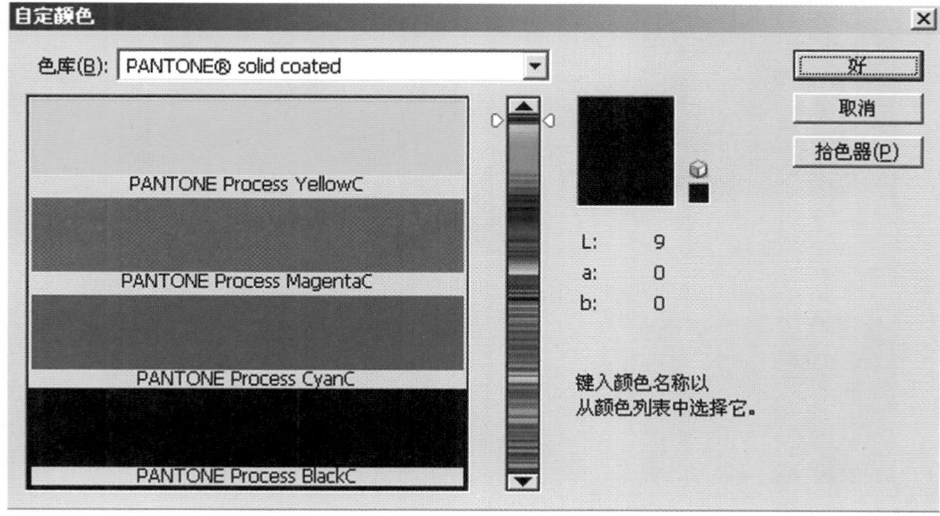

图 2-6-10 “自定颜色”对话框

在 Photoshop 中,当使用绘图工具时,可将前景色绘制在图像上,前景色也可以被用来填充选区或选区边缘。当使用橡皮擦工具或删除选区时,图像上就会删除背景色。当初次使用 Photoshop 时,前景色和背景色用的是默认值,即前景色为黑色,背景色为白色。

如果想改变前景色或背景色，只需单击工具箱中的前景色或背景色色块，即可调出颜色拾色器，可以在颜色拾色器中输入具体的值来定义一种颜色。

Photoshop 颜色拾色器提供了 4 种颜色模式：HSB 颜色、Lab 颜色、RGB 颜色、CMYK 颜色。

可以任选一种设定颜色，也可以在颜色拾色器中选择自定选项，调出“自定颜色”对话框，如图 2-6-10 所示。

在“自定颜色”对话框中设定好颜色后，可单击“好”按钮，工具箱中的前景色或背景色就会随之改变。但无论前景色或背景色是什么颜色，只要单击色彩控制器中的默认颜色图标，前景色和背景色便会变成黑色和白色。

2.6.9 蒙版控制器

Photoshop CS 的蒙版控制器包括标准蒙版模式和快速蒙版模式。这两种模式提供了两种制作选区的不同方式。在标准蒙版模式下，可利用工具箱中的选取工具制作选区，这是通常使用的工作模式。而在快速蒙版模式下，可利用绘图工具制作复杂的选区。关于蒙版的用法将在后面详细介绍，下面先简单介绍快速蒙版模式的用法。

蒙版其实是以灰度图表示的选择区域。被选择的区域呈现白色，未选择的区域呈现黑色，羽化范围则以灰色渐变表示，从靠近选定区域的淡灰到靠近未选定区域的深灰。

如图 2-6-11 所示，在原图上先用椭圆工具选取一个区域，单击工具箱中的快速蒙版工具，此时可以看到图像选区以外的图像区域被一层半透明的红色遮盖住了。也就是说，在快速蒙版模式下，图像中的选区为全透明而非红色半透明。其实，在这里“红色”并不代表选区以外的图像区域被涂成红色，而仅仅是一种用来区别选区与非选区的标志。

2.6.10 窗口控制器

Photoshop CS 的窗口控制器位于工具箱的最下方，它包括标准窗口、带菜单栏的全屏幕和绝对全屏幕。

1. 标准窗口

Photoshop CS 中图像默认以标准窗口方式显示。只需在工具箱中单击标准窗口图标，便可在一个标准窗口内显示前景图像。

2. 带菜单栏的全屏幕

如果不能在标准窗口内看到全部的图像，可单击工具箱中带菜单栏的全屏幕图标。与此同时，图像窗口中的标题栏与卷动条消失，如图 2-6-12 所示。

快速蒙版

图 2-6-11 快速蒙版的效果

图 2-6-12 带菜单栏的全屏幕

3. 绝对全屏幕

在绝对全屏幕模式下只显示图像，其他面板和工具都会隐藏，便于图像占据最大的窗口。

2.7 3D 工 具

在 Photoshop CS5 中，3D 工具主要包括 3D 对象变换工具和 3D 对象遥摄工具，如图 2-7-1 和图 2-7-2 所示。其中：3D 对象变换工具可以对图像进行移动、旋转和缩放等变换操作；3D 对象遥摄工具主要用于控制虚拟摄像机的机位，改变 3D 对象的视图效果，但是不会改变 3D 对象本身。

利用 3D 工具，可以制作多种效果，如图 2-7-3 所示。

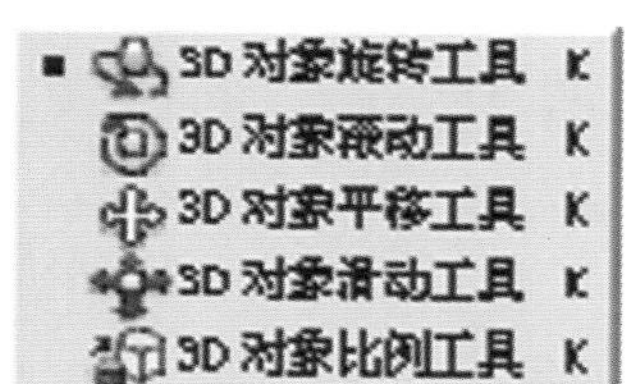

图 2-7-1　3D 对象变换工具

3D 旋转相机工具 N
3D 滚动相机工具 N
3D 平移相机工具 N
3D 移动相机工具 N
3D 缩放相机工具 N

图 2-7-2　3D 对象遥摄工具

(a)原图

(b)旋转后

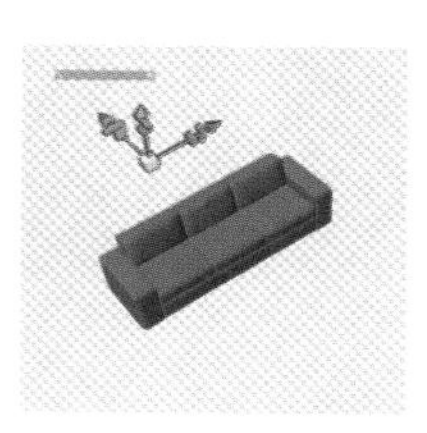

(c)缩放后

图 2-7-3　利用 3D 工具制作的效果

在 Photoshop CS5 中打开一个图像文件，可以通过“3D”→“从 3D 文件新建图层”命令，选择一个 3D 图像进行打开，在图层面板中自动生成一个 3D 图层。3D 图层与 2D 图层可以合并，制作图像复合效果。

1. 从 3D 文件新建图层

执行“3D”→“从 3D 文件新建图层”命令，弹出“打开”对话框，选择需要添加的 3D 图像文件，就可将新的 3D 图像添加到原 3D 图像文件或 2D 图像文件，并生成新的图层，如图 2-7-4 所示。

2. 创建 3D 明信片

选择“3D”→“从图层新建 3D 明信片”命令，可将 2D 图像转换为 3D 明信片，即具有 3D 属性的平面图像，并在图层面板中新建一个 3D 图层，可以采用 3D 工具对图像进行移动或旋转等编辑操作，如图 2-7-5 和图 2-7-6 所示。

3. 创建 3D 形状

执行“3D”→“从图层新建形状”命令，在弹出的子菜单中选择 3D 形状，对图像进行相应的形状转换。这些形状包括锥形、立方体、圆柱体、圆环、金字塔、环形、易拉罐等网格对象，如图 2-7-7 所示。

(a)打开2D图像

(b)添加3D图像

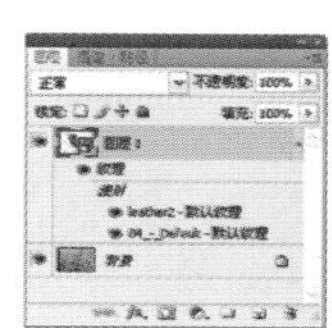

(c)新建3D图层

图 2-7-4　从 3D 文件新建图层

(a)原图

(b)图层面板

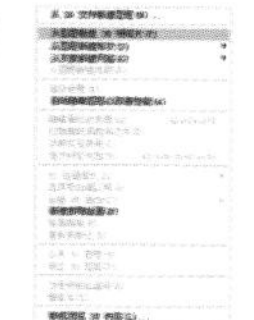

(c)执行命令

图 2-7-5　创建 3D 明信片

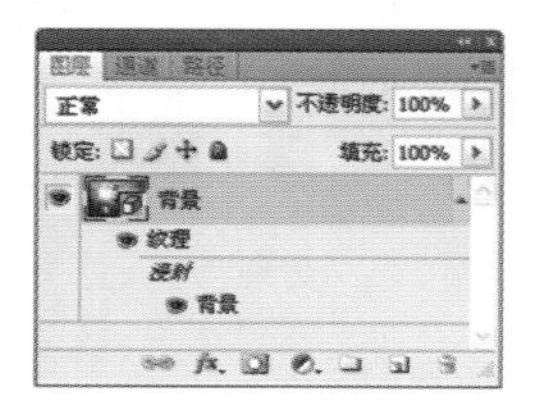

转换为3D图层

编辑3D图像

图 2-7-6　编辑 3D 明信片

(a) 子菜单

(b) “立方体” 形状

(c) “帽形” 形状

图 2-7-7　创建 3D 形状

4. 创建 3D 网

执行“3D”→“从灰度新建网格”命令，可以为灰度图像添加深度映射效果，从而将明度值不同的区域转换为深度不一的表面。原图像中较亮的区域生成表面凸出的区域，较暗的区域则生成凹下的区域。Photoshop 将深度映射应用于“平面”“圆柱体”“球体”3 个形状，以创建 3D 模型，如图 2-7-8 所示。

5. 将 3D 图层转化为 2D 图层

在图层面板中选中 3D 图层，再选择“3D”→“栅格化”命令，即可将 3D 图层转化为 2D 图层。当对 3D 对象完成编辑并不需要修改的时候，可以对 3D 图层进行栅格化，将其转化为 2D 图层。栅格化图层会保留 3D 场景的外观，但格式为 2D 图层格式。将 3D 图层转化为 2D 图层的过程如图 2-7-9 所示。

(a)原图像

(b)“平面”形状

(c)“圆柱体”形状

(d)“球体”形状

图 2-7-8 创建 3D 模型

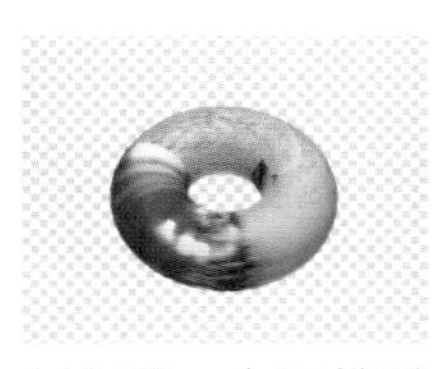
(a)创建一个3D模型

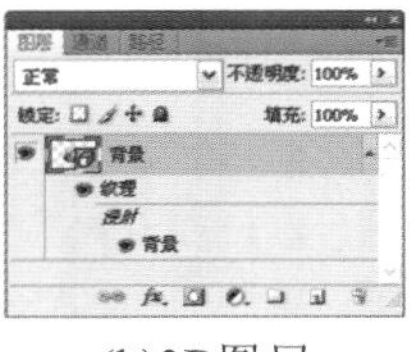
(b)3D图层

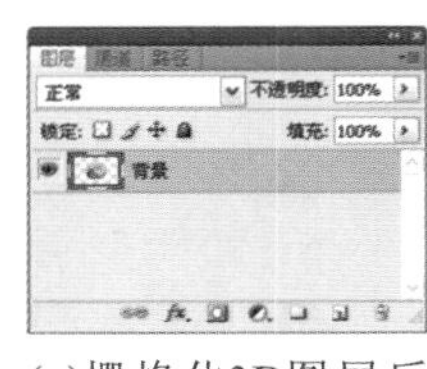
(c)栅格化3D图层后

图 2-7-9 将 3D 图层转化为 2D 图层

Photoshop CS5 提供了 3D 面板，使用该面板可以通过众多的参数来控制、添加、修改场景、材质、网格和灯光等。执行“窗口”→“3D”命令，可以打开 3D 面板，3D 面板上显示相关 3D 文件的组件。

* 场景：使用 3D 场景可设置图像的渲染模式、纹理绘制或创建横截面。
* 网格：单击“网格”按钮，面板中会显示打开 3D 文件的网格组件。
* 材料：单击“材料”按钮，会显示 3D 文件中使用的材料。
* 光源：3D 光源可以从不同的角度照亮模型，从而添加逼真的深度和阴影。

6. 在 3D 对象上绘图

在 Photoshop CS5 中，可以通过绘图工具直接对 3D 对象进行绘图（见图 2-7-10），就相当于在 2D 对象上绘制图像一样方便。使用选择工具将需要绘制的图像设定为目标，或采用 Photoshop 识别并高亮显示可绘制的区域。直接使用绘图工具在图像上进行绘制，可以选择适当的应用绘图的底层纹理映射。

7. 3D 模型的渲染设置

3D 图像的渲染设置是通过“3D 渲染设置”对话框进行的，在最后需要进行最终输出渲染时，可以执行“3D”→“为最终输出渲染”命令，完成对图像的渲染。

8. 最终输出渲染 3D 文件

“最终输出渲染 3D 文件”命令主要是针对不需要修改或完成所有操作的 3D 对象，可创建最终渲染以产生用于 Web、打印或动画的高品质的输出，如图 2-7-11 所示。

(a)原3D对象

(b)使用画笔工具涂抹白色

(c)填充图像渐变效果

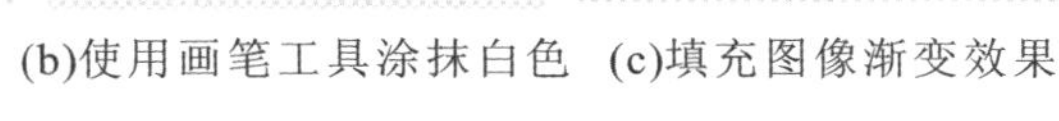

图 2-7-10 在 3D 对象上绘图

渲染前

渲染后

图 2-7-11 最终输出渲染 3D 文件

2.8 实例制作

2.8.1 实例制作一:荧光文字

Step1:新建文件,大小为 600 像素×400 像素,其他参数采用默认值。设置前景色为 #032f55,背景色为 #164b7c,使用"滤镜"→"渲染"→"云彩"命令,得到图 2-8-1 所示效果。

Step2:使用"滤镜"→"锐化"→"智能锐化"命令,在弹出的"智能锐化"对话框中将数量和半径都调整为最大,其他参数设置为默认。

Step3:使用"滤镜"→"杂色"→"添加杂色"命令,弹出"添加杂色"对话框,如图 2-8-2 所示。

Step4:使用文字工具,输入"PSD",如图 2-8-3 所示。

Step5:选择画笔工具,打开画笔面板,设置如图 2-8-4 所示。

图 2-8-1　荧光文字制作(1)

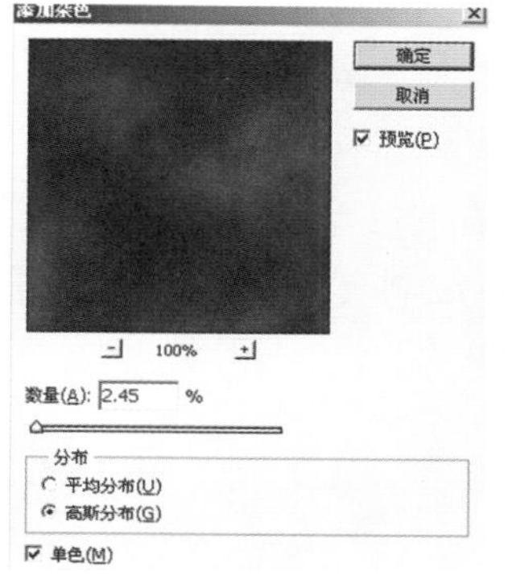

图 2-8-2　荧光文字制作(2)

图 2-8-3　荧光文字制作(3)

Step6:选择文字后,单击右键,在弹出的快捷菜单中选择"创建工作路径"命令,如图 2-8-5 所示。

Step7:新建一个图层"图层 1",并把文字隐藏。选择工作路径,用画笔描边路径,去掉钢笔压力。

Step8:为图层 1 添加图层样式,如图 2-8-6 所示。

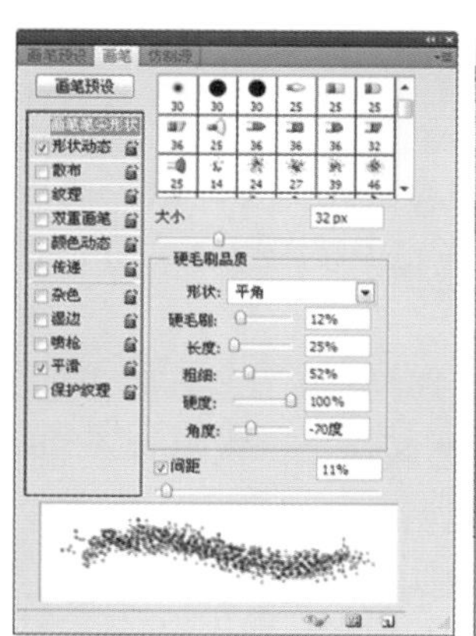

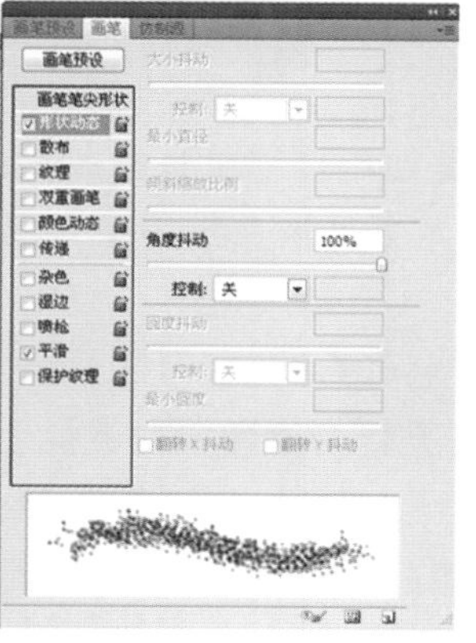
图 2-8-4　荧光文字制作(4)

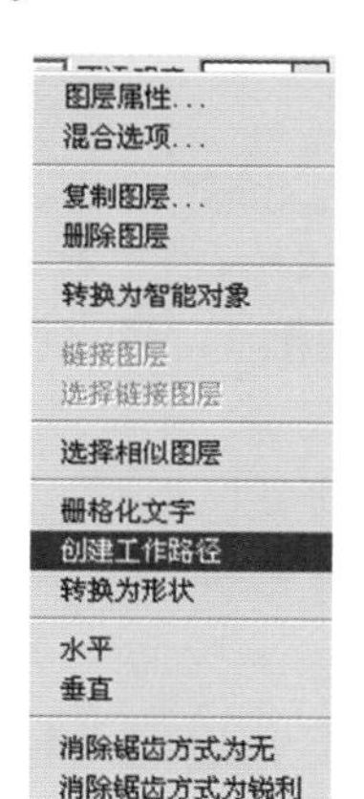

图 2-8-5　荧光文字制作(5)

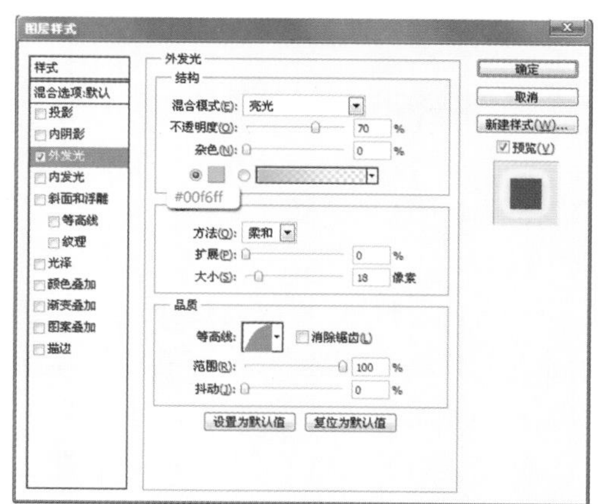

图 2-8-6　荧光文字制作(6)

Step9:选择画笔工具,调整画笔大小和颜色,为文字添加修饰效果,最终效果如图 2-8-7 所示。

2.8.2 实例制作二:透明脚丫

Step1:新建一个 500 像素×400 像素的文件,如图 2-8-8 所示。

Step2：选择渐变工具，将渐变色设置成从＃dce4e7 到＃335f6d 的渐变。为背景绘制从右上角到左下角的径向渐变。

Step3：使用自定形状工具，选择大脚，如图 2-8-9 所示。使用路径工具绘制出合适的大小，按 Ctrl＋T 键调出路径变换，进行适当的旋转。

图 2-8-7　荧光文字制作(7)

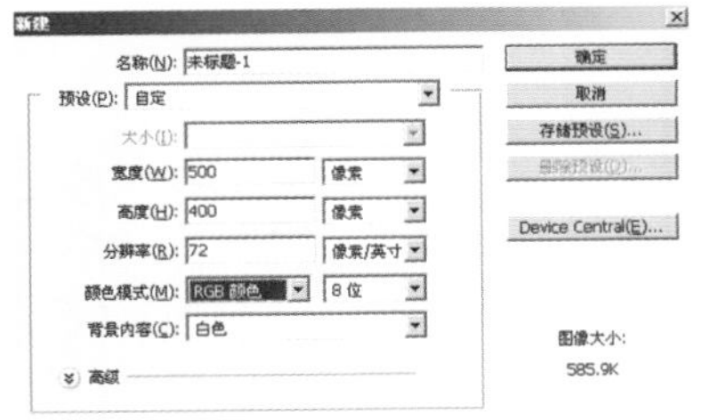

图 2-8-8　透明脚丫制作(1)

图 2-8-9　透明脚丫制作(2)

Step4：在路径面板上选择工作路径，把路径转换为选区。切换到图层面板，按 Ctrl＋J 键得到新的图层 1。双击图层 1，为其添加图层样式，如图 2-8-10 所示。

Step5：按下 Ctrl 键，单击图层 1，调出图层 1 的选区，向下偏移 3 像素。新建图层 2，用 55％的黑色填充。使用“滤镜”→“模糊”→“高斯模糊”命令，在弹出的“高斯模糊”对话框中将半径设置为 2 像素，效果如图 2-8-11 所示。

Step6：把图层 2 放置在图层 1 下方，在所有图层上方创建图层 3，创建高光。选择画笔工具，不断调整画笔大小和不透明度，需要的话可以添加图层蒙版，绘制出高光效果，如图 2-8-12 所示。

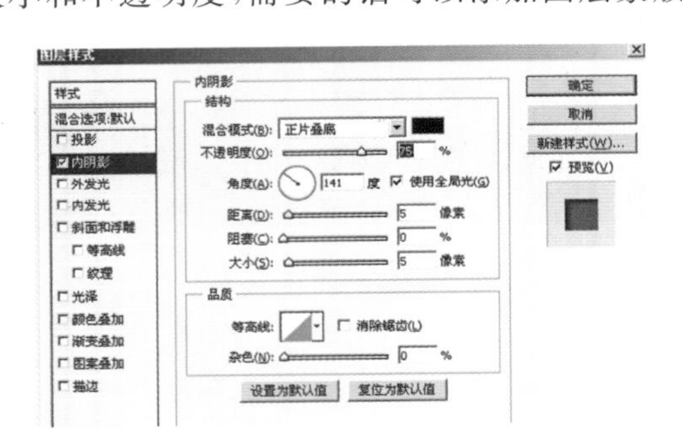

图 2-8-10　透明脚丫制作(3)

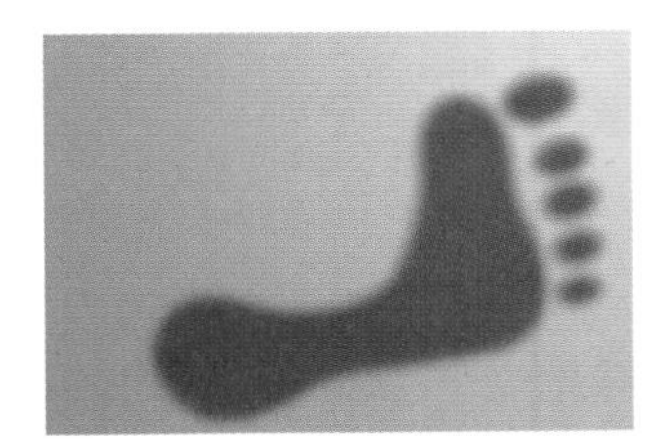

图 2-8-11　透明脚丫制作(4)

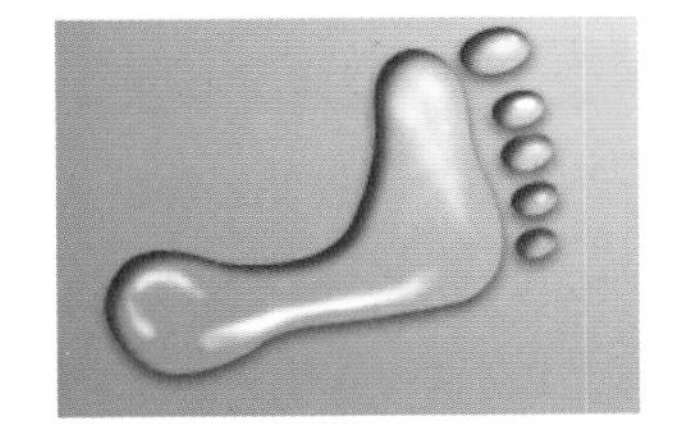

图 2-8-12　透明脚丫制作(5)

2.8.3　实例制作三　青苹果

Step1：新建一个 500 像素×400 像素的文档，白色背景。使用钢笔工具绘制苹果的路径。打开路径面板，把路径转换为选区。切换到图层面板，新建图层 1，在得到的苹果外形选区中填充绿色(RGB：62，148，0)，如图 2-8-13 所示。

Step2：保持选区不变，新建图层 2，设置前景色为 50％灰色(RGB：149，149，149)，选择渐变工具，渐变色为“前景到透明”，类型为“径向渐变”，勾选“反向”。在选区内左上受光位置向右下拉至选区边缘。图层混合模式设为“颜色加深”，不透明度为 85％。图层 1 命名为“苹果”，图层 2 命名为“球体”，得到图 2-8-14 所示的效果。

Step3：取消选区。苹果窝的明暗通过设置图层模式来表现。在苹果图层上新建图层，命名为“窝暗调”，用钢笔工具勾出苹果窝的选区，这个位置的形状每个苹果都不相同，同一个苹果不同角度摆放看上去也不同，所以形状自己把握，如图 2-8-15 所示。

Step4：按 Ctrl＋Alt＋D 键打开羽化选项，羽化半径为 1px。执行“选择”→“储存选区”命令，命名后储存起来以备后用。设置前景色为 65％灰(RGB：112，112，112)，使用画笔工具，选择较大的柔化笔头，在苹果窝的左边涂上颜色，得到图 2-8-16 所示的效果。

图 2-8-13　青苹果制作(1)

图 2-8-14　青苹果制作(2)

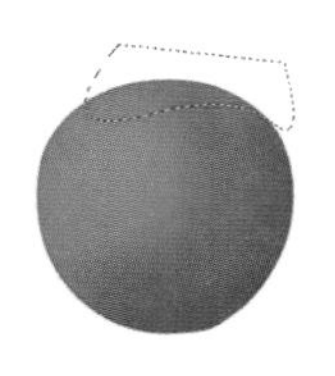

图 2-8-15　青苹果制作(3)

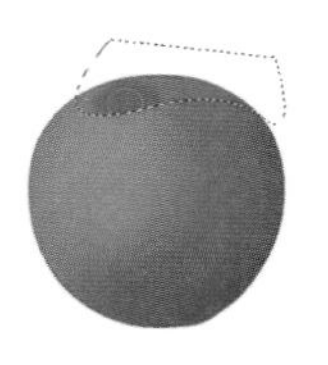

图 2-8-16　青苹果制作(4)

Step5:取消选择,图层混合模式设为颜色加深。使用橡皮擦工具,降低压力约为 15%,由内向外擦淡,做出渐隐效果,再使用涂抹工具,选择细笔头涂抹出一些散开的条纹,如图 2-8-17 所示。

Step6:新建图层,命名为"窝高光",执行"选择"→"载入选区"命令,调出刚才储存的苹果窝选区。设置前景色为 30%灰(RGB:194,194,194),使用画笔工具在苹果窝的右边涂颜色。

Step7:取消选择,图层混合模式设为叠加。使用橡皮擦工具降低压力,使高光和暗调接合处柔和过渡,得到图 2-8-18 所示的效果。

Step8:在苹果图层上面新建一图层,命名为"黄点",设置前景色为黄绿色(RGB:150,208,53),使用画笔工具,选择"粗边圆形钢笔",大小根据苹果的大小自定,在苹果上面点一些杂点,由于笔头尖,每个位置上点 2~3 下以增加像素,再换位置,如图 2-8-19 所示。

Step9:按 Ctrl 键单击该层载入选区,这时浮出的选区是很少的,部分像素因不大于 50%而不显示,但它们存在。执行"选择"→"修改"→"扩展"命令,扩展量为 1 像素。

Step10:执行"选择"→"修改"→"平滑"命令,半径为 1 像素。按 Ctrl+Shift+I 键反选,按 Del 键删除。再反选,按 Alt+Del 键填充前景色。取消选择,用橡皮擦工具降低压力,将局部擦淡,得到图 2-8-20 所示效果。

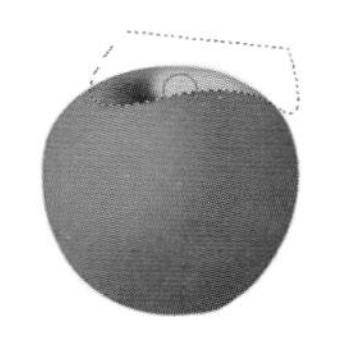

图 2-8-17　青苹果制作(5)

图 2-8-18　青苹果制作(6)

图 2-8-19　青苹果制作(7)

图 2-8-20　青苹果制作(8)

Step11:载入苹果图层选区,执行"滤镜"→"扭曲"→"球面化"命令,在弹出的"球面化"对话框中设置数量为 60%。取消选择,在黄点图层上新建图层,命名为"黄光",选择椭圆选框工具,在左边受光位置拉出一个椭圆选区,执行"羽化"命令,半径为 20px,填充黄绿色(RGB:193,238,85),如图 2-8-21 所示。

Step12:取消选择,载入苹果图层选区,反选删除,取消选择。在这个图层上新建一图层,命名为"白光",使用画笔工具,选择柔化大笔头,在光线照射的高光位置涂上白色,如图 2-8-22 所示。

Step13:使用橡皮擦工具做一些修改,可使用如滴溅之类的粗糙笔头使高光不太光滑。完成后适当调整图层不透明度,约为 50%,得到图 2-8-23 所示的效果。

Step14:青苹果的条纹比较少,主要在上部苹果窝的位置,涂抹起来费时费力,可通过滤镜来模拟。在苹果图层上面新建一图层,载入苹果图层选区,填充白色。

Step15:执行"滤镜"→"杂色"→"添加杂色"命令,在弹出的"添加杂色"对话框中设置数量为 50%。

Step16:执行"滤镜"→"模糊"→"径向模糊"命令,在弹出的"径向模糊"对话框中设置数量为 100,模糊方法为缩放。

Step17:取消选择,使用移动工具将条纹的中心移动到窝口位置,得到图 2-8-24 所示的效果。

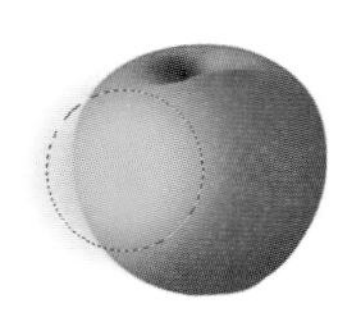

图 2-8-21　青苹果制作(9)

图 2-8-22　青苹果制作(10)

图 2-8-23　青苹果制作(11)

图 2-8-24　青苹果制作(12)

Step18：载入苹果图层选区，执行"滤镜"→"扭曲"→"球面化"命令，在弹出的"球面化"对话框中设置数量为 100%。

Step19：反选删除，取消选择。使用椭圆选框工具在窗口拉个椭圆，执行变换选区命令，调整椭圆的大小和角度，确认后执行"羽化"命令，半径为 3px。

Step20：执行"滤镜"→"扭曲"→"挤压"命令，在弹出的"挤压"对话框中设置数量为 100%。

Step21：按 Ctrl+F 键 2～3 次使条纹不断下陷，取消选择，得到图 2-8-25 所示的效果。

Step22：图层模式设为正片叠底。使用橡皮擦工具擦除不需要的地方，局部降低压力，如图 2-8-26 所示。

Step23：加强苹果的边缘暗调，选择苹果图层，载入该图层选区，将选区向左移动几个像素，执行"羽化"命令，半径为 5px。执行"图像"→"调整"→"亮度/对比度"命令，在弹出的"亮度/对比度"对话框中，设置亮度值为 -15，对比度值为 -10。取消选择，得到图 2-8-27 所示的效果。

Step24：在最上面新建图层做苹果柄。用钢笔工具勾出柄的外形，填充褐色(RGB：142，113，35)，取消选择，效果如图 2-8-28 所示。

图 2-8-25　青苹果制作(13)

图 2-8-26　青苹果制作(14)

图 2-8-27　青苹果制作(15)

图 2-8-28　青苹果制作(16)

Step25：分别选择加深工具和减淡工具处理出苹果柄的明暗。曝光度调为 10%左右，放大图像进行涂抹，减淡受光处和加深背光处，完成后添加杂色(数量为 2%)，效果如图 2-8-29 所示。

Step26：投影。在背景图层上新建一个图层，载入苹果图层选区，羽化 1px，填充黑色。取消选择，执行"编辑"→"变换路径"→"扭曲"命令，对图像做压扁、拉伸，扭曲至合适位置，按回车键确认变换。单击图层面板下面的"添加图层蒙版"图标，这时当前图层在蒙版上，设置前景色为白色，背景色为黑色，选择渐变工具，渐变色为前景到背景，类型为线性，从投影的左下拉至右上，使投影渐隐。图层模式为正片叠底，不透明度为 75%，效果如图 2-8-30 所示。

Step27：复制这个投影层，使用橡皮擦工具，擦除大部分，只留下贴近苹果底下的小部分，作为近距离阴影。

Step28：至此青苹果制作已经完成。下面步骤是制作一个不同颜色的苹果，属可选步骤。

Step29：合并除苹果柄和投影外的所有图层到苹果图层，得到图 2-8-31 所示的效果。

Step30：复制苹果图层，同时复制苹果柄和投影给这个副本。打开色相、饱和度，调整色相，改变苹果的颜色，通过执行"编辑"→"变换"→"扭曲"命令，稍微改变苹果和柄的外形，使其和青苹果不一模一样，效果如图 2-8-32 所示。

图 2-8-29　青苹果制作(17)

图 2-8-30　青苹果制作(18)

图 2-8-31　苹果制作(1)

图 2-8-32　苹果制作(2)

2.8.4　实例制作四　静物

Step1：新建文档，大小设置如图 2-8-33 所示。

Step2：使用渐变工具，编辑渐变色，如图 2-8-34 所示。

Step3：选择线性渐变，选中背景图层，从上到下画出渐变色。

Step4：使用矩形选框工具，在工具选项栏上进行图 2-8-35 所示的设置。

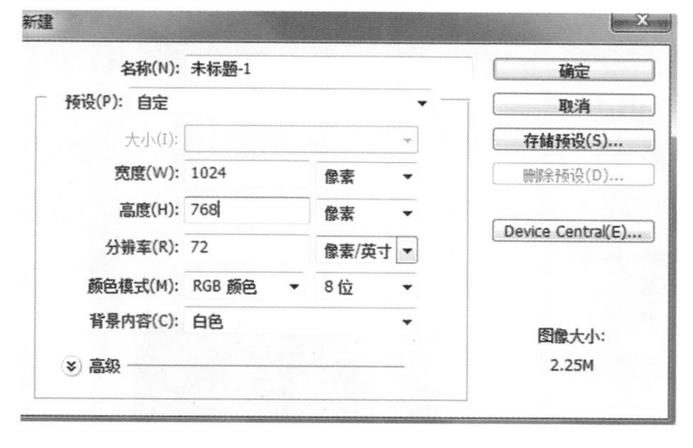

图 2-8-33 静物制作(1)

\# 000000 # 2953a9

图 2-8-34 静物制作(2)

样式: 固定大小 宽度: 150 px 高度: 260 px 调整边缘...

图 2-8-35 静物制作(3)

Step5:在图像上绘制出一个矩形选区。新建图层 1,命名为“圆柱侧面”。选择渐变工具,打开渐变编辑器,设置如图 2-8-36 所示,为编辑好的渐变色命名,最后单击“新建”按钮。

Step6:使用渐变色,从矩形选区的左边沿到右边沿绘制线性渐变效果,如图 2-8-37 所示。

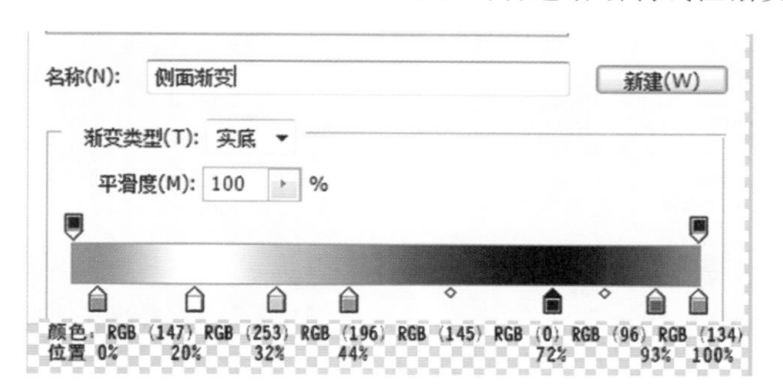

图 2-8-36 静物制作(4)

图 2-8-37 静物制作(5)

Step7:使用椭圆选框工具,其工具选项栏设置如图 2-8-38 所示。

Step8:在图层面板上新建图层 2,并命名为“圆柱上底面”,使用椭圆工具绘制如图 2-8-39 所示。

图 2-8-38 静物制作(6)

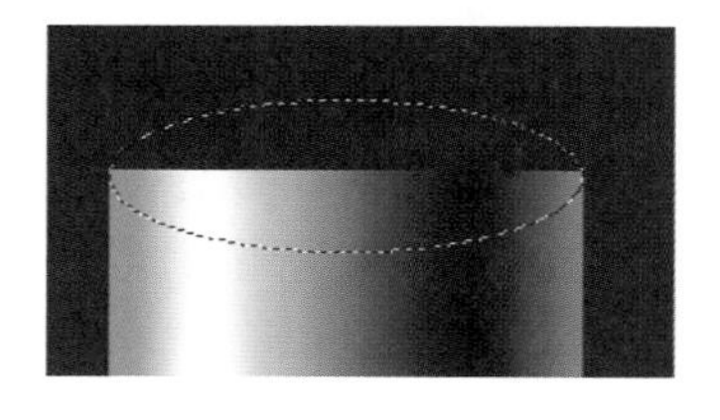

图 2-8-39 静物制作(7)

Step9:将前景色更改为 RGB(187,187,187),使用前景色填充椭圆选区。

Step10:保持选区不变,使用向下光标键,垂直移动选区到图 2-8-40 所示的位置,不要超出圆柱侧面区域。

Step11:选择矩形选框工具,选择“添加到选区”,绘制一个经过椭圆中间的矩形区域,如图 2-8-41 和图 2-8-42 所示。

图 2-8-40 静物制作(8)

羽化: 0 px 消除锯齿 样式: 正常

图 2-8-41 静物制作(9)

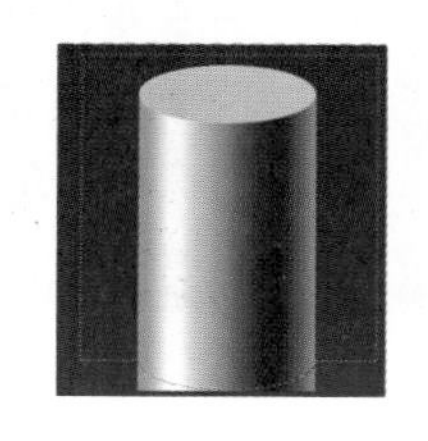

图 2-8-42 静物制作(10)

Step12：使用 Shift＋Ctrl＋I 键反选，选择“圆柱侧面”图层，按 Delete 键删除，得到图 2-8-43 所示的效果。

Step13：将“圆柱上底面”和“圆柱侧面”两个图层进行复制，分别得到它们的副本图层，如图 2-8-44 所示。在图层面板上将副本图层放置到一起，并链接图层。对原图层进行同样的操作。

Step14：使用选择工具将两个圆柱移动到一边。在图层面板上选择“圆柱上底面副本”图层，调出选区，在工具箱中选择渐变工具，使用线性渐变，从选区右边沿到左边沿绘制渐变色，如图 2-8-45 所示。

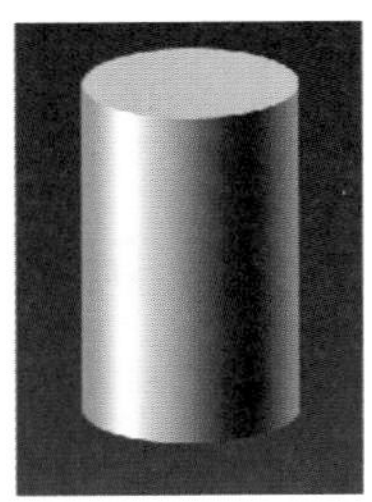

图 2-8-43　静物制作(11)

图 2-8-44　静物制作(12)

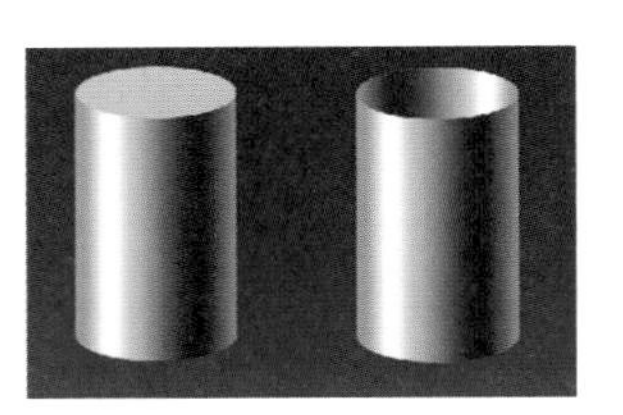

图 2-8-45　静物制作(13)

Step15：新建图层，名称更改为“圆锥”；使用矩形选框工具，绘制大小固定的矩形，如图 2-8-46 所示，并使用渐变工具中的“侧面渐变”进行填充。

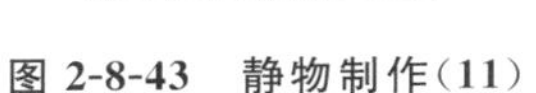

图 2-8-46　静物制作(14)

Step16：选择菜单“编辑”→“变换路径”→“透视”命令，选择左上方的句柄向中间推动，如图 2-8-47 所示。

Step17：取消选区，选择椭圆选框工具，在工具选项栏中将样式更改为“正常”。在圆锥底部绘制一个椭圆选区和圆锥各面相切，如图 2-8-48 所示。

Step18：选择矩形选框工具，选择“添加到选区”，绘制一个经过椭圆中间的矩形区域，使用 Shift＋Ctrl＋I 键反选，按 Delete 键删除，得到图 2-8-49 所示的效果。

Step19：将“圆柱上底面”和“圆柱侧面”两个图层合并，更改为实心圆柱。将“圆柱上底面副本”和“圆柱侧面副本”两个图层合并，更改为“空心圆柱”。同时，复制除背景图层外的所有图层，如图 2-8-50 所示。

Step20：将副本图层放置在原图层的下方，并更改名称，如图 2-8-51 所示。

Step21：选择圆锥倒影图层，执行“编辑”→“变换路径”→“垂直翻转”命令。其他图层不变。将每个倒影图层向下移动，并使用高斯模糊，半径为 2 像素进行模糊。更改各图层的不透明度，制作各物体的倒影，如图 2-8-52 所示。

Step22：再添加投影，得到最终效果，如图 2-8-53 所示。

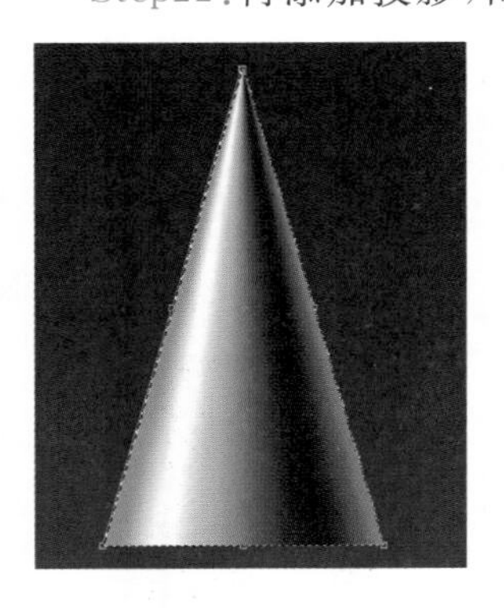

图 2-8-47　静物制作(15)

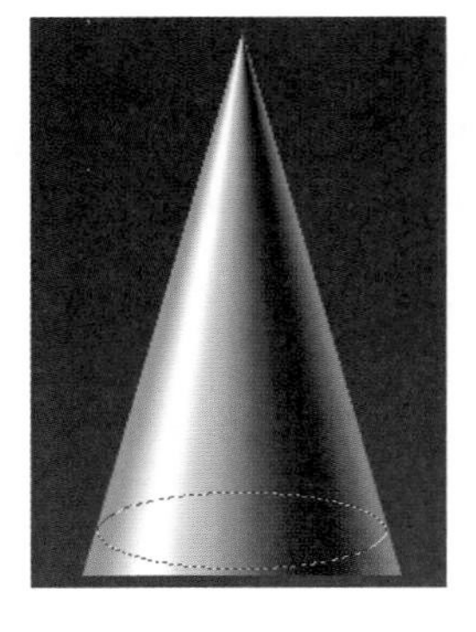

图 2-8-48　静物制作(16)

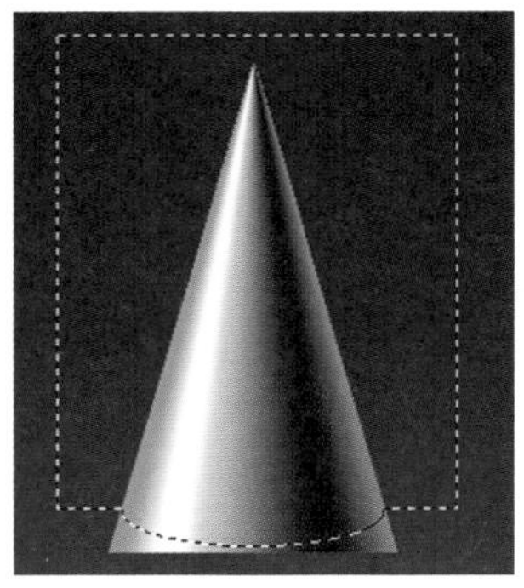

图 2-8-49　静物制作(17)

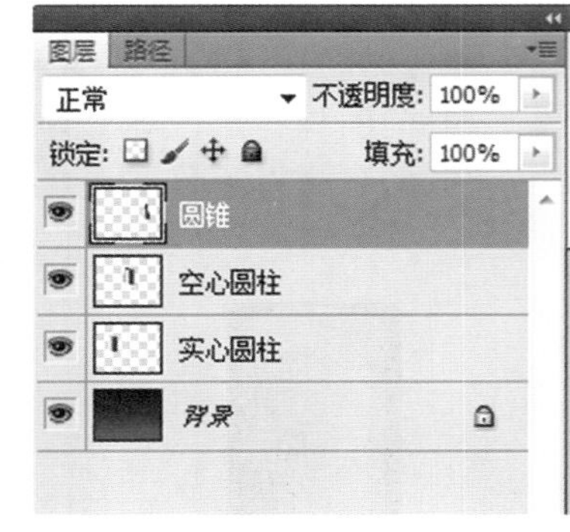

图 2-8-50　静物制作(18)

图 2-8-51 静物制作(19)

图 2-8-52 静物制作(20)

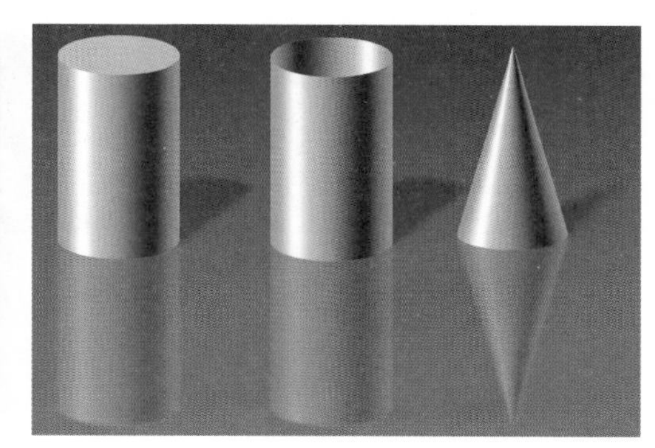

图 2-8-53 静物制作(21)

本章小结

通过本章的学习,应该对 Photoshop CS5 中的基本工具的操作有所了解。本章根据工具属性和使用方法的不同将工具分成不同类别进行讲述,目的就是让读者了解工具在使用中的基本特点和优势,并掌握使用技巧。本章列举的实例主要是多个工具的联合使用,从无到有逐步创建图像。希望在学习制作后能加深对工具的使用,同时对多个工具联合使用有更深层次的认识。

第3章　Photoshop CS5图层介绍

3.1 图层面板介绍

3.1.1 图层的概念

“图层”是由英文单词“layer”翻译而来的，“layer”的原意就是“层”的意思。在 Photoshop CS5 中，可以将图像的不同部分分层存放，并由所有的图层组合成复合图像。

对于一幅包含多图层的图像，可以将其形象地理解为叠放在一起的胶片。假设有三张胶片，胶片上的图案分别为森林、豹子、羚羊。现在将森林胶片放在最下面，此时看到的是一片森林，然后将豹子胶片叠放在森林胶片上面，看到的是豹子在森林中奔跑，接着将羚羊胶片叠放上去，看到的是豹子正在森林中追赶羚羊。

多图层图像的最大优点是可以对某个图层做单独处理，而不会影响到图像中的其他图层，如图 3-1-1 所示。

图 3-1-1　多图层图像

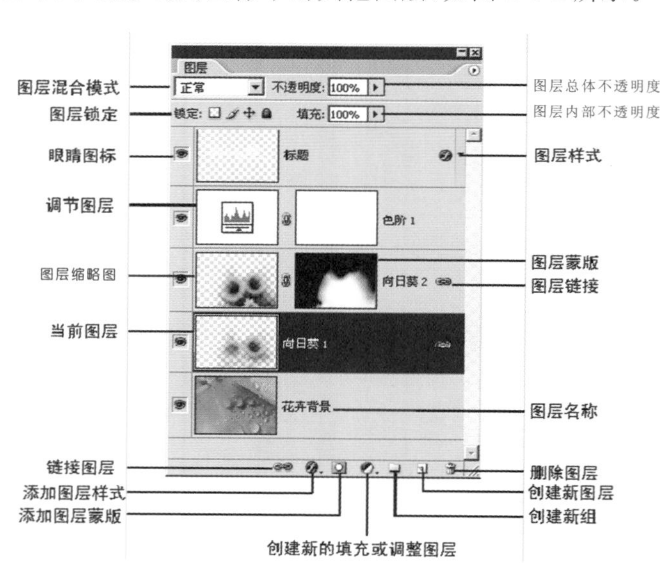

图 3-1-2　图层面板

Photoshop CS5 的图层具有以下特性。

* 独立：每个图层都是独立的对象，当对一个图层中的对象进行任意编辑操作时，不会影响到其他图层中的对象。

* 透明：图层具有透明的属性。当我们建立新图层时，无论新图层有多少都不会影响现有图层的显示。所以，当多个图层叠加在一起时，只要对象不在同一位置上，就不会阻挡下面图层的显示。

* 叠加：任何一幅图像都是由不同的图层叠加在一起显示的结果。而这种叠加是可以通过各图层的混合模式得到的。

3.1.2 图层面板

图层面板是进行图层编辑操作时必不可少的工具，它显示了当前图像的图层信息，从中可以调节图层叠放顺序、图层不透明度以及图层混合模式等参数。几乎所有图层操作都可以通过它来实现。而对于常用的控制，比如拼合图像、合并可见图层等，通过“图层”菜单来实现，可以大大提高工作效率。

在“窗口”菜单中选择“图层”命令，图层面板就会出现在屏幕右侧的面板组中。图层面板如图 3-1-2 所示。

* 图层混合模式：用于设置图层间的混合模式。

* 图层锁定：用于控制当前图层的锁定状态。

* 眼睛图标：用于显示或隐藏图层，当不显示眼睛图标时，表示这一图层中的图像被隐藏，反之表示显示了这个图层中的图像。

* 调节图层：用于控制该层下面所有图层的相应参数，而执行“图像”→“调整”下的相应命令，可控制当前图层的参数。调节图层具有可以随时调整参数的优点。

* 图层缩略图：用于预览当前图层的对象，通过缩略图就可以知道该层图像中的内容，便于编辑。

* 当前图层：在图层面板中以蓝色显示的图层。一幅图像只有一个当前图层。

* 图层总体不透明度：用于设置图层的总体不透明度。当切换到当前图层时，“不透明度”框会随之显示当前图层的设置值。

* 图层内部不透明度：用于设置图层内部的不透明度。

* 图层样式：表示该层应用了图层样式。

* 图层蒙版：用于控制其左侧图像的显现和隐藏。

* 图层链接：对当前图层进行移动、旋转和变换等操作将会直接影响到其链接的其他图层。

* 图层名称：每个图层都可以定义不同的名称以便于区分，如果在建立图层时没有设定图层名称，Photoshop CS5 会自动依次命名为“图层 1”“图层 2”等。

* 链接图层：选择要链接的图层后，单击此按钮可以将它们链接到一起。

* 添加图层样式：单击此按钮可以为当前图层添加图层样式。

* 添加图层蒙版：单击此按钮可以为当前图层创建一个图层蒙版。

* 创建新的填充或调整图层：单击此按钮可以从弹出的快捷菜单中选择相应的命令来创建填充或调节图层。

* 创建新组：单击此按钮可以创建一个新组。

* 创建新图层：单击此按钮可以创建一个新图层。

* 删除图层：单击此按钮可以将当前选取的图层删除。

3.1.3 “图层”菜单

“图层”菜单和图层面板结合起来使用可以对图像进行更好的操作。

“图层”菜单如图 3-1-3 所示，也可以使用图 3-1-4 所示的图层面板左上角的快捷菜单进行图层操作。这两个菜单中的内容基本相似，只是侧重略有不同，前者偏向控制层与层之间的关系，而后者则侧重设置特定层的属性。

Photoshop CS5 中有多种类型的图层，例如文本图层、调节图层、形状图层等。不同类型的图层有着不同的特点和功能，而且操作和使用方法也不尽相同。

图 3-1-3 “图层”菜单

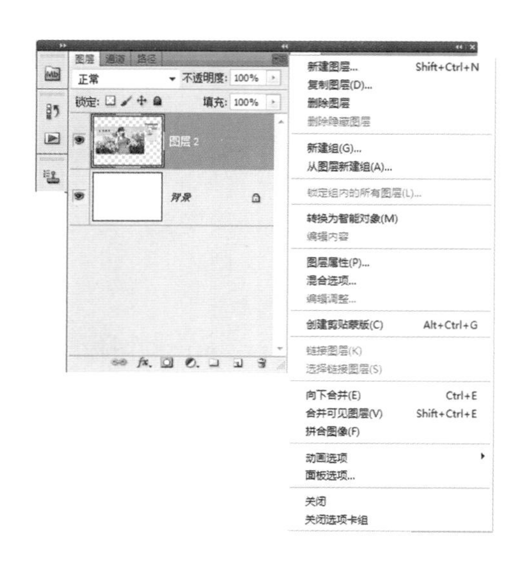

图 3-1-4 图层面板的快捷菜单

3.2 图层类型

3.2.1 普通图层

普通图层是指用一般方法建立的图层，它是一种最常用的图层，几乎所有的 Photoshop CS5 的功能都可以在这种图层上得到应用。普通图层可以通过图层混合模式实现与其他图层的融合。

☺ 所有的滤镜和工具都可以在普通图层上使用。

3.2.2 背景图层

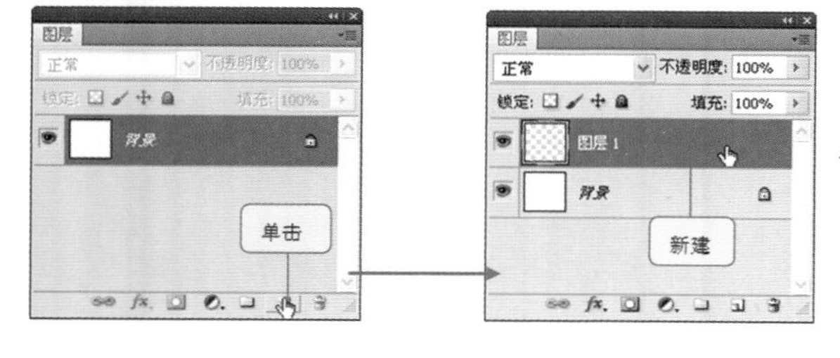

图 3-2-1 背景图层为锁定状态

背景图层是一种不透明的图层，用于显示图像的背景。在该图层上不能应用任何类型的混合模式。当打开一个“.jpg”文件或创建一个新文件时，会发现在背景图层右侧有一个图标，表示当前图层是锁定的，如图 3-2-1 所示。

背景图层具有以下特点。

- 背景图层位于图层面板的最底层，名称以斜体字“背景”命名。
- 背景图层默认为锁定状态。在这个状态下大多数滤镜都不能使用。
- 背景图层不能进行图层不透明度、图层混合模式和图层填充颜色的控制。
- 在只有背景图层的情况下，该图层不允许删除。

如果要更改背景图层的不透明度和图层混合模式，应先将其转换为普通图层，具体操作步骤如下。

(1) 双击背景图层，或选择背景图层，执行菜单中的“图层”→“新建”→“背景图层”命令。

(2) 在弹出的图 3-2-2 所示的“新建图层”对话框中，设置图层名称、颜色、不透明度、模式后，单击“确定”按钮，即可将其转换为普通图层，如图 3-2-2 所示。

3.2.3 文本图层

文本图层是使用 T（横排文字工具）和 IT（直排文字工具）建立的图层。创建文本图层的具体操作步骤如下。

(1) 选择任意文件，利用工具箱中的 T（横排文字工具）输入文字“我爱歌声”，此时会自动产生一个文本图层，同时文本图层的命名和所输入的文字相同，如图 3-2-3 所示。

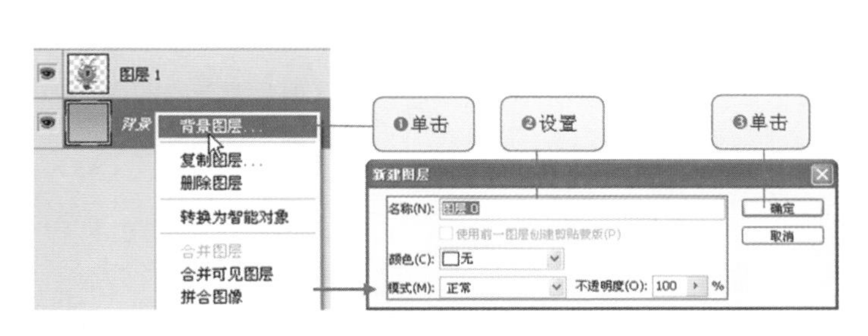

图 3-2-2 将背景图层转换为普通图层

图 3-2-3 文本图层

如果要将文本图层转换为普通图层，可以执行菜单中的“图层”→“栅格化”→“文字”命令即可。

文本图层栅格化以后文字不会发生变化，同时又具有了普通图层所有的特性。但栅格化以后的文本不允许再进行文字的编辑。

3.2.4 形状图层

当使用矩形工具、圆角矩形工具、椭圆工具、多边形工具、直线工具、自定形状工具六种形状工具在图像中绘制图形时，就会在图层面板中自动产生一个形状图层。

形状图层和填充图层很相似，如图 3-2-4 所示，在图层面板中均有一个图层预览缩略图、矢量蒙版缩略图和一个链接符号。其中矢量蒙版表示在路径以外的部分显示为透明，在路径以内的部分显示为图层预览缩略图中的颜色。

3.2.5 填充和调整图层

在图层面板下方的第四个按钮上单击，就可以打开与填充和调整图层相关的命令，如图 3-2-5 所示，也可以在“图层”菜单中的“新建填充图层”或“新建调整图层”下选择。

填充和调整图层是一种比较特殊的图层。这种类型的图层主要用来控制色调和色彩的调整。也就是说，Photoshop CS5 会将色调和色彩的设置（比如色阶、曲线）转换为一个调整图层单独存放到文件中，可以更改填充和调整图层以下所有图层的显示效果，如图 3-2-6 所示。在使用填充和调整图层时，会在图层面板底部打开详细的设置选项和参数，我们就可以进行填充和调整的操作了。使用这个图层所做的填充和调整的效果与在菜单中所做的效果相同。所以，有人会提出疑问：既然效果一样，为什么不在菜单命令中直接调整而要在图层面板中进行呢？这不是多此一举吗？其实不然，在菜单中所做的调整是直接针对某个图层进行的，同时是不可逆的（除非使用历史记录）。但在图层上所做的调整是针对所有图层的效果，同时也是可逆的，它随时都可以删除掉（调整图层有普通图层的特性），它不会永久性地改变原始图像，从而保留了图像修改的弹性。

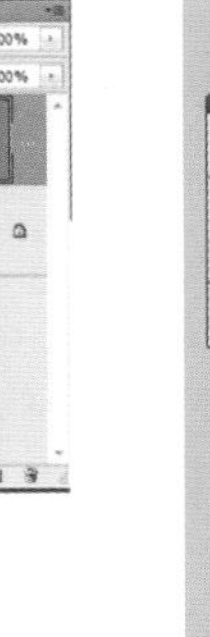

图 3-2-4 形状图层

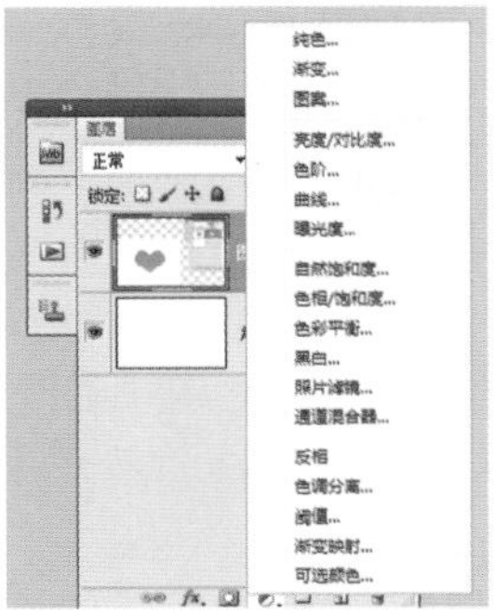

图 3-2-5 填充和调整图层的相关命令

图 3-2-6 使用填充和调整图层

3.2.6 蒙版图层

蒙版是图像合成的重要手段，蒙版中的颜色控制着图层相应位置图像的透明程度。在图层面板中，蒙版图层的缩略图的右侧会显示一个蒙版图像，蒙版图层用于控制当前图层的显示或者隐藏。通过更改蒙版，可以将许多特殊效果运用到图层中，而不会影响原图像上的像素。图层上的蒙版相当于一个 8 位灰阶的 Alpha 通道。在蒙版中，黑色部分表示隐藏当前图层的图像，白色部分表示显示当前图层的图像，灰色部分表示渐隐渐显当前图层的图像。下面先介绍创建图层蒙版的方法，然后再介绍图层蒙版的原理和作用。

创建图层蒙版有如下几种方法。

可直接在图层面板中单击"添加图层蒙版"按钮，此时系统将为当前图层创建一个空白蒙版，如图 3-2-7(a)所示。也可以利用"图层"→"图层蒙版"命令创建图层蒙版，如图 3-2-7(b)所示。

前面讲过，蒙版可以控制图层中不同区域的隐藏或显示，具体来说它的作用如下。

- 当为创建的蒙版区域填充白色时，蒙版所在图层中的图像完全显示，覆盖下层的图像，此时蒙版可以说是空白蒙版，没有起任何作用，如图 3-2-8 所示。

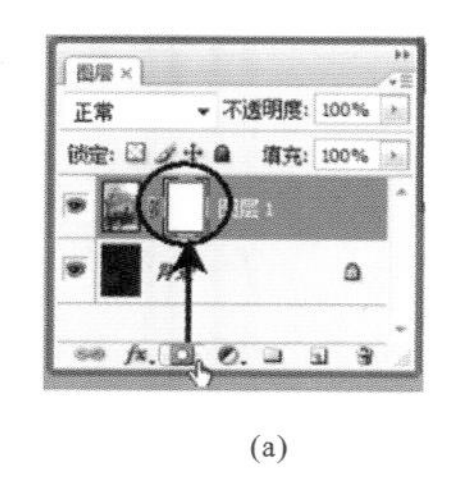

(a)

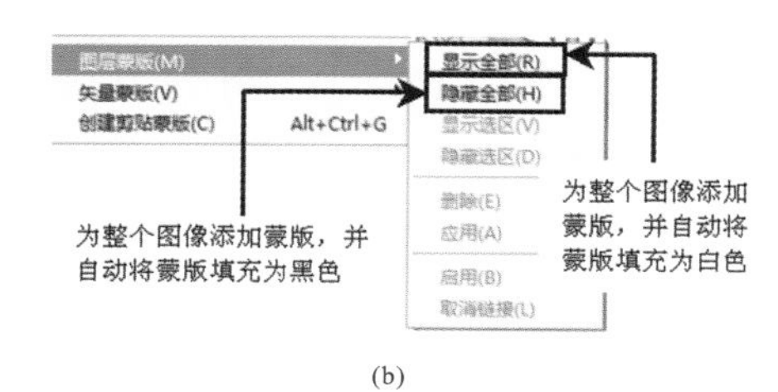

(b)

图 3-2-7 创建蒙版图层

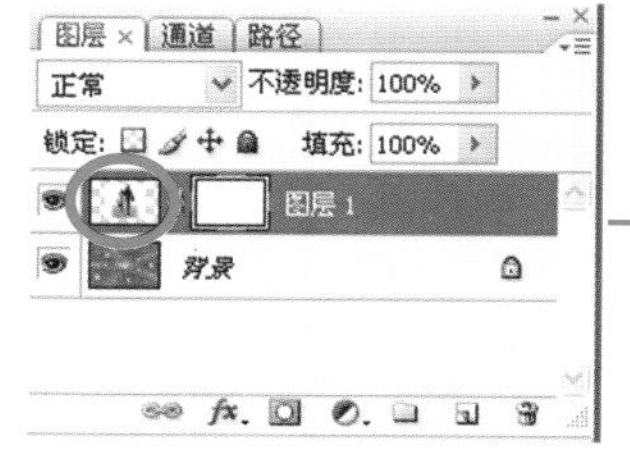

图 3-2-8 覆盖下层的图像

- 当为创建的蒙版区域填充黑色时，蒙版所在图层中的图像将被遮盖，而显示下层的图像，如图 3-2-9 所示。

利用前面介绍的蒙版的特点可以方便地显示或隐藏图像中的某些部分，而不影响图像本身。

- 当为创建的蒙版区域填充灰色时，蒙版所在图层中的图像为半透明状态，图像的透明度随灰度增加而增加，如图 3-2-10 所示。利用该特性可以制作图像的融合效果。

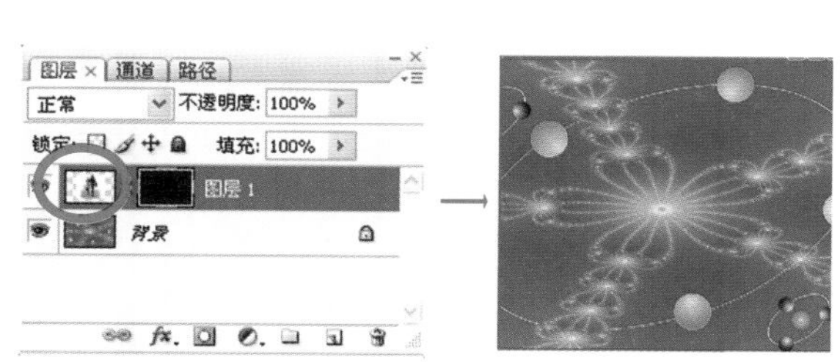

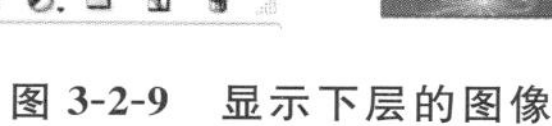

图 3-2-9 显示下层的图像

蒙版被填充K=50的灰色时，人物图像的显示状态

蒙版被填充K=70的灰色时，人物图像的显示状态

图 3-2-10 半透明状态

☺ 我们还可以通过编辑蒙版的填充颜色(例如渐变色、颜色透明度等)制作出特殊的图像融合效果。

利用工具箱中的(渐变工具)，渐变类型选择(线性渐变)，然后对蒙版进行黑白渐变处理，结果如图 3-2-11所示。此时蒙版左侧为黑色，右侧为白色。相对应的"图层 1"的右侧会隐藏当前图层的图像，从而显示出背景中的图像；而左侧依然会显现当前图层的图像，而灰色部分会渐隐渐显当前图层的图像。

当用户为某个图层创建蒙版后，该图层实际上就生成了两幅图像，一幅是该图层的原图，另一幅就是蒙版图像。如果要对图层原图或蒙版图像进行编辑，可执行如下操作。

⊕ 要编辑原图像，只需单击该图层的缩略图，使其处于活动状态，然后进行编辑。要编辑蒙版，单击该图层的蒙版缩略图，使其处于活动状态(周围有白色边缘)，然后用画笔工具、橡皮擦工具、选取工具等工具进行编辑或填充。

⊕ 为了便于观察蒙版形状或进行编辑，在按住 Alt 键的同时，单击图层蒙版缩览图，此时图像窗口将单独显示蒙版图案。按住 Alt 键再次单击图层蒙版缩览图，可关闭蒙版图案的显示。

3.2.7 效果图层

单击图层面板底部的“添加图层样式”按钮 fx. ，在弹出的下拉列表中选择所需的样式效果，即可得到效果图层。也可以双击需要添加效果的图层，打开“图层样式”对话框。在图层面板中，效果图层的名称后面将显示图标，如图 3-2-12 所示。“图层样式”对话框如图 3-2-13 所示。同时，还可以将效果保存在样式面板中，如图 3-2-14所示。

图 3-2-11 对蒙版进行黑白渐变处理

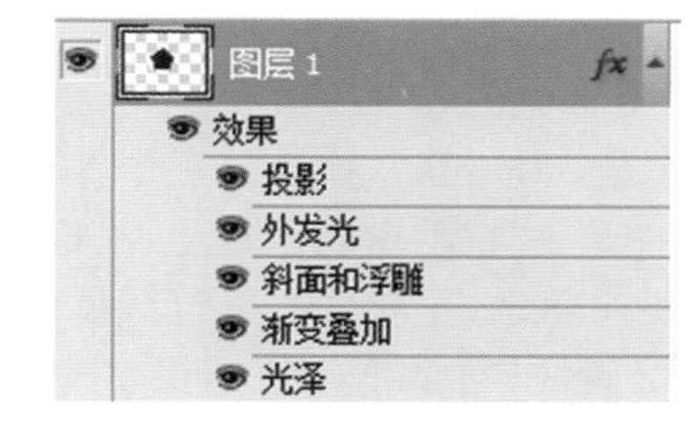

图 3-2-12 效果图层的名称后面将显示图标

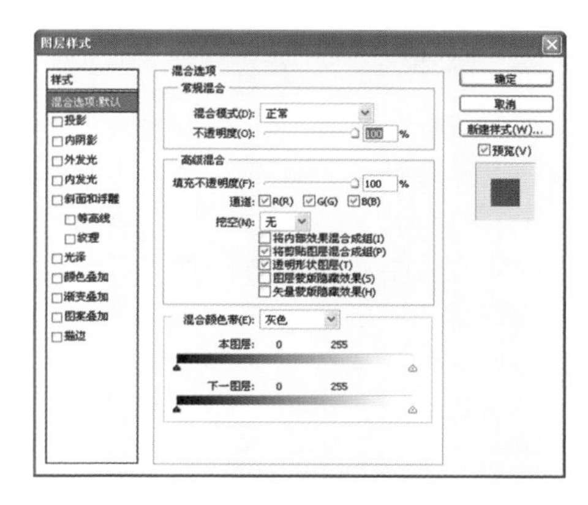

图 3-2-13 “图层样式”对话框

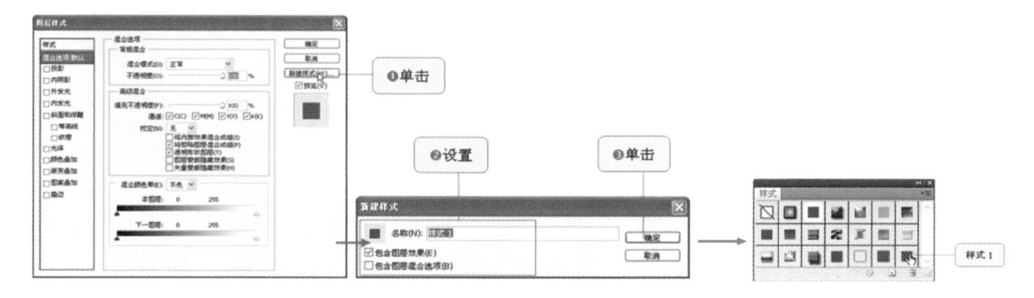

图 3-2-14 将效果保存在样式面板中

3.2.8 图层组

在图层面板中可以新建图层组，图层组的创建是为了让图层面板更加高效，在编辑的过程中可以把同一类图层或具有相关性的图层(如同一个页面上的)放在一起，既保证了编辑操作的方便、快捷，也保证了图层面板的干净、整洁，便于我们进行复杂图像的操作。新建图层组，可以在图层面板上进行，如 3-2-15 所示，把相同属性的图层拖拽到图层组中，让它们在同一图层组中出现。

同样，图层组的命名和图层的命名是一样的，如图 3-2-16 所示。养成给图层命名的好习惯，有利于我们快捷地选择图层。

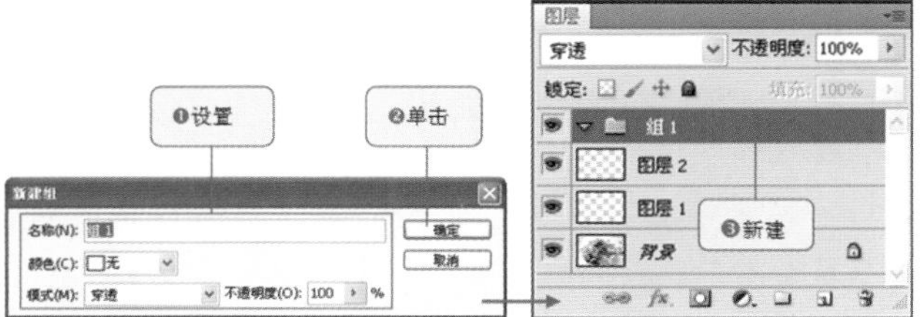

图 3-2-15 新建图层组

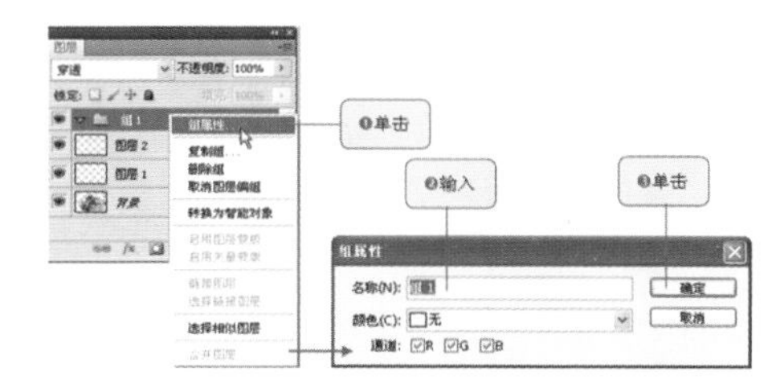

图 3-2-16 为图层组命名

3.3 图层的编辑操作

3.3.1 图层的操作

一般而言，一个好的平面作品需要经过许多操作步骤才能完成，特别是图层的相关操作尤其重要。这是因为一个综合性的设计往往是由多个图层组成的，并且用户需要对这些图层进行多次编辑（比如调整图层的叠放次序、图层的链接与合并等）才能得到好的效果。

建立普通图层的方法很多，下面介绍一下常见的几种方法。

方法一：在图层面板中单击 （创建新图层）按钮，从而建立一个普通图层。

建立的普通图层通常会以“图层 1”到“图层 n”自动命名。但是，我们要养成为图层重新命名的好习惯。在图层名称上双击鼠标就会进入图层名称的编辑状态，这时就可以给图层命名了。也可以单击鼠标右键，在弹出的快捷菜单中单击“图层属性”命令，在“图层属性”对话框中给图层重命名。新建的图层会出现在前面选中图层的上方。

方法二：单击图层面板右上角的小三角形，从弹出的快捷菜单中选择“新建图层”命令，如图 3-3-1 所示，此时会弹出图 3-3-2 所示的“新建图层”对话框。在该对话框中可以对图层的名称、颜色、模式等参数进行设置，单击“确定”按钮，即可新建一个普通图层。

方法三：使用菜单创建新图层。可以使用菜单命令“图层”→“新建”→“图层”命令（见图 3-3-3）来创建一个新图层。

图 3-3-1 选择“新建图层”命令

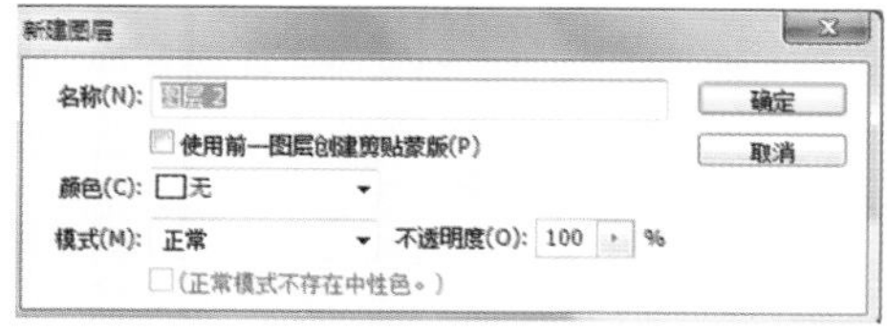

图 3-3-2 “新建图层”对话框

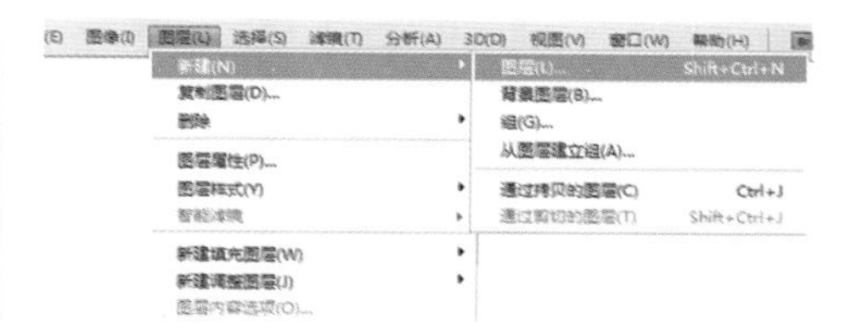

图 3-3-3 执行“图层”→“新建”→“图层”命令

3.3.2 图层的选定

在 Photoshop 中图层是最重要的工具，也是 Photoshop CS5 之所以受到欢迎的重要原因。在一个图像中我们可以创建多个不同的对象，而这些对象可以放置在不同的图层中，这样对象之间就不会互相影响，对其中任意一个对象的操作不会干扰到其他的对象。所以，在 Photoshop CS5 中我们对图像操作时最主要的是控制图层。因此对一个对象的操作，首先要在图层面板上选中它所在的那个图层，这样才能合理地进行图像的编辑。选中图层，图层面板上被选中的那个图层会以深蓝色的状态显示，表明这个图层被选中了，只有先选中图层才能进行其他有效的操作。

- 选择单一图层的方法是：在图层面板上单击要选定的一个图层或者直接在图像文件中单击右键选择需要的图层。

- 选择多个图层的方法是：如果要选择不连续的多个图层，则配合 Ctrl 键进行单击选取；如果要选择多个连续的图层，则配合 Shift 键进行操作。

3.3.3 移动图层

要移动图层中的图像，可以使用移动工具来操作。在移动图层中的图像时，如果是要移动整个图层的内容，则不需要先选取范围再进行移动，而只要先将要移动的图层选中，然后拖动它即可；如果是要移动图层中的某一块区域，则必须先选取范围，再使用移动工具进行移动。

3.3.4 复制图层

复制图层是较为常用的操作，可将某一图层复制到同一图像中，或者复制到另一幅图像中。当在同一图像中复制图层时，最快速的方法就是将图层拖动至创建新图层按钮 上，还可在需复制的图层上单击右键，在弹出的快捷菜单中单击“复制图层”命令。复制后的图层将出现在被复制的图层上方。

除了上述复制图层的操作方法之外，还可以使用菜单命令来复制图层。先选中要复制的图层，然后单击图层菜单或图层面板的快捷菜单中的“复制图层”命令。

3.3.5 删除图层

对一些没有用的图层，可以将其删除。方法是：选中要删除的图层，然后单击图层面板上的“删除图层”按钮 ，或者单击图层面板的快捷菜单中的“删除图层”命令，也可以直接用鼠标拖动图层到“删除图层”按钮上来删除。

3.3.6 其他图层编辑操作

除了上述一些图层编辑操作之外，Photoshop 还在“图层”→“新建”子菜单中提供了“通过拷贝的图层”和“通过剪切的图层”命令的功能。注：使用这两个命令之前需要先选取一个图层范围。使用“通过拷贝的图层”命令，可以将选取范围中的图像拷贝后，粘贴到新建立的图层中；而使用“通过剪切的图层”命令，则可将选取范围中的图像剪切后粘贴到新建立的图层中。

3.3.7 颜色标识

选择“图层属性”选项，可以给当前图层进行颜色标识，如图 3-3-4 所示，有了颜色标识，在图层面板中查找相关图层就会更容易一些。

3.3.8 调整图层的叠放次序

图像一般由多个图层组成，而图层的叠放次序直接影响图像显示的真实效果，上方的图层总是遮盖其底下的图层。因此，在编辑图像时，可以调整各图层之间的叠放次序来实现最终的显示效果。在图层面板中将鼠标指针移到要调整次序的图层上，拖动鼠标至适当的位置，就可以完成图层的次序调整。此外，也可以使用“图层”→“排列”子菜单下的命令来调整图层次序。使图层的显示属性发生变化时，需要优先显示的图层放置在图层面板的上方，如图 3-3-5 所示。

图 3-3-4　给当前图层进行颜色标识

图 3-3-5　调整图层放置顺序的效果

3.3.9 图层的显示与隐藏

为了编辑方便或输出图像的某一部分，我们可以暂时隐藏一些图层，这样只有可见的图层才可被打印出来。

- 在图层面板中，单击位于图层左边的眼睛图标，就会隐藏该图层，再次单击同一位置又可以显示该图层。
- 在眼睛图标列中单击并拖动鼠标，可以隐藏或显示多个图层。
- 按住 Alt 键并单击眼睛图标，只显示单击的那一图层。

3.3.10 图层的不透明度

设置图层的不透明度,可使其下面被覆盖的图层可见。在图层面板上设置图层不透明度,如图 3-3-6 所示,可以在 0%～100%之间进行调整。

☺提示:图层不透明度与填充不透明度的区别在于:对图层不透明度的处理会影响到整个图层的透明效果,而填充不透明度的设置则只是对图层中的填充对象进行透明化处理,而不会影响到图形样式的效果。

3.3.11 更改图层名

方法一:单击图层面板右上角的黑色小三角形,在弹出的快捷菜单中单击"图层属性"命令,会弹出"图层属性"对话框,在该对话框中为图层命名,然后单击"确定"按钮即可,如图 3-3-7 所示。

方法二:在需更改名称的图层上单击右键,在弹出的快捷菜单中单击"图层属性"命令,在弹出的"图层属性"对话框中为图层命名,然后单击"确定"按钮即可。

方法三:在需更改名称的图层名称上双击,即可重新命名,如图 3-3-8 所示。

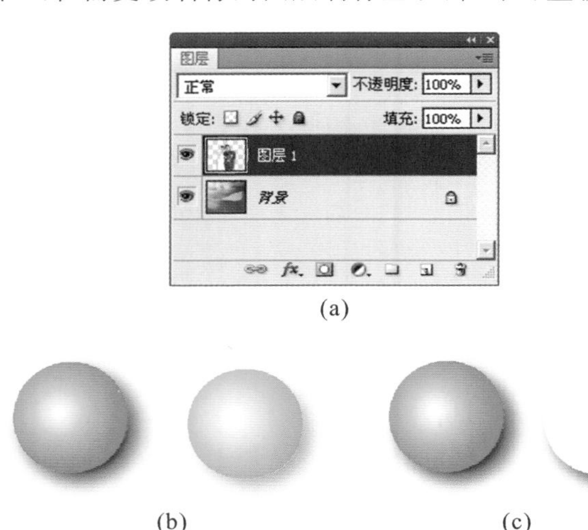

图 3-3-6 设置不透明度及其不同显示效果

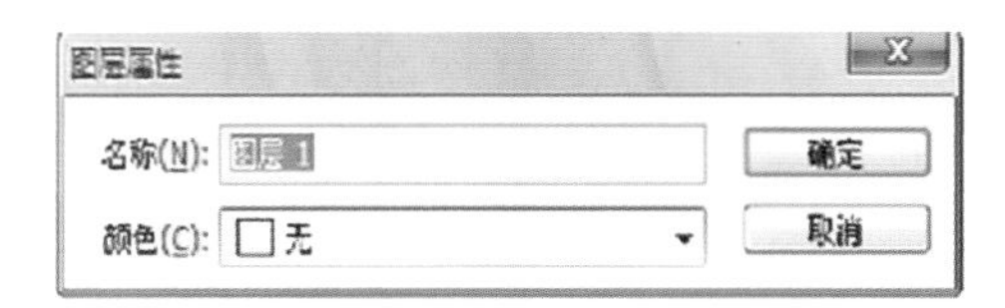

图 3-3-7 "图层属性"对话框

图 3-3-8 双击后重新命名

☺移动工具的选项栏中有"自动选择图层"这一项。"自动选择图层"选项的意义在于勾选此选项后可以利用鼠标在绘图区域快速选定与鼠标操作指定的图层。

3.3.12 锁定图层

Photoshop 提供了锁定图层的功能,可以锁定某一个图层和图层组,使其在编辑图像时不受影响,从而可以给编辑图像带来方便。在图层面板上,"锁定"选项组中的 4 个选项用于锁定图层内容。它们的功能分别如下。

(1) 锁定透明像素 :会将透明区域保护起来。因此,在使用绘图工具绘图时以及填充和描边时,只对不透明的部分(即有颜色的像素)起作用。

(2) 锁定图像像素 :可以将当前图层保护起来,不受任何填充、描边及其他绘图操作的影响。

(3) 锁定位置 :不能够对锁定的图层进行移动、旋转、翻转和自由变形等编辑操作。

(4) 锁定全部 :将完全锁定这一图层,此时任何绘图操作、编辑操作(包括删除图像、色彩混合模式、不透明度、滤镜功能和色彩、色调调整等功能)均不能在这一图层上使用,而只能够在图层面板中调整这一图层的叠放次序。

我们会看到,在 Photoshop CS5 中创建的新文件和打开的 JPG 文件,背景图层都处于锁定全部状态。

3.3.13 图层的链接

图层的链接功能使得可以方便地移动多个图层图像,同时对多个图层中的图像进行旋转、翻转和自由变形，以及对不相邻的图层进行合并。

☺ 注：只要链接的图层中有一个图层被锁定位置，那么就不能对所有图层进行移动、旋转、翻转和自由变形等操作。

要使几个图层成为链接的图层，其方法如下：按下 Shift 键或 Ctrl 键的同时单击选定要链接的图层（按下 Shift 键是选择连续的几个图层，按下 Ctrl 键是选择不连续的几个图层），然后单击图层面板中的“链接图层”按钮 。要取消链接，再次单击图层面板中的“链接图层”按钮即可。

3.3.14 图层的合并

在一幅图像中，建立的图层越多，则该文件所占用的磁盘空间也就越大。因此，对一些不必要分开的图层，可以将它们合并以减少文件所占用的磁盘空间，同时也可以提高操作速度。

要将图层合并，可以打开图层面板菜单，单击其中的合并命令即可。

（1）向下合并：可以将当前图层与其下一图层图像合并，其他图层保持不变。执行此命令也可以按下组合键 Ctrl＋E。

（2）合并可见图层：可将图像中所有显示的图层合并，而隐藏的图层则保持不变。

（3）拼合图像：可将图像中所有图层合并，并在合并过程中丢弃隐藏的图层。

（4）盖印图层（Shift＋Ctrl＋Alt＋E）：可将图像中所有图层合并，并创建合并以后的最终效果图层。

3.3.15 对齐与分布图层

选择需对齐或需分布的图层，选择工具箱中的移动工具，然后在其选项栏上选择相应的对齐或分布选项即可。也可使用“图层”菜单中的“对齐”和“分布”命令。首先介绍“对齐”子菜单下的命令。

（1）顶边：将所有链接图层最顶端的像素与作用图层最上边的像素对齐。

（2）垂直居中：将所有链接图层垂直方向的中心像素与作用图层垂直方向的中心像素对齐。

（3）底边：将所有链接图层最底端的像素与作用图层最底端的像素对齐。

（4）左边：将所有链接图层最左端的像素与作用图层最左端的像素对齐。

（5）水平居中：将所有链接图层水平方向的中心像素与作用图层水平方向的中心像素对齐。

（6）右边：将所有链接图层最右端的像素与作用图层最右端的像素对齐。

接着，我们介绍另外一种对齐方式，即按选取范围对齐。在图像中建立了一个选取范围之后，“图层”→“对齐”命令会变为“将图层与选区对齐”命令。

☺ 注：以选取范围为标准对齐图层时，可以用单行选框工具或单列选框工具选择一行或一列像素后，对多个链接的图层进行水平或垂直方向对齐。

单击“图层”→“分布”子菜单中的命令，可以分布多个链接的图层。

（1）顶边：从每个图层最顶端的像素开始，均匀分布各链接图层的位置，使它们最顶边的像素间隔相同的距离。

（2）垂直居中：从每个图层垂直居中的像素开始，均匀分布各链接图层的位置，使它们垂直方向的中心像素间隔相同的距离。

（3）底边：从每个图层最底端的像素开始，均匀分布各链接图层的位置，使它们最底端的像素间隔相同的距离。

（4）左边：从每个图层最左端的像素开始，均匀分布各链接图层的位置，使它们最左端的像素间隔相同的距离。

（5）水平居中：从每个图层水平居中的像素开始，均匀分布各链接图层的位置，使它们水平方向的中心像素间隔相同的距离。

（6）右边：从每个图层最右端的像素开始，均匀分布各链接图层的位置，使它们最右端的像素间隔相同的距离。

☺ 注：使用“对齐”命令之前，必须先建立两个或两个以上的图层链接；使用“分布”命令之前，必须建立 3 个或 3 个以上的图层链接。否则，这两个命令都不可以使用。

3.3.16 图层混合模式

* 正常：是缺省模式，当图层不透明度为100％时，没有什么效果。
* 溶解：根据图像像素所在位置的不透明度，以基本色彩或混合色彩随机取代像素点的颜色，产生颗粒效果。
* 变暗：对像素进行比较，最后由较暗的像素决定最后的值，结果是色调更暗了。
* 正片叠底：将两个颜色的像素值相乘，然后再除以255得到的结果就是最终色。通常执行“正片叠底”模式后的颜色比原来两种颜色都深。
* 滤色：与正片叠底刚好相反，它将两个颜色的互补色的像素值相乘，然后再除以255后的补色。通常执行该模式后的颜色较亮。

☺注：任何颜色和黑色执行“正片叠底”模式后得到的仍然是黑色，任何颜色和白色执行“正片叠底”模式后则保持原来的颜色不变。

* 色相：采用底色的明度、饱和度以及绘图色的色相创建最终色。
* 饱和度：采用底色的明度、色相以及绘图色的饱和度来创建最终色。
* 颜色：采用底色的明度以及绘图色的色相、饱和度来创建最终色。
* 明度：采用底色的色相和饱和度以及绘图色的明度来创建最终色。

☺图层技巧：

按Ctrl键单击图层缩览图，则使其变为选区；

按Alt键并双击图层，可将背景图层转为普通图层。

3.4 图层样式

Photoshop提供了不同的图层混合选项即图层样式，有助于为特定图层上的对象应用效果。

图层样式是应用于一个图层或图层组的一种或多种效果。可以应用Photoshop附带的某一种预设样式，或者使用“图层样式”对话框来创建自定义样式。

应用图层样式十分简单，可以为包括普通图层、文本图层和形状图层在内的任何类型的图层应用图层样式。

3.4.1 应用图层样式

(1) 选中要添加样式的图层。

(2) 单击图层面板上的“添加图层样式”按钮。

(3) 从列表中选择图层样式，然后根据需要修改参数。也可以打开样式面板，选择需要的样式将其添加到选中的图层上。如果需要，可以将修改保存为预设，以便日后需要时使用。

(4) 复制其他图层的样式到本图层，如图3-4-1所示。

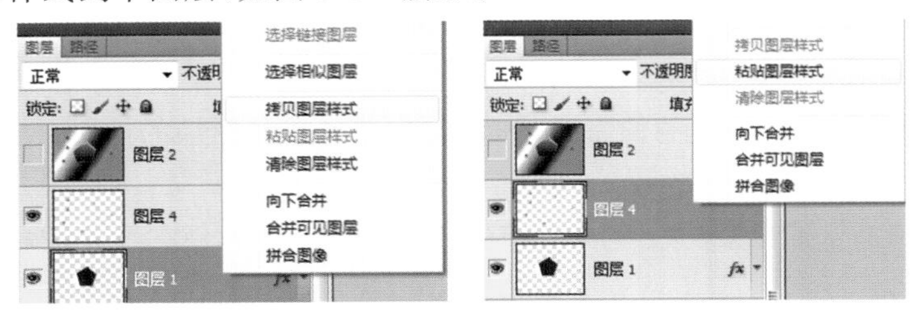

图 3-4-1　拷贝、粘贴图层样式

3.4.2 图层样式的优点

(1) 应用的图层效果与图层紧密结合，即如果移动或变换图层对象文本或形状，图层效果就会自动随着图层对象文本或形状移动或变换。

(2) 图层效果可以应用于普通图层、形状图层和文本图层。

(3) 可以为一个图层应用多种效果。

(4) 可以从一个图层拷贝效果，然后粘贴到另一个图层。

3.4.3 图层样式类型

Photoshop 有 10 种不同的图层样式。

(1) 投影：为图层上的对象、文本或形状添加阴影效果。投影参数由"混合模式""不透明度""角度""距离""扩展"和"大小"等各种选项组成，通过对这些选项的设置可以得到需要的效果。

(2) 内阴影：将在对象、文本或形状的内边缘添加阴影，让图层产生一种凹陷外观，内阴影效果对文本对象效果更佳。

(3) 外发光：将从图层对象、文本或形状的边缘向外添加发光效果。设置适合的参数可以让对象、文本或形状更精美。

(4) 内发光：将从图层对象、文本或形状的边缘向内添加发光效果。

(5) 斜面和浮雕："样式"下拉菜单将为图层添加高亮显示和阴影的各种组合效果。

"斜面和浮雕"选项卡中的样式参数解释如下。

① 外斜面：沿对象、文本或形状的外边缘创建三维斜面。

② 内斜面：沿对象、文本或形状的内边缘创建三维斜面。

③ 浮雕效果：创建外斜面和内斜面的组合效果。

④ 枕状浮雕：创建内斜面的反相效果，其中对象、文本或形状看起来下沉。

⑤ 描边浮雕：只适用于描边对象，即在应用描边浮雕效果时才打开描边效果。

(6) 光泽：将对图层对象内部应用阴影，与对象的形状互相作用，通常创建规则波浪形状，产生光滑的磨光及金属效果。

(7) 颜色叠加：将在图层对象上叠加一种颜色，即用一层纯色填充到应用样式的对象上。单击"设置叠加颜色"选项，会弹出"选取叠加颜色："对话框，在该对话框中可以选择任意颜色。

(8) 渐变叠加：将在图层对象上叠加一种渐变颜色，即用一层渐变颜色填充到应用样式的对象上。通过"渐变编辑器"可以选择使用其他的渐变颜色。

(9) 图案叠加：将在图层对象上叠加图案，即用一致的重复图案填充对象。从"图案"拾色器可以选择其他的图案。

(10) 描边：使用颜色、渐变颜色或图案描绘当前图层上的对象、文本或形状的轮廓，对于边缘清晰的形状（如文本），这种效果尤其有用。

3.4.4 图层样式参数介绍

* 混合模式：不同混合模式选项。
* 色彩样本：有助于修改阴影、发光和斜面等的颜色。
* 不透明度：减小其值将产生透明效果（0%＝透明，100%＝不透明）。
* 角度：控制光源的方向。
* 使用全局光：可以修改对象的阴影、发光和斜面角度。
* 距离：确定对象和效果之间的距离。
* 扩展、内缩："扩展"主要用于"投影"和"外发光"样式，从对象的边缘向外扩展效果；"内缩"常用于"内阴影"和"内发光"样式，从对象的边缘向内收缩效果。
* 大小：确定效果影响的程度，以及从对象的边缘收缩的程度。

* 消除锯齿：打开此复选框时，将柔化图层对象的边缘。
* 深度：此选项是应用浮雕或斜面的边缘深浅度。

3.5 实例制作

3.5.1 实例制作一：彩虹字

Step1：新建一文件，大小为 Photoshop 默认大小，如图 3-5-1 所示。

Step2：使用 Ctrl＋I 键反相，把背景颜色调整为黑色。使用文字工具输入 RAINBOW，打开文字面板，进行图 3-5-2 所示的调整。

Step3：新建图层 1，使用魔棒工具分别选中单个字母，使用油漆桶工具分别进行颜色的填充。填充颜色如图 3-5-3 所示。

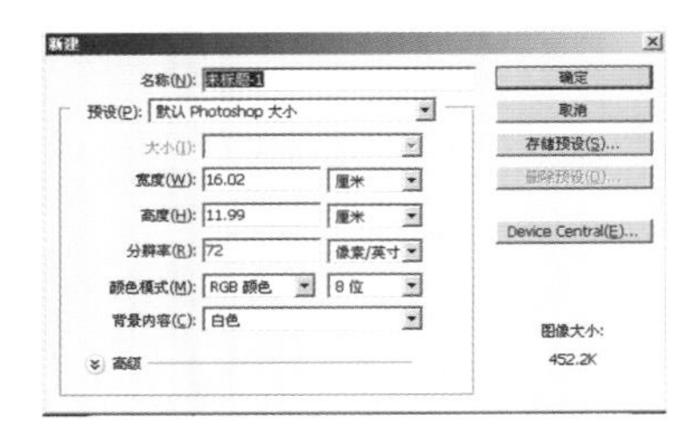

图 3-5-1　彩虹字制作(1)

图 3-5-2　彩虹字制作(2)

图 3-5-3　彩虹字制作(3)

Step4：创建图层 2，使用矩形选框工具绘制出图 3-5-4 所示的矩形区域，并用白色填充。

Step5：按住 Ctrl 键，单击图层 1，调出选区，使用图层面板底部的添加蒙版按钮为图层 2 添加图层蒙版，并把图层 2 的填充更改为 45%，如图 3-5-5 所示。

Step6：选中图层 1 和图层 2，合并图层，如图 3-5-6 所示。

图 3-5-4　彩虹字制作(4)

图 3-5-5　彩虹字制作(5)

图 3-5-6　彩虹字制作(6)

Step7：给新合并的图层添加图层样式，首先选择投影，设置如图 3-5-7 所示。

Step8：添加内阴影，添加外发光，添加内发光，如图 3-5-8 至图 3-5-10 所示。

Step9：复制图层 2，得到副本图层，在"编辑"→"变换"中选择"垂直翻转"命令，调整位置，并把图层的不透明度设置为 27%，得到最终效果如图 3-5-11 所示。

3.5.2 实例制作二：玉手镯

Step1：新建一文件，大小为 Photoshop 默认大小，如图 3-5-12 所示。

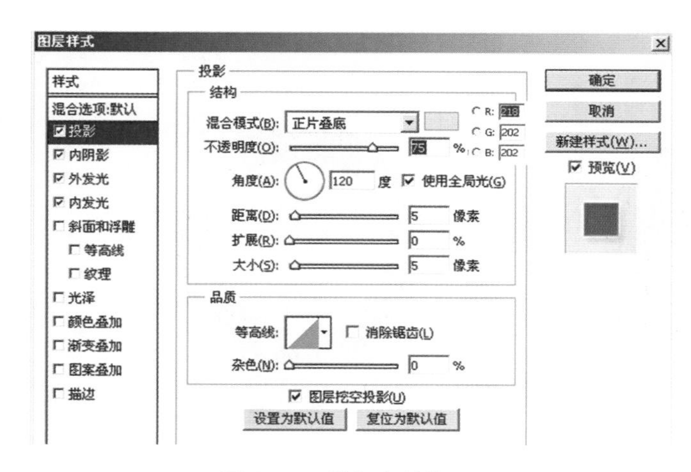

图 3-5-7 彩虹字制作(7)

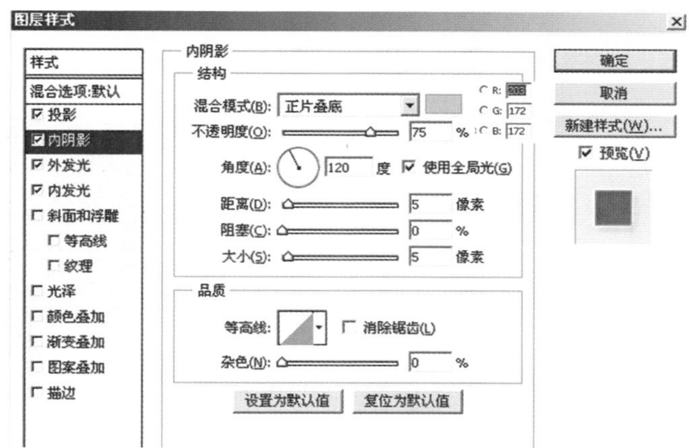

图 3-5-8 彩虹字制作(8)

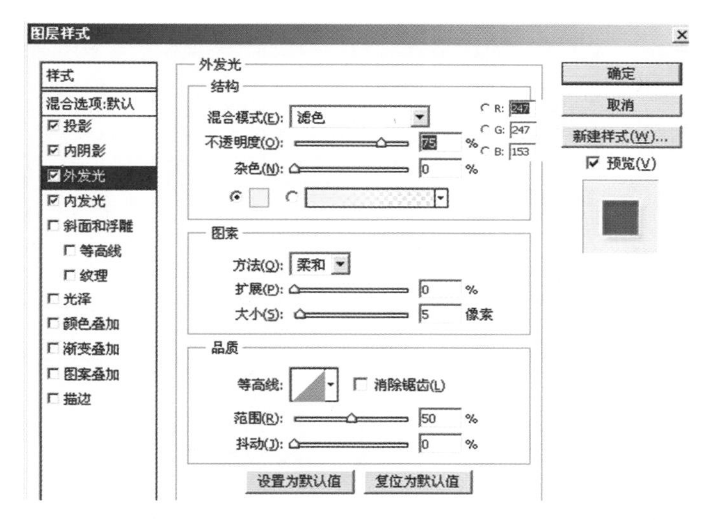

图 3-5-9 彩虹字制作(9)

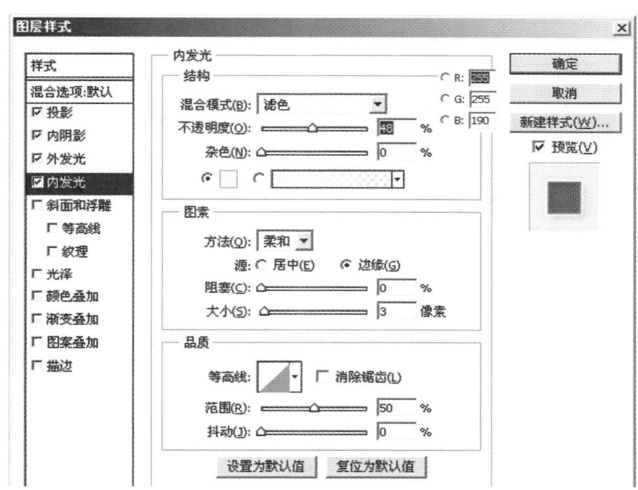

图 3-5-10 彩虹字制作(10)

图 3-5-11 彩虹字制作(11)

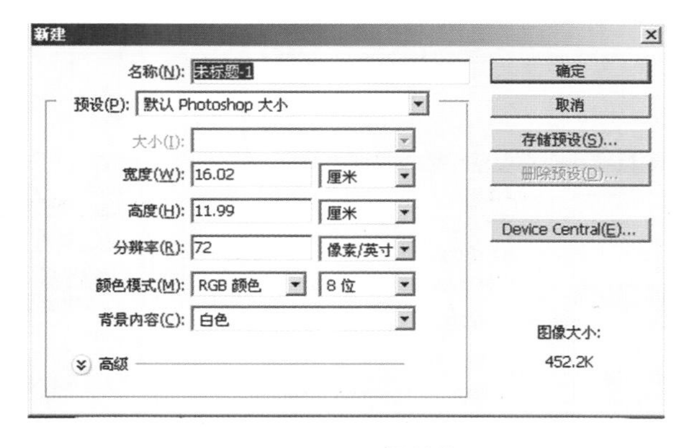

图 3-5-12 玉手镯制作(1)

Step2:在视图菜单中调出标尺,同时调出参考线,使水平和垂直参考线分别处在文件的中间,把文件平分为四个区域。新建图层 1,选择椭圆选框工具,以两条参考线的交点为圆心,按住 Shift+Alt 键,绘制一正圆,如图 3-5-13 所示。

Step3:使用黑色填充正圆。保持选区不变,在“选择”菜单中选择“变换选区”命令,同时按下键盘上的 Shift+Alt 键,用鼠标按住变换区域上的任一边角句柄,向中间拖拽,使边缘变成手镯大小的宽度,按回车键确认操作完成，如图 3-5-14 所示。

Step4：按 Delete 键删除，形成一圆环，如图 3-5-15 所示。

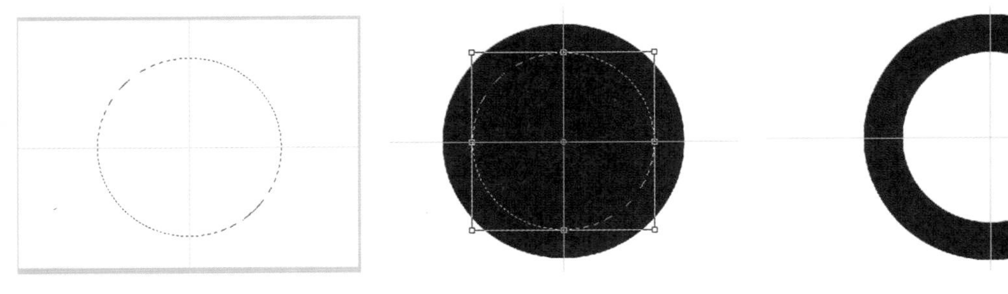

图 3-5-13　玉手镯制作(2)　　图 3-5-14　玉手镯制作(3)　　图 3-5-15　玉手镯制作(4)

Step5：在图层面板上选择“添加图层样式”按钮 fx.，为手镯添加样式，如图 3-5-16 至图 3-5-23 所示。

Step6：得到最终结果，如图 3-5-24 所示。

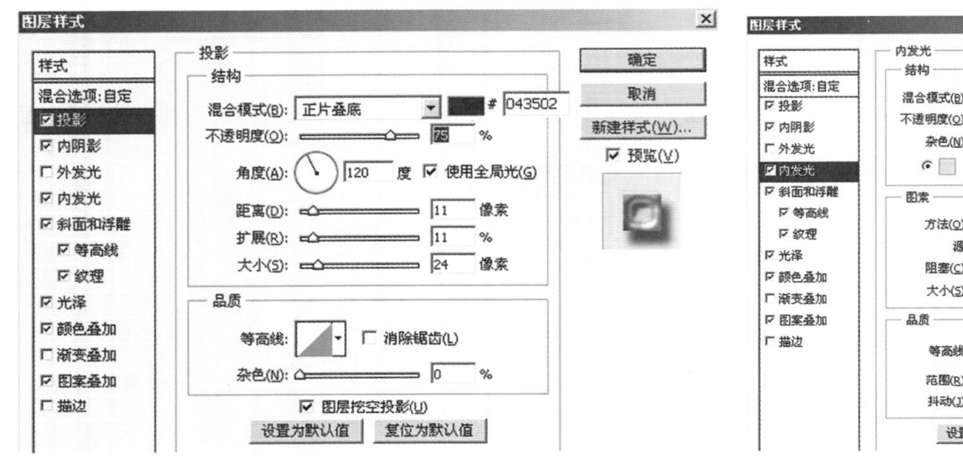

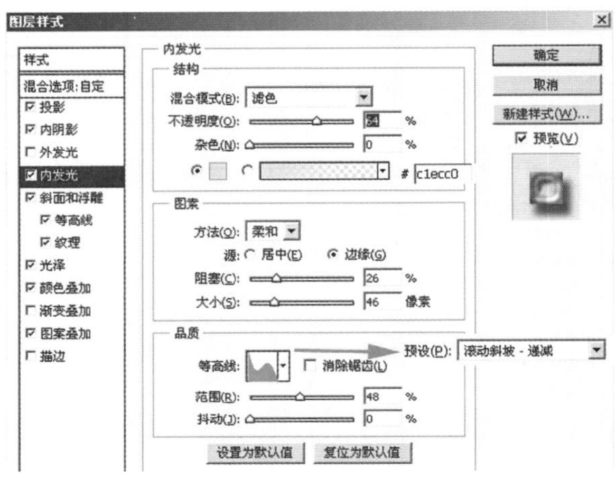

图 3-5-16　玉手镯制作(5)　　图 3-5-17　玉手镯制作(6)

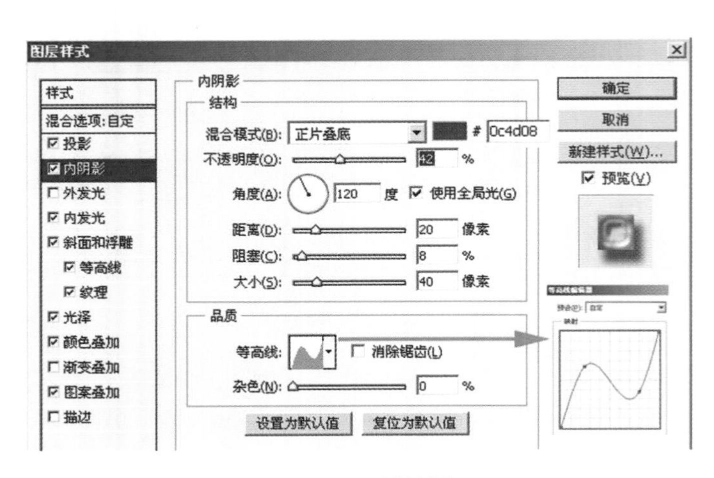

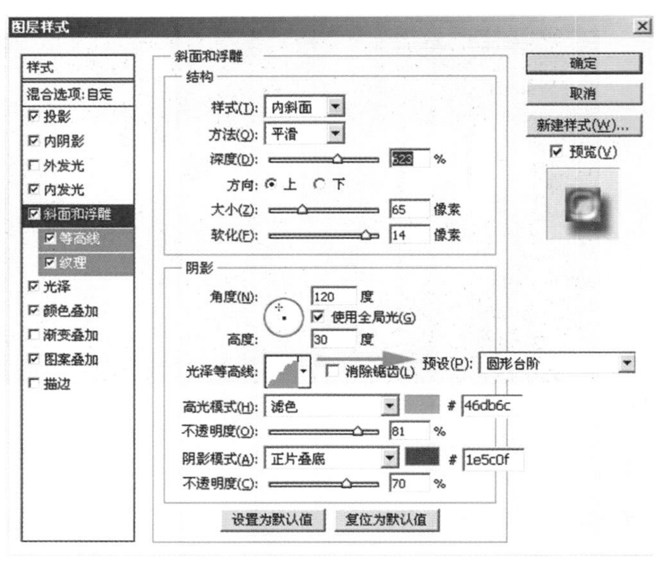

图 3-5-18　玉手镯制作(7)　　图 3-5-19　玉手镯制作(8)

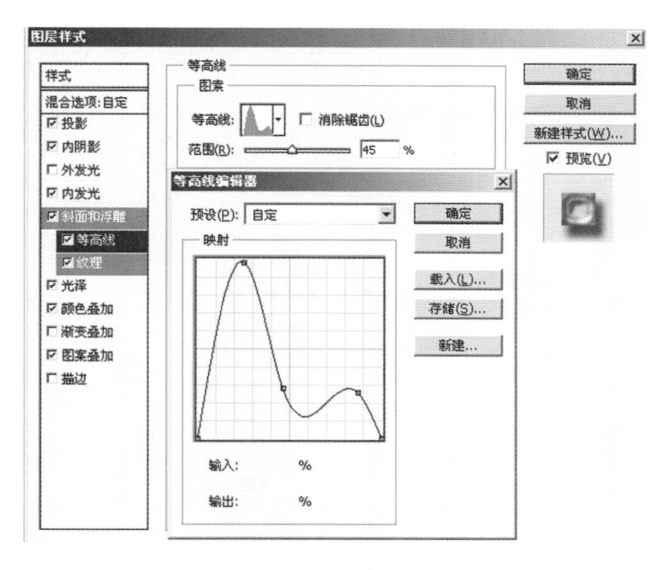

图 3-5-20 玉手镯制作(9)

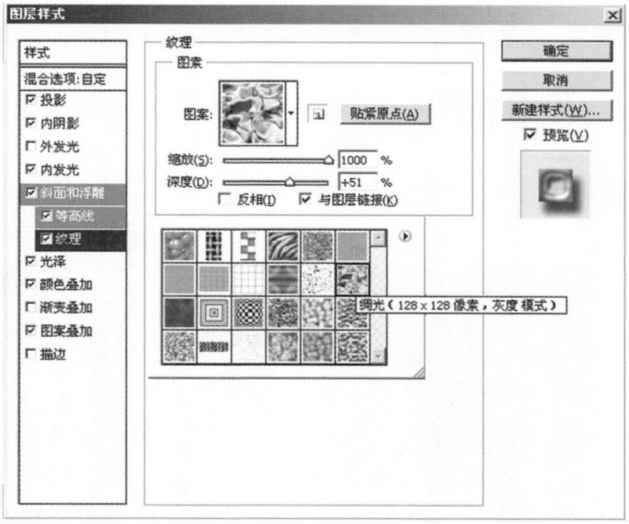

图 3-5-21 玉手镯制作(10)

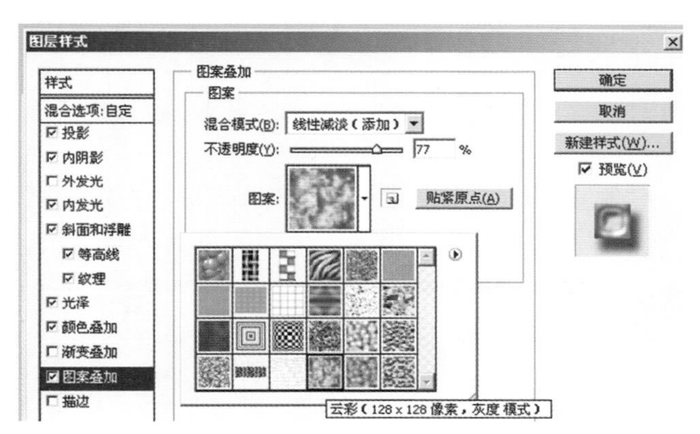

图 3-5-22 玉手镯制作(11)

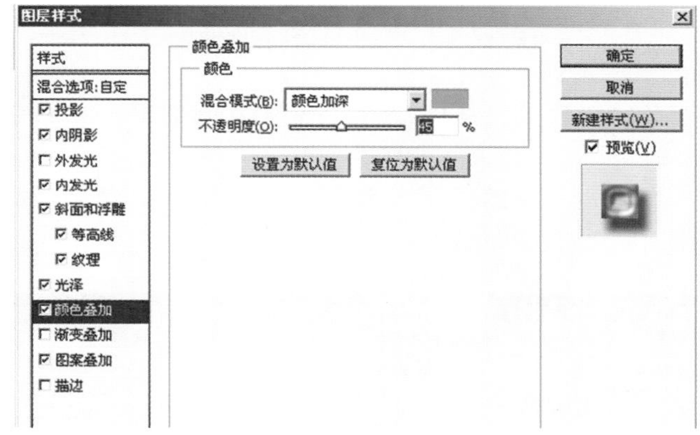

图 3-5-23 玉手镯制作(12)

3.5.3 实例制作三:梦幻花卉

Step1:创建新文件,如图 3-5-25 所示。使用 Ctrl+I 键反相,把背景颜色调整为黑色。

Step2:创建图层 1,使用画笔工具,调整画笔大小,不透明度调整为 40%,绘制图 3-5-26 所示的效果。新建图层 2,再次调整笔刷硬度为 0,大小为 267 像素,为图像绘制高光,如图 3-5-27 所示。

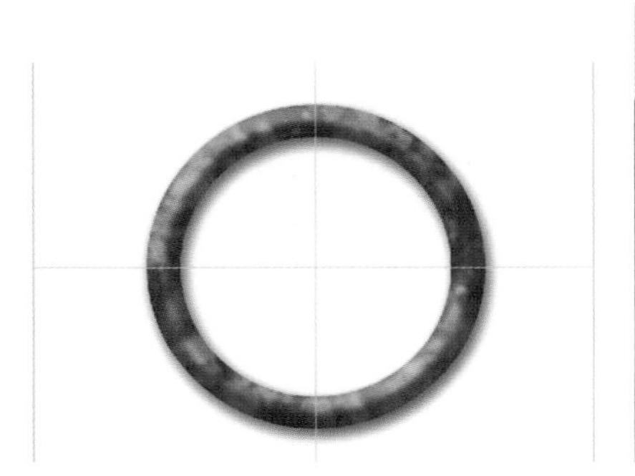

图 3-5-24 玉手镯制作(13)

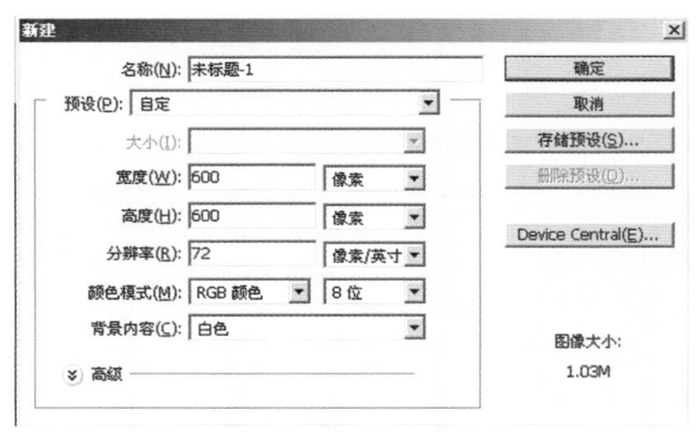

图 3-5-25 梦幻花卉制作(1)

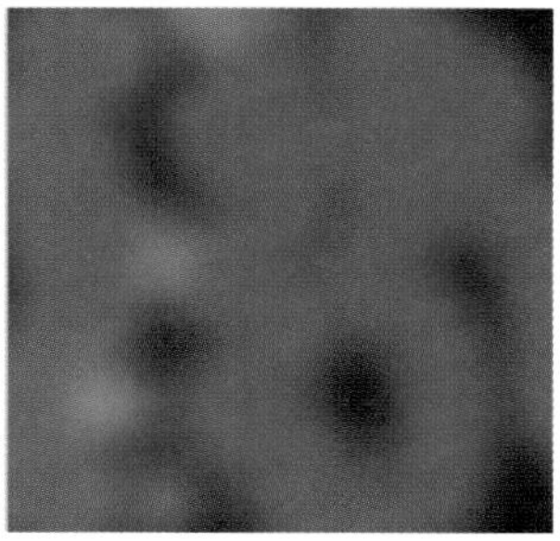

图 3-5-26 梦幻花卉制作(2)

Step3:新建图层 3,打开素材图像"花卉.jpg"。使用魔棒工具选中花卉部分,使用选框工具把选区拖拽过来，并使用“选择”菜单下的“变换选区”命令以调整大小。用白色填充，并取消选区，效果如图 3-5-28 所示。

Step4：给图层 3 添加图层样式，如图 3-5-29 所示。

图 3-5-27　梦幻花卉制作(3)

图 3-5-28　梦幻花卉制作(4)

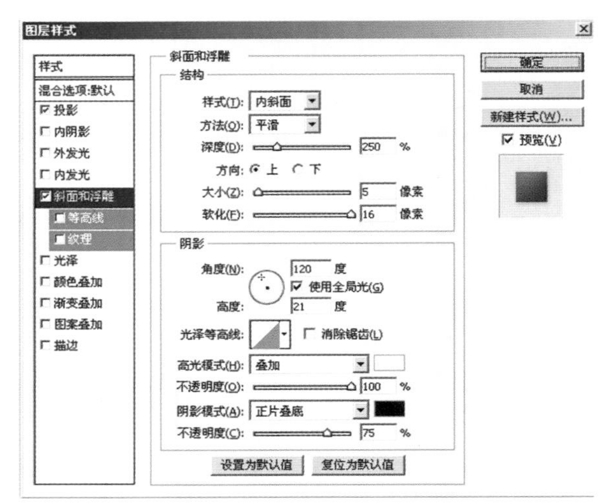

图 3-5-29　梦幻花卉制作(5)

Step5：新建图层 4，调出图层 3 的选区，用白色填充。使用“滤镜”→“模糊”→“高斯模糊”命令进行虚化，半径为 7 像素。

Step6：使用图层面板下方的“创建新的填充或调整图层”按钮 ，选择“色彩平衡”命令，调整数值如图 3-5-30 所示。

Step7：复制图层 3，得到图层 3 副本图层，执行“滤镜”→“锐化”→“智能锐化”命令，在弹出的“智能锐化”对话框中进行设置，如图 3-5-31 所示。

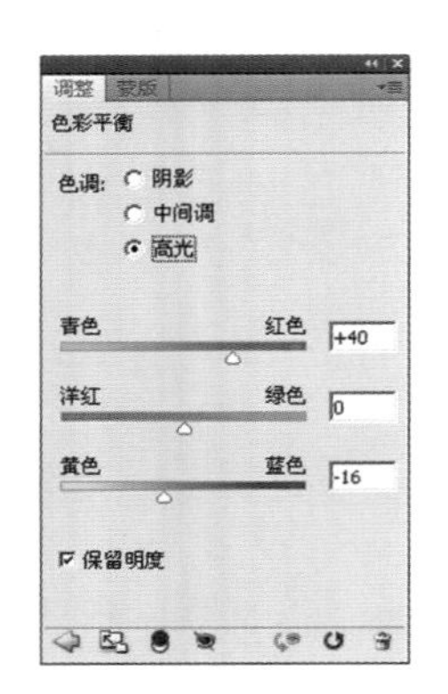

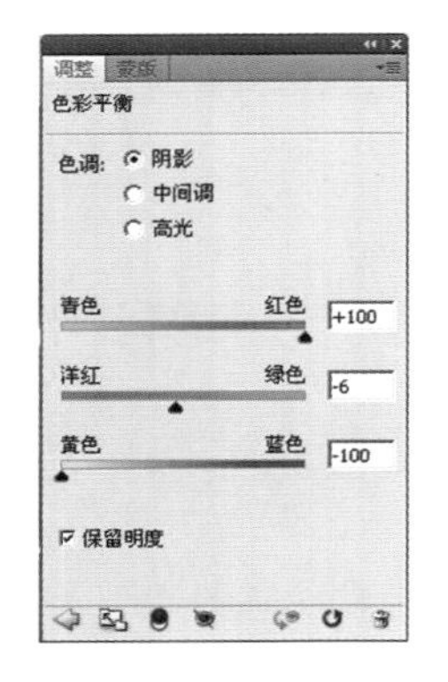

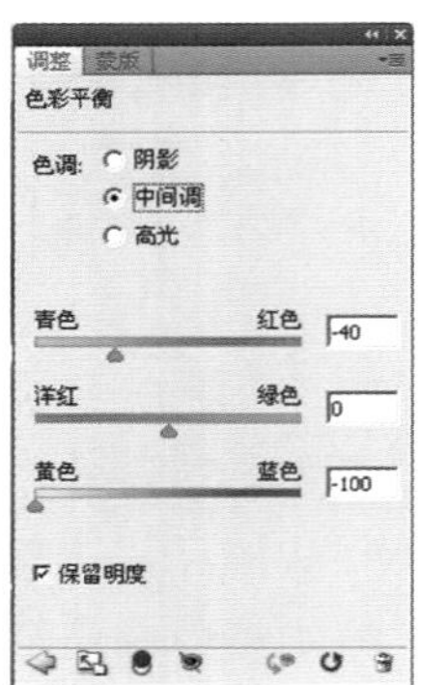

图 3-5-30　梦幻花卉制作(6)

图 3-5-31　梦幻花卉制作(7)

Step8：新建图层 5，选择画笔工具，打开画笔面板进行调整，如图 3-5-32 所示。

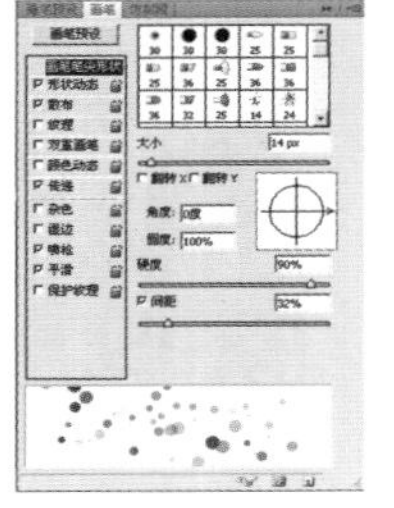

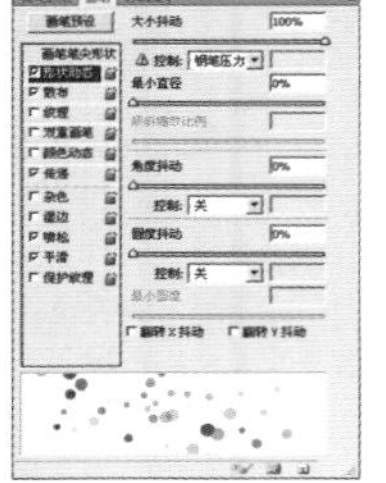

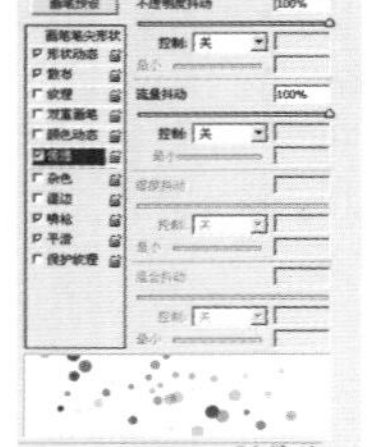

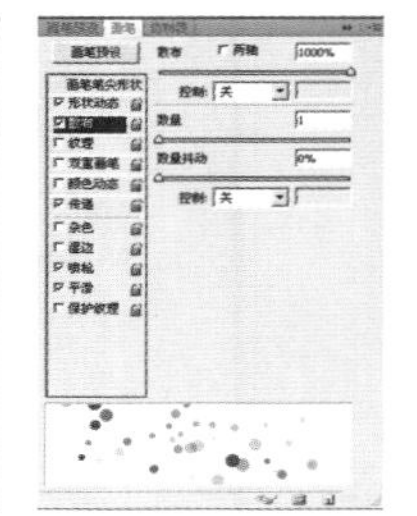

图 3-5-32　梦幻花卉制作(8)

Step9：使用画笔工具，不断调整大小(见图 3-5-33)，在花卉的叶子及花朵部分进行调整。

图 3-5-33　梦幻花卉制作(9)

Step10：复制图层 5，得到图层 5 的副本图层，执行“滤镜”→“锐化”→“智能锐化”命令，在弹出的对话框中进行图 3-5-34 所示的设置，并调整图层不透明度为 70%，得到图 3-5-35 所示的效果。

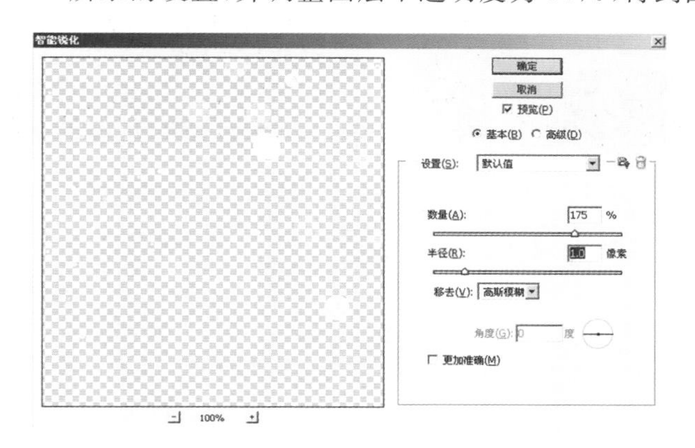

图 3-5-34　梦幻花卉制作(10)

图 3-5-35　梦幻花卉制作(11)

Step11：新建图层 6，再次选择画笔工具，使用柔边圆，调整参数如图 3-5-36 所示。选择白色，在花卉周围涂出高光。

图 3-5-36　梦幻花卉制作(12)

Step12：使用图层面板下方的“创建新的填充或调整图层”按钮 ，选择“色阶”，调整数值如图 3-5-37(a)所示，并在其蒙版上涂出图 3-5-37(b)所示的效果。

Step13：得到最终效果如图 3-5-38 所示。

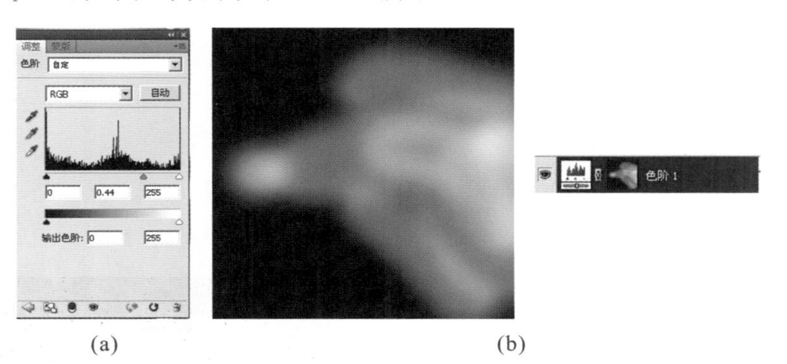

图 3-5-37　梦幻花卉制作(13)

图 3-5-38　梦幻花卉制作(14)

3.5.4　实例制作四：水晶字设计

Step1：建立新文件(Photoshop 默认大小)，切换到通道面板，单击面板上的“创建新通道”按钮，建立一个新通道“Alpha 1”，如图 3-5-39 所示。

Step2：输入文字“水晶字”，调整文字的字体及字号，确定后按 Ctrl＋D 键取消选区。然后，执行“滤镜”→“模糊”→“高斯模糊”命令，在弹出的对话框中进行图 3-5-40 所示的设置。

Step3：在通道面板上单击“Alpha 1”不放将其拖到下面的“创建新通道”图标上，将“Alpha 1”复制为“Alpha

1 副本”，改名为“Alpha2”，如图 3-5-41 所示。

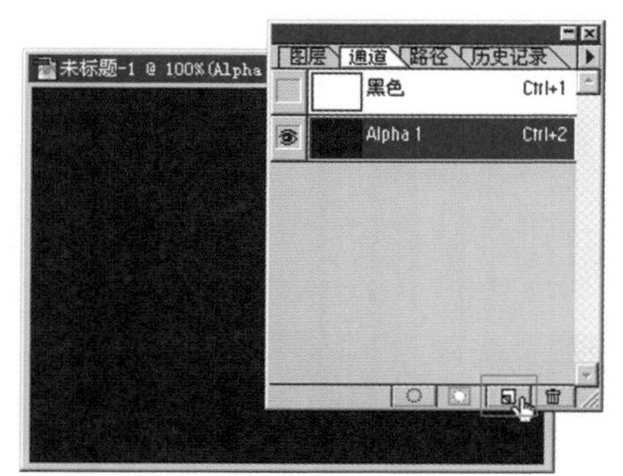

图 3-5-39 水晶字设计(1)

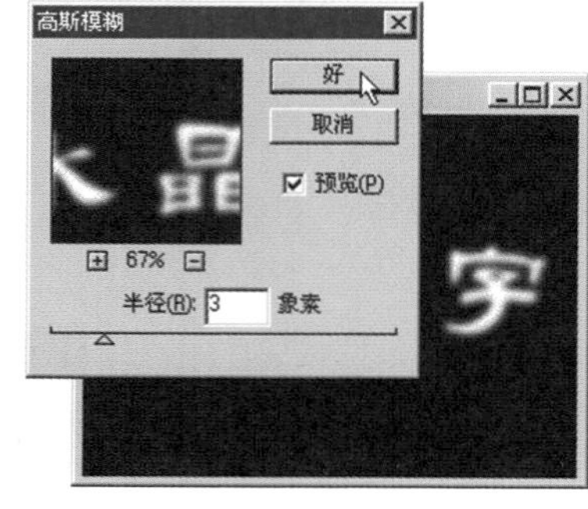

图 3-5-40 水晶字设计(2)

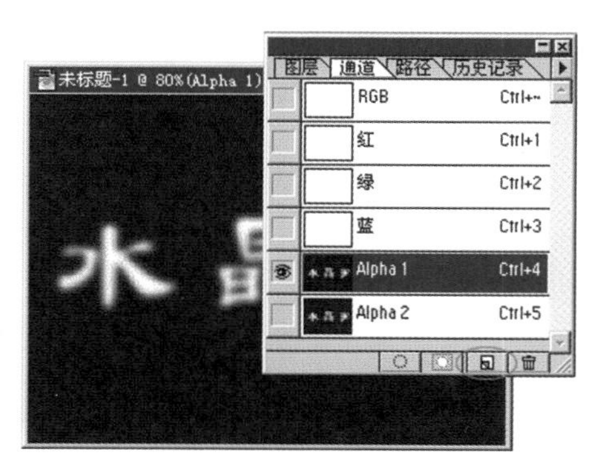

图 3-5-41 水晶字设计(3)

Step4：切换到通道“Alpha 2”，执行“滤镜”→“其他”→“位移”命令，在弹出的“位移”对话框中进行图 3-5-42 所示的设置。

Step5：滤镜处理。执行“图像”→“计算”命令，在弹出的“计算”对话框中按图 3-5-43 所示设置。

Step6：选择“图像”→“调整”→“曲线”命令，在弹出的“曲线”对话框中按下 Ctrl＋M 键(调整曲线的快捷键)调整曲线如图 3-5-44 所示后确定。

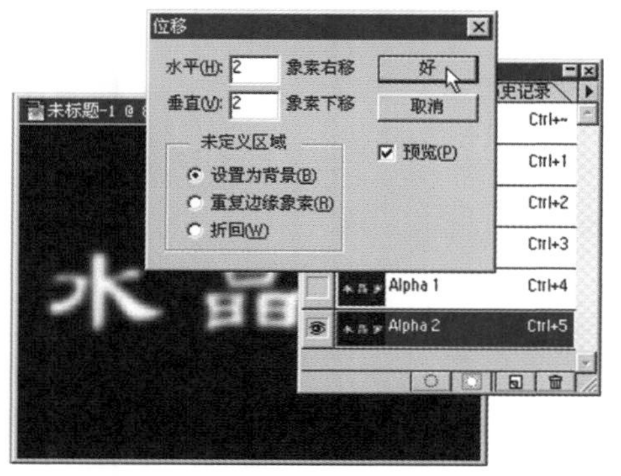

图 3-5-42 水晶字设计(4)

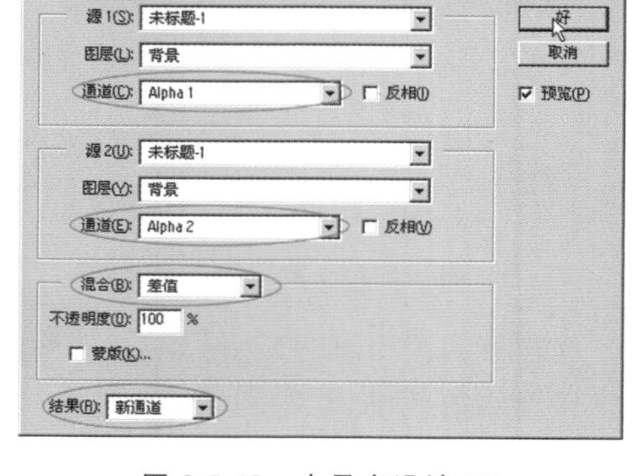

图 3-5-43 水晶字设计(5)

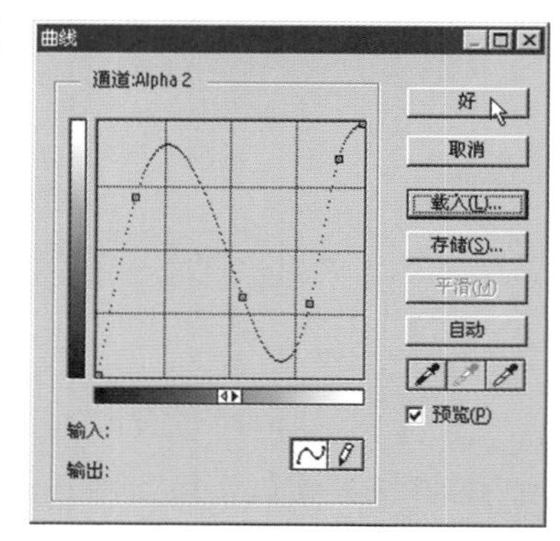

图 3-5-44 水晶字设计(6)

Step7：这时通道“Alpha 3”应如图 3-5-45 所示。

Step8：执行“图像”→“计算”命令，在弹出的“计算”对话框中按图 3-5-46 所示设置。

Step9：这时会出现图 3-5-47 所示的通道“Alpha 4”的效果。

Step10：按 Ctrl＋A 键全选，按 Ctrl＋C 键拷贝，然后切换到图层面板，选择背景图层，按 Ctrl＋V 键粘贴，选择渐变填充工具 ，按图 3-5-48 所示进行设置后，从图像中心拖至边缘，图像制作完成。

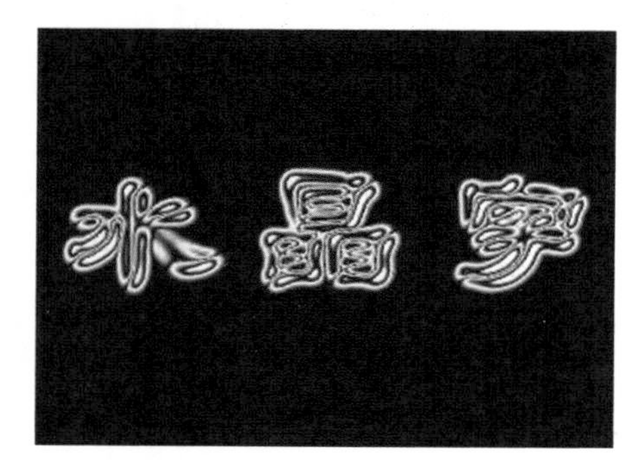

图 3-5-45 水晶字设计(7)

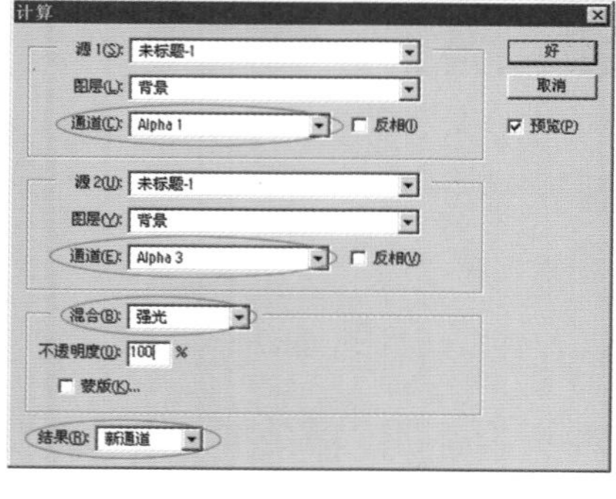

图 3-5-46 水晶字设计(8)

图 3-5-47 水晶字设计(9)

Step11:最终效果如图 3-5-49 所示。

3.5.5 实例制作五:水晶软糖

Step1:运行 Photoshop CS5,执行"文件"→"新建"命令,新建文档,如图 3-5-50 所示。

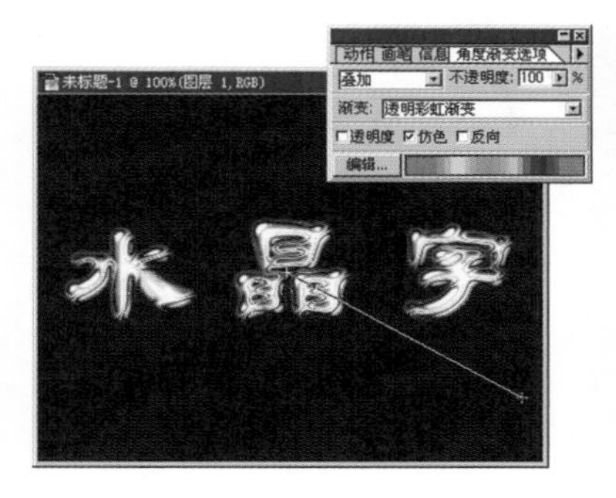

图 3-5-48 水晶字设计(10)

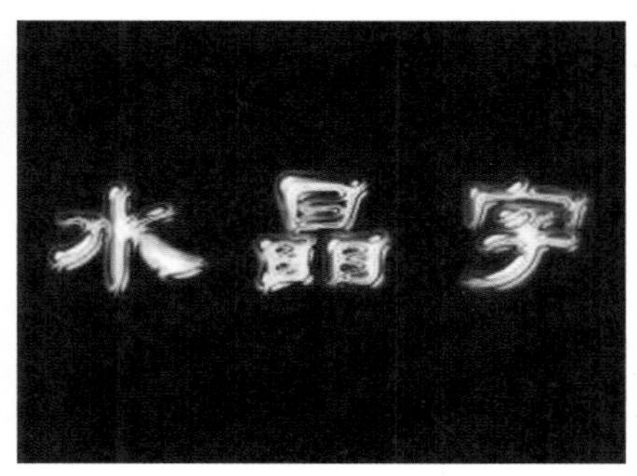

图 3-5-49 水晶字设计(11)

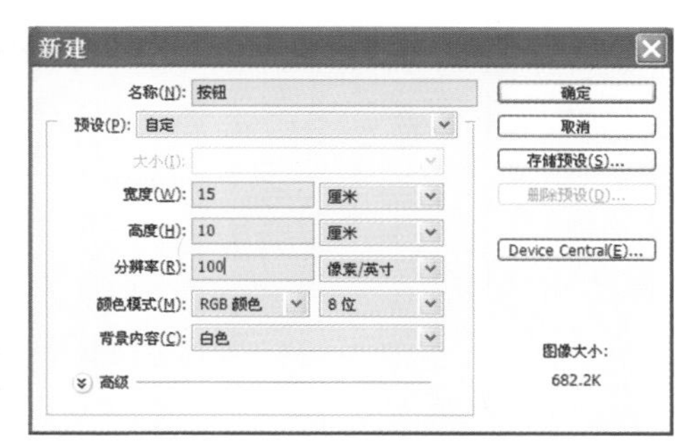

图 3-5-50 水晶软糖制作(1)

Step2:选择圆角矩形工具进行绘制,半径设置为 30px,如图 3-5-51 所示。

Step3:选择多边形工具绘制出三角形,并与之前的圆角矩形组合。调整形状,如图 3-5-52 所示。

Step4:切换到路径面板,将路径作为选区载入,如图 3-5-53 所示。

Step5:切换回图层面板,新建"图层 1"并填充蓝色,颜色值为#13c3f9,如图 3-5-54 所示。

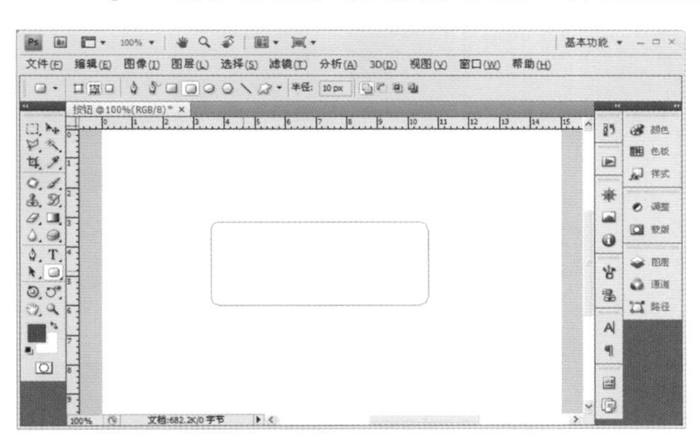

图 3-5-51 水晶软糖制作(2)

图 3-5-52 水晶软糖制作(3)

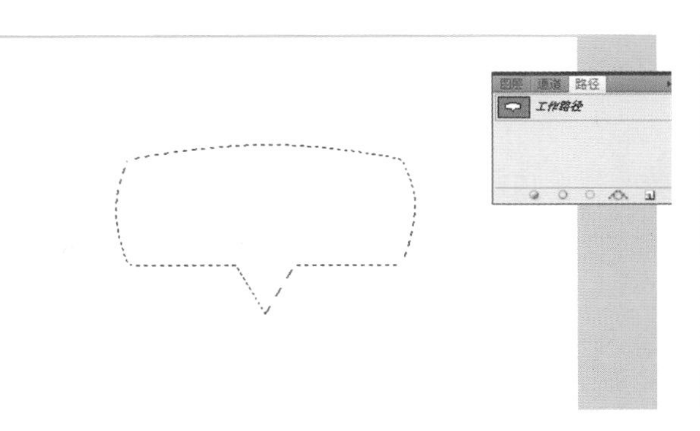

图 3-5-53 水晶软糖制作(4)

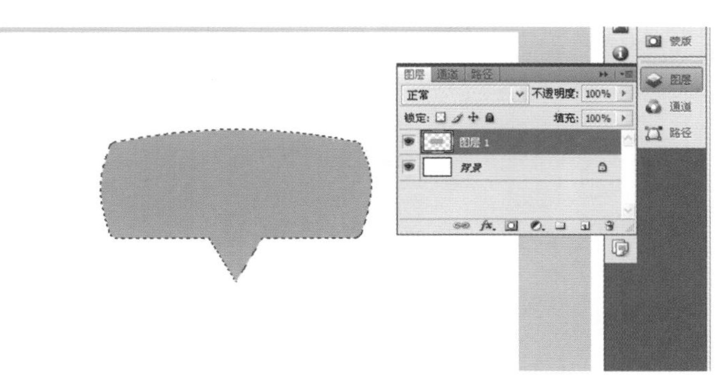

图 3-5-54 水晶软糖制作(5)

Step6:为"图层 1"添加图层样式"投影",如图 3-5-55 所示。

Step7:调出"图层 1"的选区,新建"图层 2"并为其填充深蓝色,颜色值为#093796。取消选区,如图 3-5-56 所示。

图 3-5-55 水晶软糖制作(6)

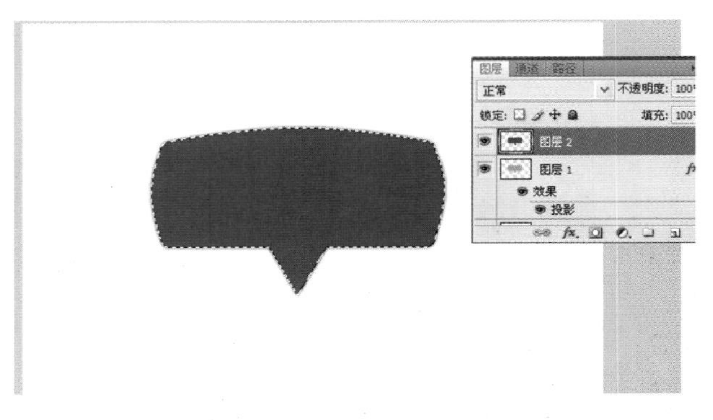

图 3-5-56 水晶软糖制作(7)

Step8:选择橡皮擦工具在视图中进行擦除,如图 3-5-57 所示。

Step9:复制"图层 2",更改填充为"0%",如图 3-5-58 所示。为其添加图层样式,如图 3-5-59 所示。

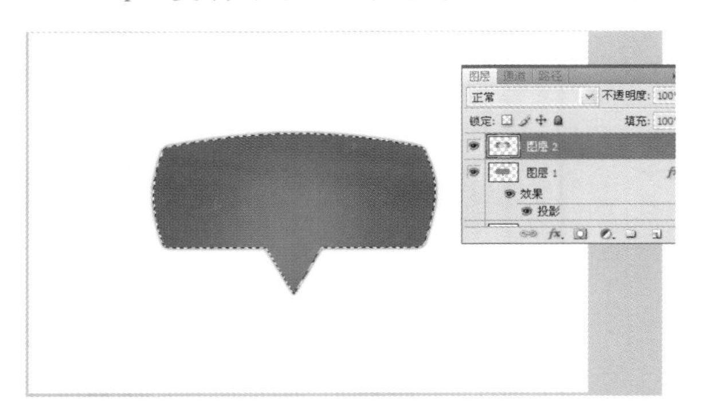

图 3-5-57 水晶软糖制作(8)

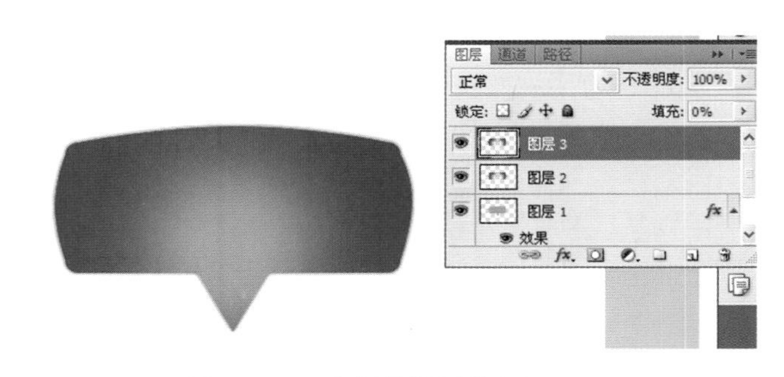

图 3-5-58 水晶软糖制作(9)

Step10:选择椭圆选框工具,绘制出选区,如图 3-5-60 所示。

图 3-5-59 水晶软糖制作(10)

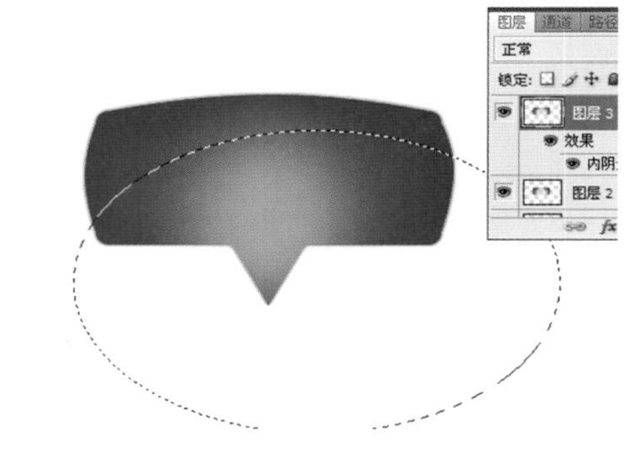

图 3-5-60 水晶软糖制作(11)

Step11:新建"图层 3",执行"选择"→"反向"命令,填充白色,如图 3-5-61 所示。

Step12:将之前的路径载入选区,反选并删除,得到图 3-5-62 所示的效果。

Step13:执行"滤镜"→"模糊"→"高斯模糊"命令,在弹出的对话框中按图 3-5-63 所示进行设置。

Step14:为"图层 3"添加图层样式,如图 3-5-64 和图 3-5-65 所示。

Step15:取消选区,更改背景图层颜色,颜色值为#434343。使用深色效果会更好,如图 3-5-66 所示。

Step16:对"图层 2""图层 2 副本"和"图层 3"进行移动,如图 3-5-67 所示。

Step17:添加文字和阴影,完成按钮的制作,得到图 3-5-68 所示的效果。

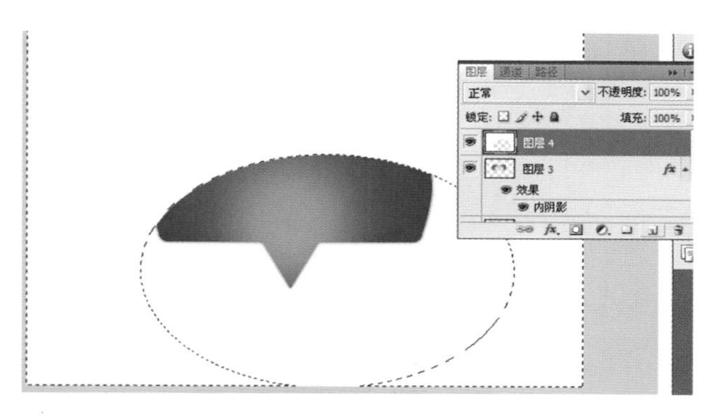

图 3-5-61　水晶软糖制作(12)

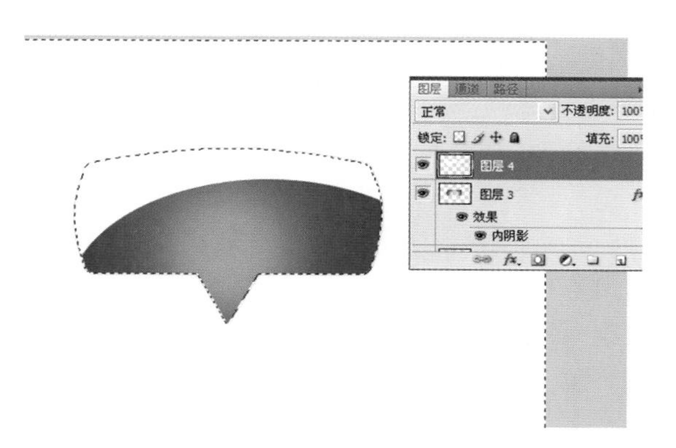

图 3-5-62　水晶软糖制作(13)

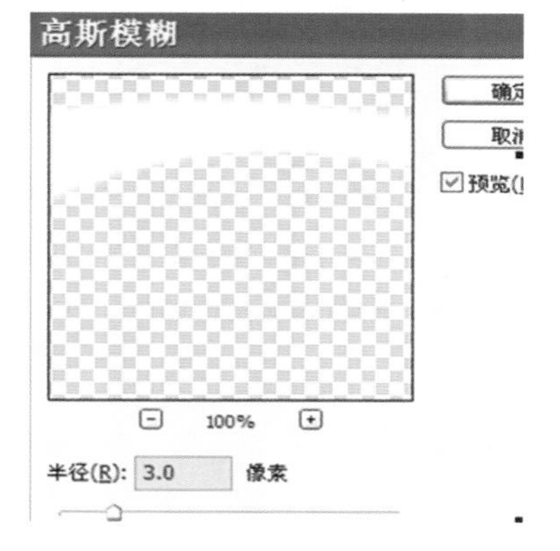

图 3-5-63　水晶软糖制作(14)

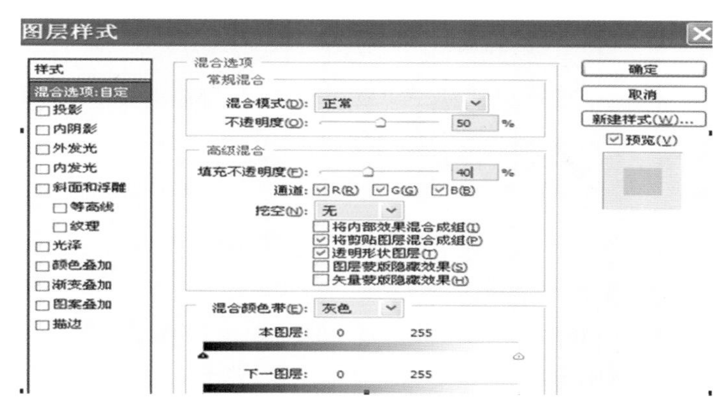

图 3-5-64　水晶软糖制作(15)

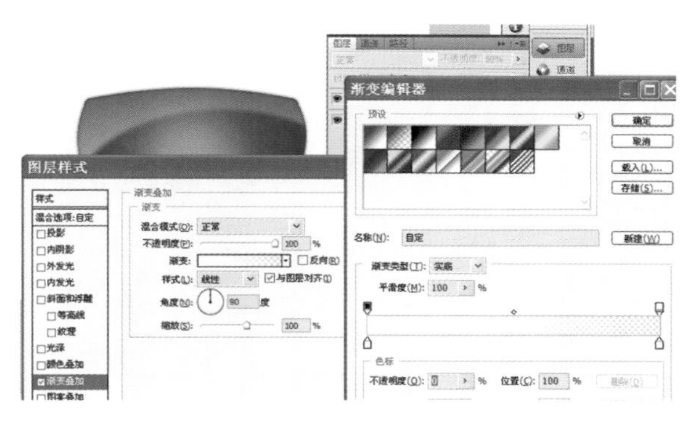

图 3-5-65　水晶软糖制作(16)

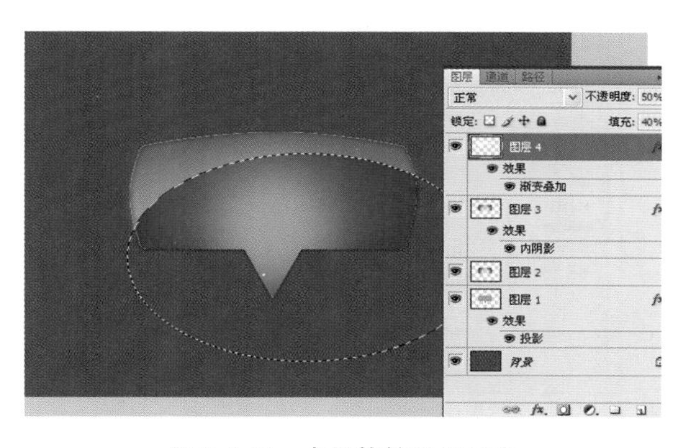

图 3-5-66　水晶软糖制作(17)

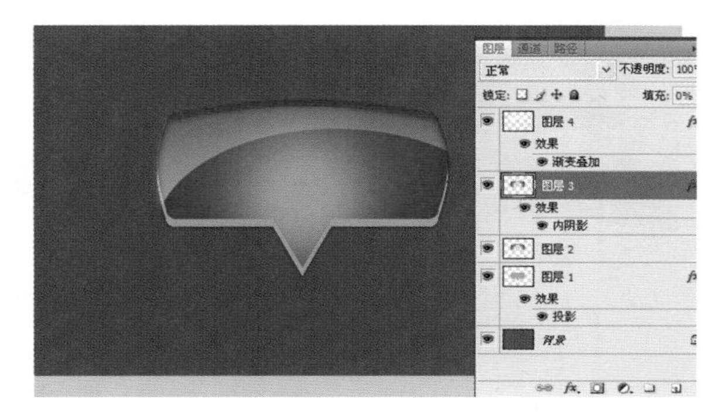

图 3-5-67　水晶软糖制作(18)

图 3-5-68　水晶软糖制作(19)

3.5.6 实例制作六:水晶吊牌

Step1:执行“文件”→“新建”命令,新建一个文件,页面为宽 8 厘米、高 5 厘米,分辨率为 300 像素/英寸,颜色模式为 RGB 颜色,8 位/通道。背景内容为白色。

Step2:新建一个“图层 1”,默认将前景色设置为蓝色(颜色可自行选择)。

Step3:单击工具箱中的自定形状工具,并在其工具选项栏中单击“填充像素”按钮,然后单击“形状”右边的小三角形按钮。

Step4:弹出的自定形状面板,如图 3-5-69 所示。单击面板右上端的小三角形,在弹出的菜单中选择“全部”命令。

Step5:弹出提示框,单击“好”按钮,提取全部的图形。在其中选择“花形装饰 4”形状,进行绘制,如图3-5-70所示。

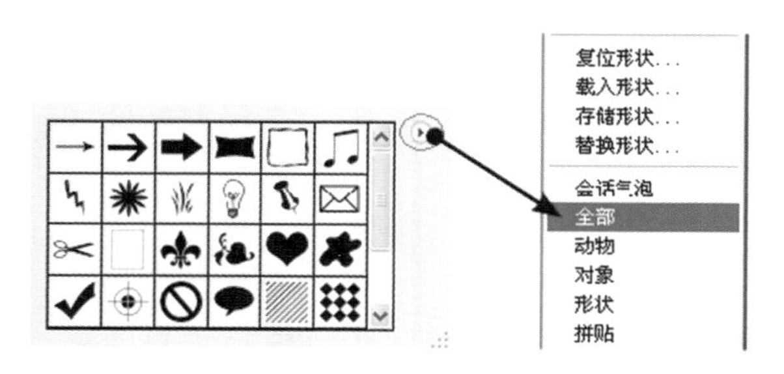

图 3-5-69 水晶吊牌制作(1)

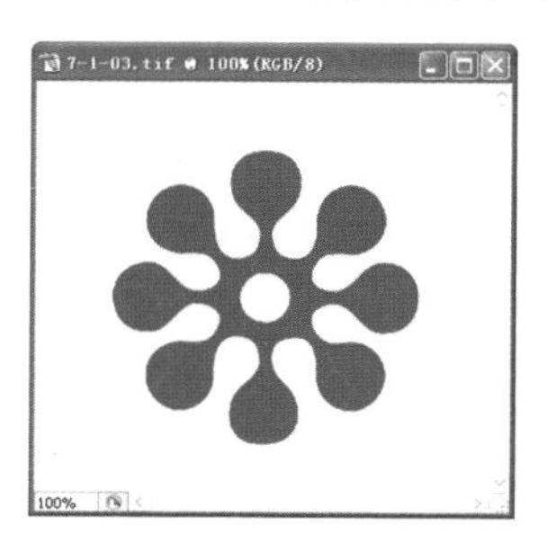

图 3-5-70 水晶吊牌制作(2)

Step6:为“图层 1”添加图层样式。

Step7:“斜面和浮雕”的参数设置如图 3-5-71 所示。

Step8:为图像添加“内阴影”的参数设置,如图 3-5-72 所示。

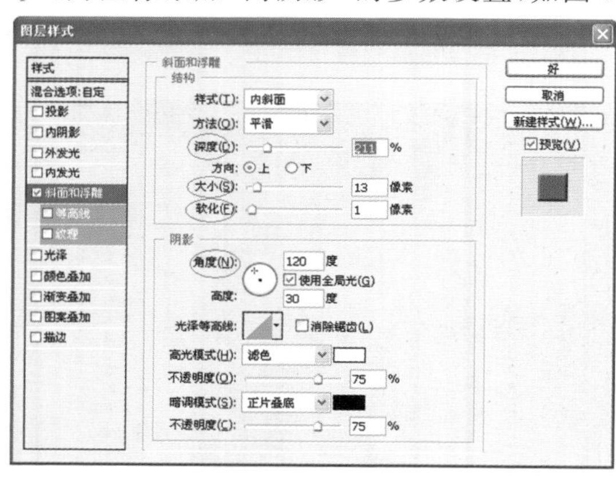

图 3-5-71 水晶吊牌制作(3)

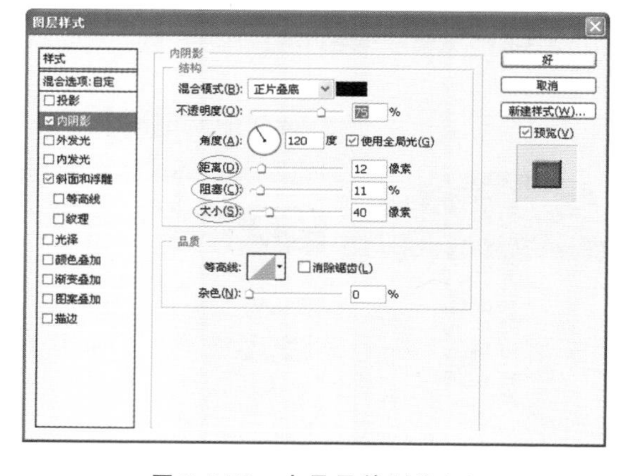

图 3-5-72 水晶吊牌制作(4)

Step9:“外发光”的参数设置和应用后的效果如图 3-5-73 所示。

Step10:“内发光”的参数设置和其应用效果如图 3-5-74 所示。

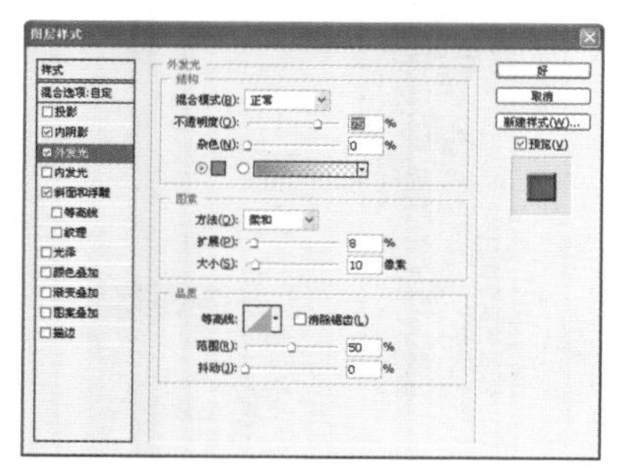

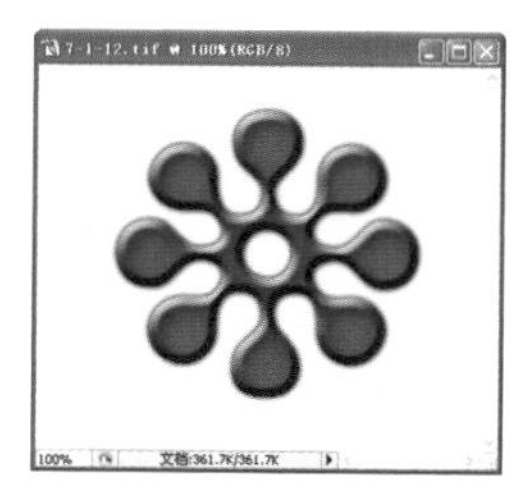

图 3-5-73 水晶吊牌制作(5)

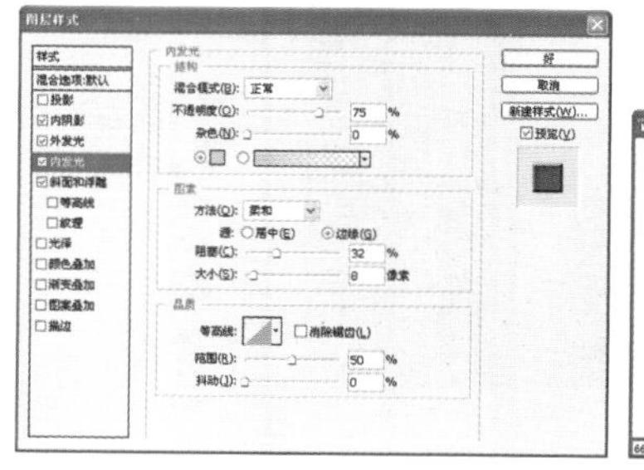

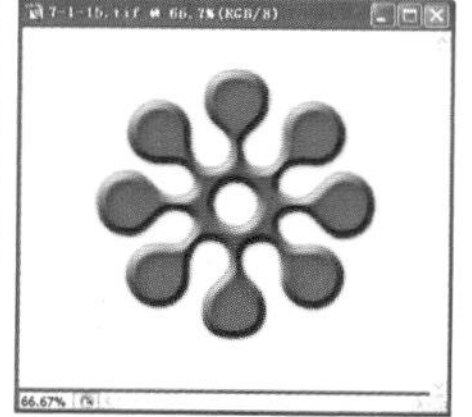

图 3-5-74 水晶吊牌制作(6)

Step11:“光泽”的参数设置和其应用后的效果如图3-5-75所示。

Step12:将图层样式保存在样式面板中,并命名为“花纹”。合并除背景图层以外的图层。

Step13:新建图层2,使用圆角矩形工具绘制出图3-5-76所示的形状。使用淡蓝色填充,并使用图层蒙版添加新图形,如图3-5-76所示。

Step14:新建图层3,使用钢笔工具绘制出图3-5-77所示的形状,并添加到图层2的选区中。反选并删除。

Step15:合并图层后在顶端开孔,如图3-5-78所示。

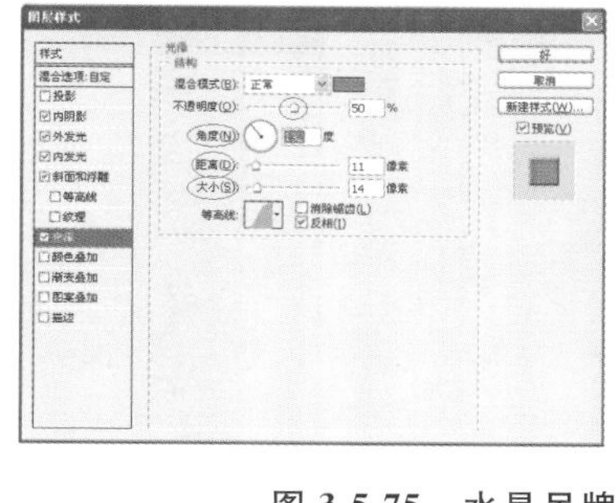
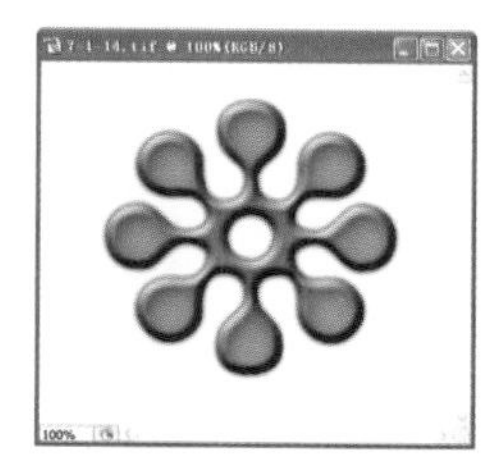

图3-5-75 水晶吊牌制作(7)

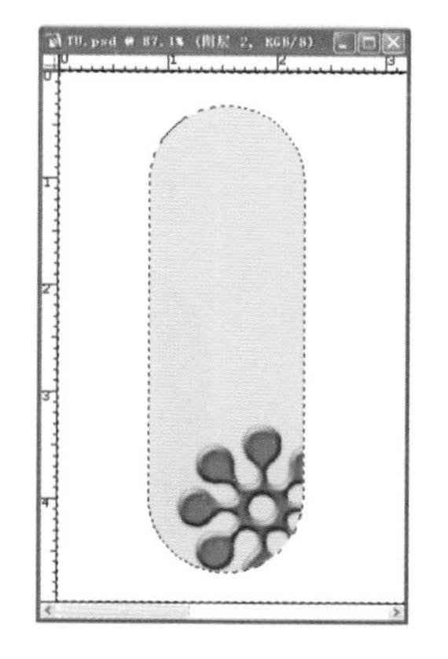

图3-5-76 水晶吊牌制作(8)

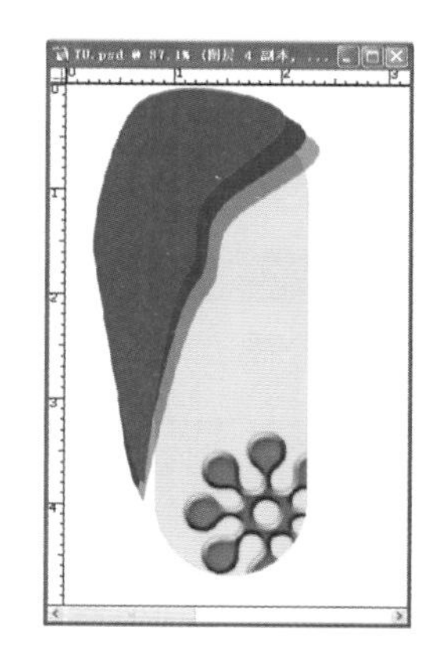

图3-5-77 水晶吊牌制作(9)

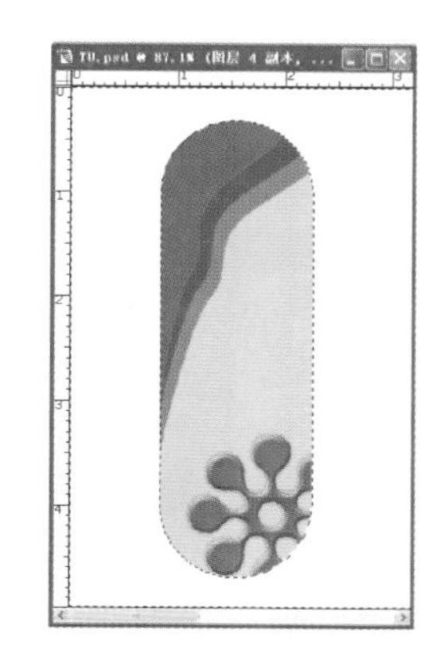
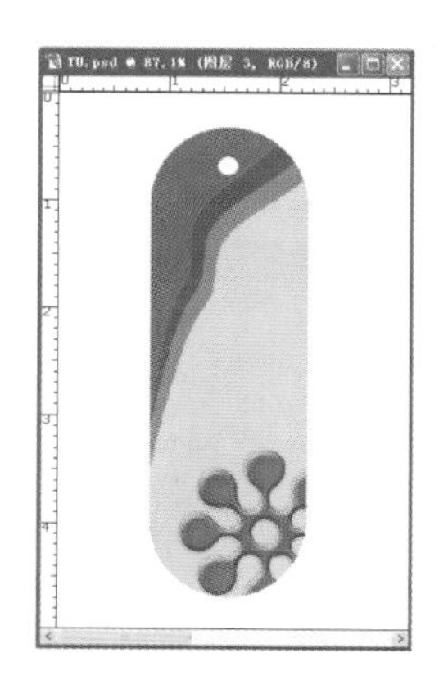

图3-5-78 水晶吊牌制作(10)

Step16:设置“斜面和浮雕”图层样式,如图3-5-79所示。

Step17:设置“投影”参数及其效果如图3-5-80所示。

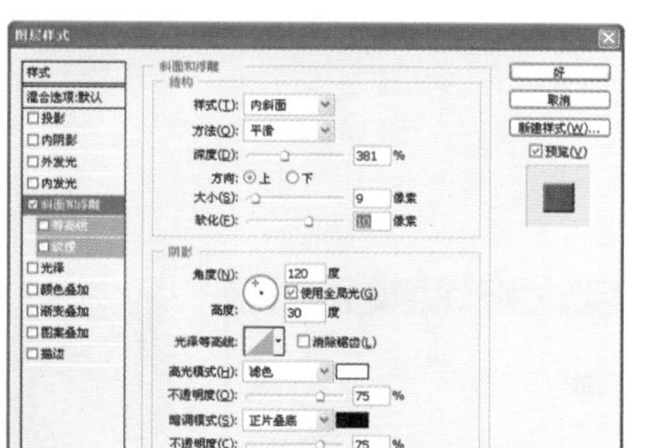

图3-5-79 水晶吊牌制作(11)

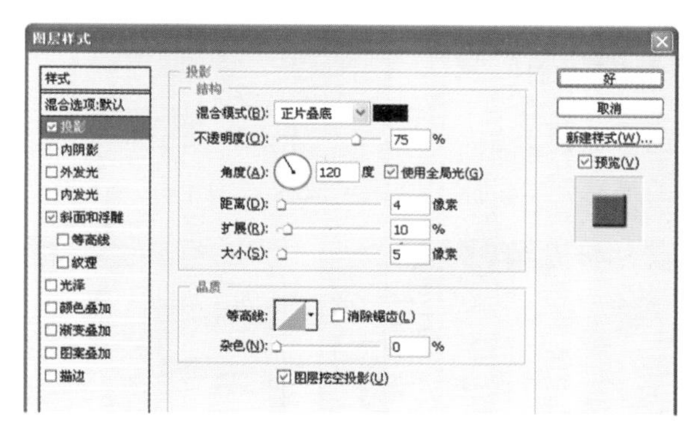

图3-5-80 水晶吊牌制作(12)

Step18:使用文字工具,添加纵向文字,如图3-5-81所示。

Step19:做表面的质感,为图层添加“斜面和浮雕”效果,并调整等高线(见图3-5-82),同时调整“斜面和浮雕”的光泽等高线(见图3-5-83)。

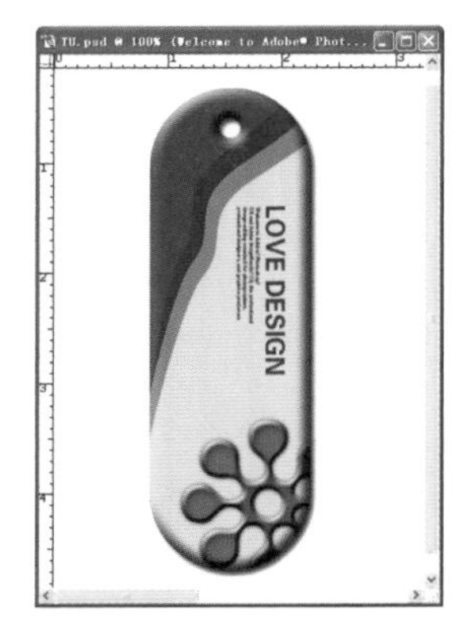

图 3-5-81　水晶吊牌制作(13)

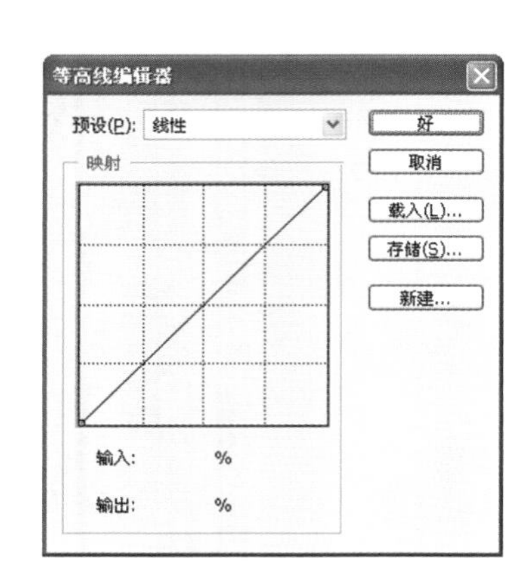

图 3-5-82　水晶吊牌制作(14)

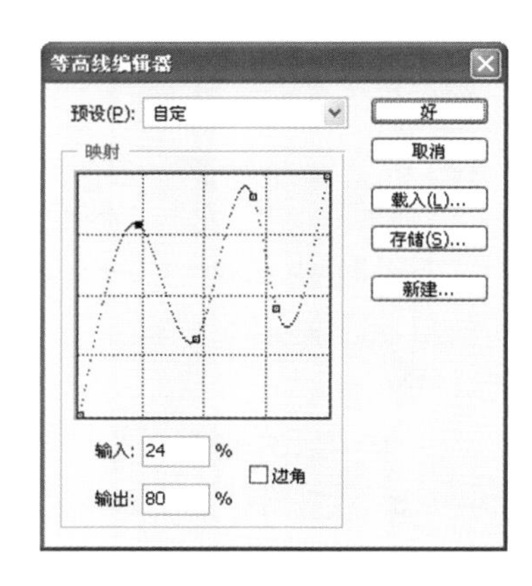

图 3-5-83　水晶吊牌制作(15)

Step20：调整斜面和浮雕的其他参数，如图 3-5-84 所示。

Step21：调整“斜面和浮雕”下的等高线，如图 3-5-85 所示。

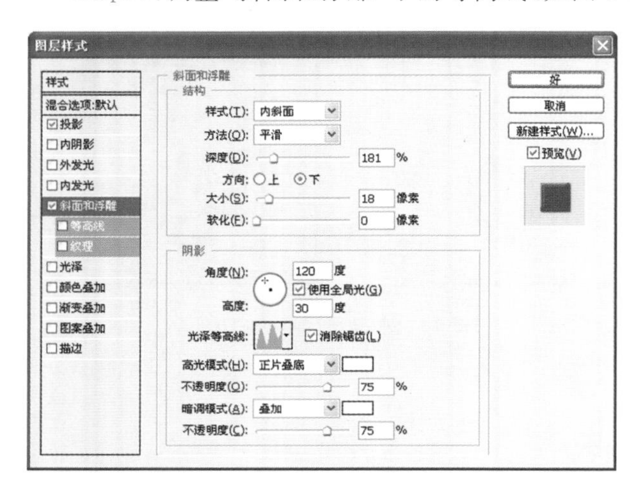

图 3-5-84　水晶吊牌制作(16)

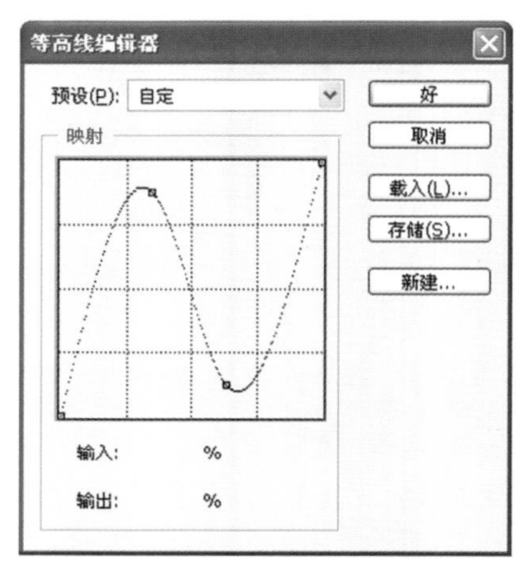

图 3-5-85　水晶吊牌制作(17)

Step22：“内发光”的参数设置如图 3-5-86 所示。

Step23：制作内部的质感图，添加“内阴影”效果，如图 3-5-87 所示。

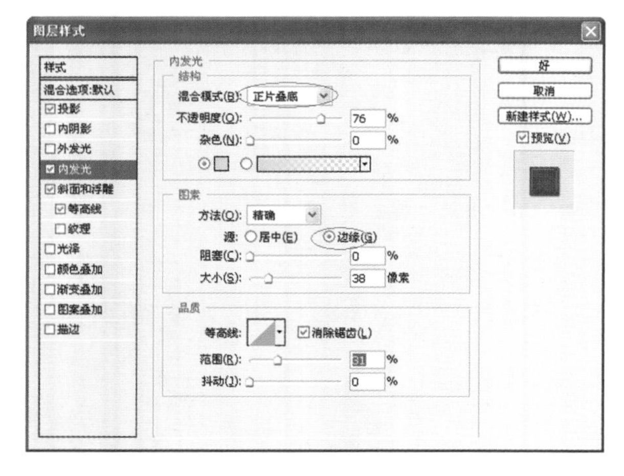

图 3-5-86　水晶吊牌制作(18)

图 3-5-87　水晶吊牌制作(19)

Step24：添加“光泽”效果，参数设置如图 3-5-88 所示。

Step25：添加"图案叠加"效果，参数设置如图 3-5-89 所示。

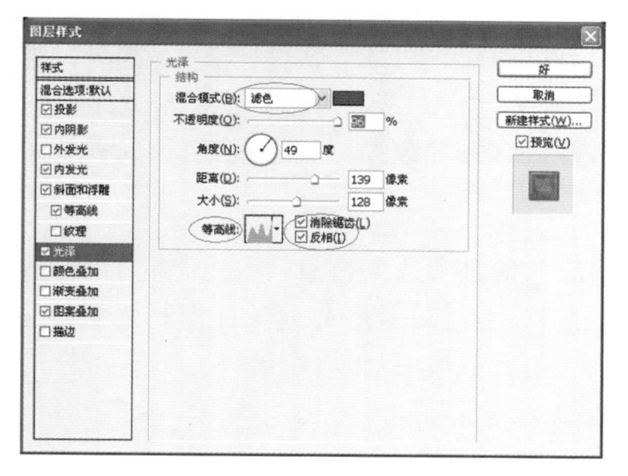

图 3-5-88 水晶吊牌制作(20)

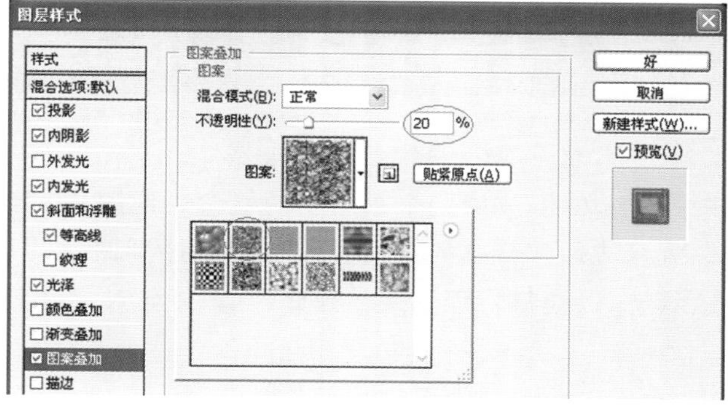

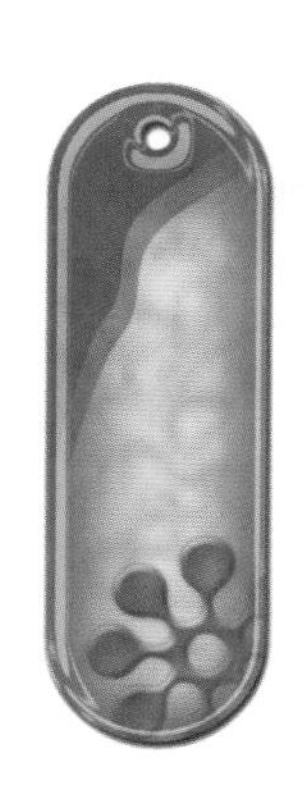

图 3-5-89 水晶吊牌制作(21)

Step26：添加文字，为文字图层设定图层样式，得到最终效果如图 3-5-90 所示。

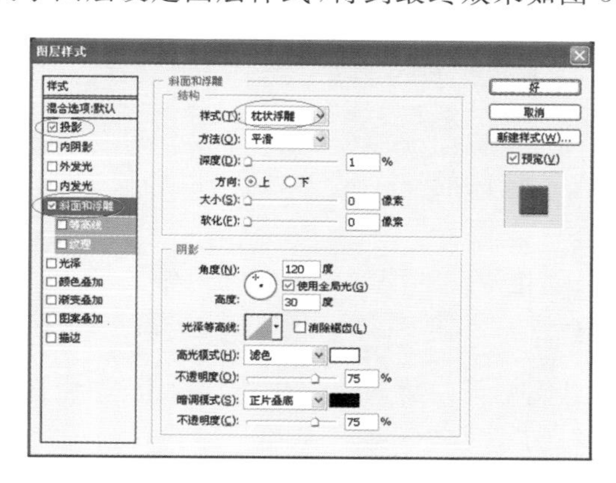

图 3-5-90 水晶吊牌制作(22)

Step27：在这个基础上展开不同的制作方法，制作出很多精巧的图案，如图 3-5-91 所示。

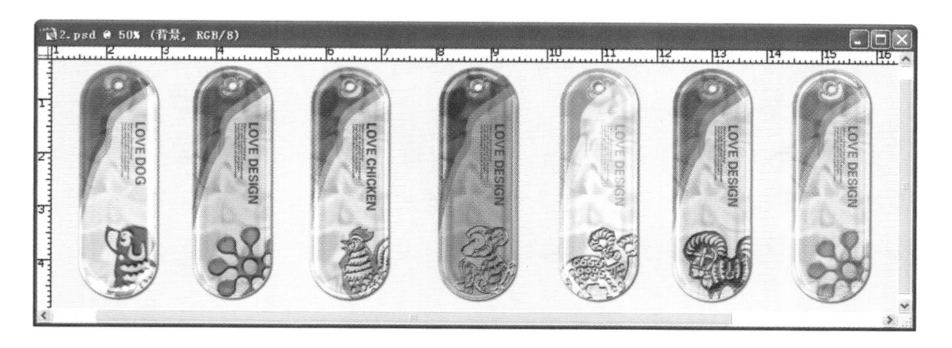

图 3-5-91 水晶吊牌制作(23)

本章小结

学习完本章后应该对 Photoshop CS5 中的图层有了非常清晰的认识，能够掌握如何运用图层蒙版、调整图层和填充图层、为图层添加图层样式。本章列举的例子有助于大家对图层有更好的理解和应用。希望读者在日后的运用中可以根据所学内容发散思维，提升技巧，掌握对图像更高效快捷的处理方式。

第4章　通道与蒙版

通道和蒙版是 Photoshop 中两个很重要的概念。通道用来存储颜色信息和选区信息，通过编辑通道可改变图像中的颜色分量或创建特殊的选区。蒙版用来控制图像的显示区域，通过对蒙版的编辑可控制图像的显示区域以及显示状态，以获得特殊效果。因此，深入理解通道和蒙版对灵活处理图像很有帮助。

4.1　通道的概念及分类

4.1.1　通道的概念

简单地说，通道就是用来保存颜色信息及选区的一个载体，它可以存储图像所有的颜色信息，如图 4-1-1 所示。

通道还可以存储选区、调整图像色彩来创建特殊的图像效果。在一幅图像中，最多可有 56 个通道。

4.1.2　通道的分类

在 Photoshop 中根据通道中存储的信息类型可以将通道分成复合通道、颜色通道、专色通道、Alpha 通道和单色通道。

1. 复合通道

复合通道不包含任何信息，实际上它只是同时预览并编辑所有颜色通道的一个快捷方式。它通常被用来在单独编辑完一个或多个颜色通道后使通道面板返回到它的默认状态。对于不同模式的图像，其通道的数量是不一样的。在 Photoshop 中，通道涉及 3 个模式。对于一个 RGB 图像，有 RGB、R、G、B 等 4 个通道；对于一个 CMYK 图像，有 CMYK、C、M、Y、K 等 5 个通道；对于一个 Lab 图像，有 Lab、L、a、b 等 4 个通道。

2. 颜色通道

在 Photoshop 中编辑图像时，实际上就是在编辑颜色通道。这些通道把图像分解成一个或多个色彩成分，图像的模式决定了颜色通道的数量，RGB 模式有 3 个颜色通道，CMYK 图像有 4 个颜色通道，灰度图只有 1 个颜色通道，它们包含了所有将被打印或显示的颜色。

3. 专色通道

专色通道是一种特殊的颜色通道，它可以使用除了青色、洋红、黄色、黑色以外的颜色来绘制图像。

4. Alpha 通道

Alpha 通道是计算机图形学中的术语，指的是特别的通道。有时，它特指透明信息，但通常的意思是“非彩色”通道。在 Photoshop 中制作出的各种特殊效果都离不开 Alpha 通道，它最基本的用处是保存选取范围，并不会影响图像的显示和印刷效果。当图像输出到视频时，Alpha 通道也可以用来决定显示区域。

5. 单色通道

单色通道的产生比较特别，也可以说是非正常的。如果在通道面板中随便删除其中一个通道，就会发现所有通道都变成“黑白”的，原有彩色通道即使不删除也会变成灰度的了。

图 4-1-1 存储的图像颜色信息

4.2 通道的操作

4.2.1 通道面板

通道面板是用来创建和管理通道的控制面板。在通道面板中列出了图像中的所有通道，最先列出的是复合通道(对于 RGB、CMYK 和 Lab 图像来说)，其次是单色通道、专色通道和 Alpha 通道，只有当图像处于多通道模式时，才可将 Alpha 通道或专色通道移到默认颜色通道的上面。

图 4-2-1 通道面板

默认情况下，通道面板在面板组中，位于屏幕的右下方。如果没有显示通道面板，可通过选择“窗口”→“通道”命令，将通道面板显示出来，如图 4-2-1 所示。

通道面板中各图标和按钮的作用如下。

◆ 通道名称：为通道指定的名称。复合通道和颜色通道名称是系统根据颜色模式指定的。专色通道和 Alpha 通道的名称可以由用户指定。

◆ 缩览图：显示通道的内容，在编辑通道时会自动更新。

◆ 眼睛图标：切换通道的可视性，单击此图标，眼睛列显示出眼睛图标，当前通道在图像窗口中显示，否则为隐藏。

◆ “将通道作为选区载入”按钮：单击此按钮，可以将 Alpha 通道中的白色区域作为选区载入到图像窗口中。

◆ “将选区存储为通道”按钮：单击此按钮，可将图像中的选区存储为 Alpha 通道。

◆ “创建新通道”按钮：单击此按钮，可以创建一个新 Alpha 通道。

◆ “删除当前通道”按钮：单击此按钮，可以删除被选择的通道。要选择单个通道，可单击通道面板中的通道名称或者按下通道名称右侧的快捷键，要选择多个通道，可按下 Shift 键的同时单击不同的通道名称。

4.2.2 通道的创建

1. 专色通道

要创建专色通道，可选择通道面板控制菜单中的“新建专色通道”菜单项，此时系统将打开图 4-2-2(a)所示的“新建专色通道”对话框。用户可通过该对话框设置通道名称、油墨颜色(对印刷有用)和油墨密度，单击“确定”按钮，即可创建一个专色通道，如图 4-2-2(b)所示。

2. Alpha 通道

用户可以直接单击通道面板下方的“创建新通道”按钮来创建一个默认参数的 Alpha1 通道，如图 4-2-3 所示。但如果要设置更多的参数，则可以按住 Alt 键并单击“创建新通道”按钮或选择通道面板控制菜单中的“新建通道”命令，即可调出“新建通道”对话框，从而设置更多的参数。

提示：Alpha1 通道用来存储和载入选区，用户可以使用任何编辑工具对 Alpha1 通道进行编辑。当在通道面板中选中通道时，前景色和背景色以灰度值显示。

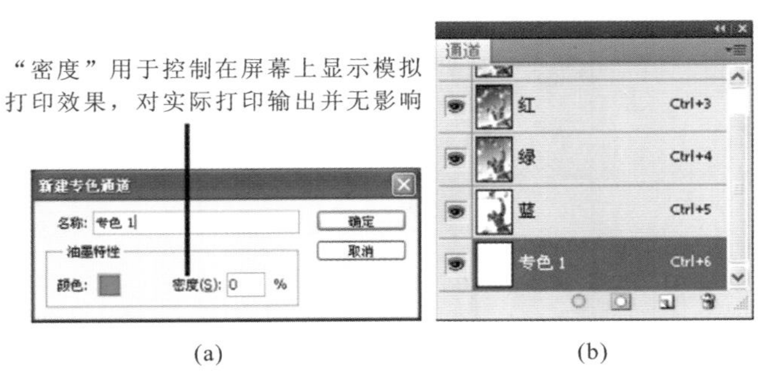

(a) (b)

图 4-2-2 专色通道

图 4-2-3 Alpha 通道

4.2.3 通道的复制和删除

1. 复制通道

复制通道既可复制某个颜色通道，也可复制 Alpha 通道；既可在同一幅图像内复制通道，也可在图像间复制通道。如果要在图像之间复制 Alpha 通道，则通道必须具有相同的像素尺寸。另外，不能将通道复制到位图模式的图像中。

1）在同一幅图像中复制通道

在通道面板上选择要复制的通道，将该通道拖移到面板底部的“创建新通道”按钮上即可。

2）在不同的图像之间复制通道

（1）在通道面板上选择要复制的通道，确保目标图像已打开。

（2）将该通道从通道面板拖移到目标图像窗口，复制的通道即会出现在通道面板的底部；或选择“选择”→“全部”命令，然后选择“编辑”→“拷贝”命令，在目标图像中选择目标通道，并选择“编辑”→“粘贴”命令，所粘贴的通道将覆盖现有通道。使用此种方式复制通道时，目标图像与源图像不必具有相同的像素尺寸。

3）使用通道面板控制菜单在不同图像之间复制通道

（1）打开源文件和目标文件，源文件和目标文件必须具有相同的像素尺寸。

（2）在通道面板中选择要复制的通道。

（3）单击通道面板控制菜单按钮，从弹出的菜单中选取“复制通道”命令，会弹出“复制通道”对话框，如图 4-2-4 所示。

（4）在“复制通道”对话框中输入复制的通道名称。

（5）在“文档”下拉列表框中，选择通道的当前文件，可将通道复制到同一文件中；选择目标文件，可将通道复制到目标文件中；选择“新建”，会创建一个包含单个通道的多通道图像。

2. 删除通道

复杂的 Alpha 通道将极大地增加图像所需的磁盘空间，存储图像前可删除不再需要的专色通道或 Alpha 通道，以减小文件。删除通道有以下几种操作方法。

（1）在通道面板中选择需删除的通道，按住 Alt 键，并单击“删除当前通道”图标，可直接删除所选通道。

（2）在通道面板中，将需删除通道拖移到“删除当前通道”图标上，可直接删除该通道。

（3）在通道面板中选择需删除的通道，从通道面板控制菜单中选取“删除通道”命令，可直接删除所选通道。

（4）在通道面板中选择需删除的通道，单击通道面板底部的“删除当前通道”图标，弹出警告对话框，单击“是”按钮，可删除该通道。

提示：删除颜色通道会将图像转换为多通道模式。

4.2.4 通道的分离和合并

1. 分离通道

"分离通道"命令只能分离拼合图像的通道。当需要在不能保留通道的文件格式中保留单个通道信息时，分离通道非常有用。图 4-2-6 是图 4-2-5 分离通道的效果。

图 4-2-4 "复制通道"对话框

图 4-2-5 原图像

执行"分离通道"命令后，原图像文件被关闭，图像中的每个通道从原图中分离出来，出现在单独的灰度图像窗口中，成为单独的灰度图像，新图像的名称为原图像的名称加上本通道的英文缩写，如图 4-2-6 所示。分离后的单个通道可以分别存储和编辑新图像。

图 4-2-6 分离通道后

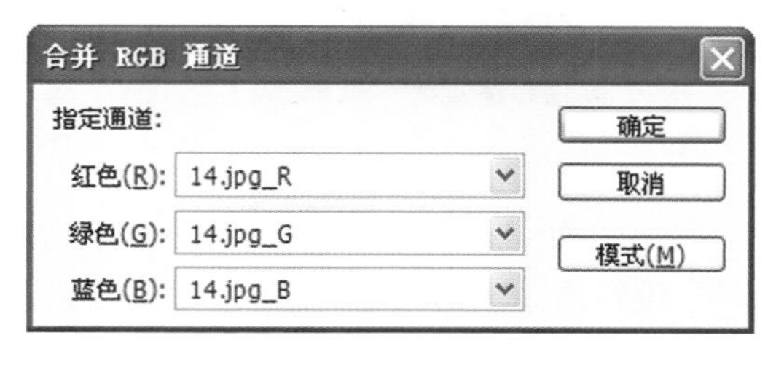

图 4-2-7 合并通道

2. 合并通道

使用"合并通道"命令可以将多个灰度图像合并为一个图像的通道。要合并的图像必须是在灰度模式下，具有相同的像素尺寸并且处于打开状态的。已打开的灰度图像的数量决定了合并通道时可用的颜色模式。例如，如果打开了三个灰度图像，可以将它们合并为一个 RGB 图像，如图4-2-7所示；如果打开了四个灰度图像，则可以将它们合并为一个 RGB 图像或一个 CMYK 图像。

4.3 通道的应用实例

4.3.1 利用通道选取金发美女

抠图之前我们需要认真分析好素材图片的色调构成，然后在通道里分析每个通道的色差，找出我们真正需要的通道，最后复制相应的通道，抠出我们需要的部分。

有时候素材色差较大，抠图的时候需要用到多个通道抠图。

(1) 打开素材，如图 4-3-1 所示，查看不同通道，观察人物和背景的差别。

(2) 红通道中人体和大部分人物与背景反差最大，如图 4-3-2 所示，可用红色通道进行抠图。

图 4-3-1　原图(利用通道选取金发美女)

图 4-3-2　红色通道

(3) 复制红色通道得到红副本，按 Ctrl+I 键反相，如图 4-3-3 所示。

(4) 按 Ctrl+L 键调色阶。调到边缘头发变黑，背景变白，如图 4-3-4 所示。

图 4-3-3　反相

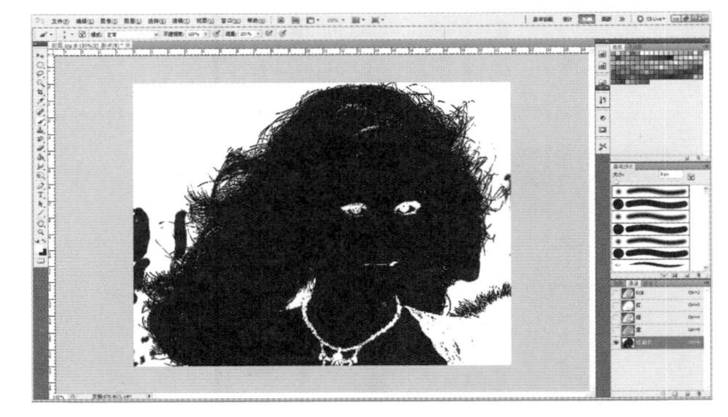

图 4-3-4　色阶调整

(5) 设置前景色为白色，用画笔工具涂白背景，如图 4-3-5 所示。

(6) 设置前景色为黑色，用画笔工具将需选中的部分涂黑，如眼睛、项链等，如图 4-3-6 所示。注意发丝间的空隙不要涂。

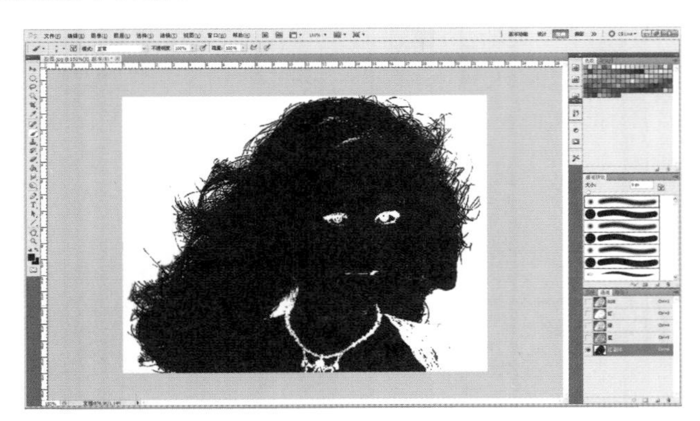

图 4-3-5　画笔涂白

图 4-3-6　画笔涂黑

(7) 把蓝副本载入选区，如图 4-3-7 所示。

（8）回到图层面板，选中背景图层，将其变换为图层 0，在图层 0 上方新建图层，为其填充蓝色作为检验图层，如图 4-3-8 所示，可以看出人物已被抠出。

图 4-3-7 载入选区

图 4-3-8 效果图（利用通道选取金发美女）

4.3.2 利用通道调色

（1）打开素材，可以看出图片整体色调偏黄，如图 4-3-9 所示。

（2）单击红色通道，进行色阶调整，移动左、右两点的黑白滑标，对齐峰线后，可以发现图像明暗开始增强，如图 4-3-10 所示。

图 4-3-9 原图（利用通道调色）

图 4-3-10 色阶调整

（3）用同样的方法对绿色通道进行色阶调整。这样做的目的是对信息比较正常的红色、绿色通道进行调整，为修复蓝色通道做准备，如图 4-3-11 所示。

（4）选择蓝色通道，如图 4-3-12 所示。

图 4-3-11 绿色通道调整

图 4-3-12 选择蓝色通道

（5）执行“图像”→“应用图像”命令，便出现图 4-3-13 所示的对话框，在该对话框中对参数进行相应设置。

(6) 单击“确定”按钮，使用较好的绿色通道来替换已经损坏的蓝色通道，混合模式选择“正常”(根据不同的情况，可以选择不同的混合模式)，不透明度为 90%(目的是保留少许黄色)，如图 4-3-14 所示。

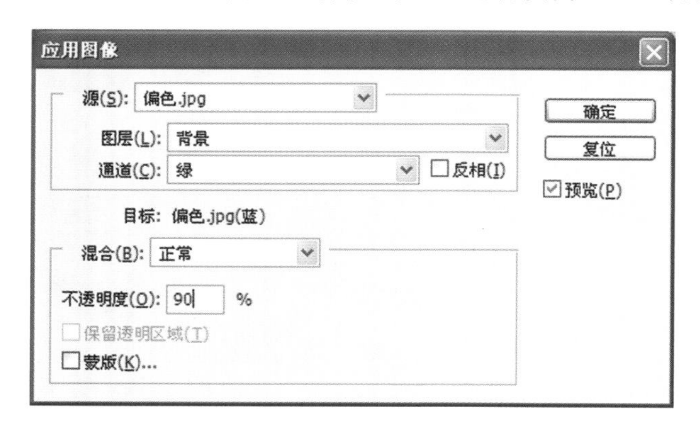

图 4-3-13 “应用图像”对话框

图 4-3-14 替换通道

(7) 回到图层面板，选择图层 0，得到调色后的效果，如图 4-3-15 所示。

(8) 这时皮肤有点偏红，再对其执行一次“应用图像”命令，参数设置如图 4-3-16 所示。

图 4-3-15 调色效果

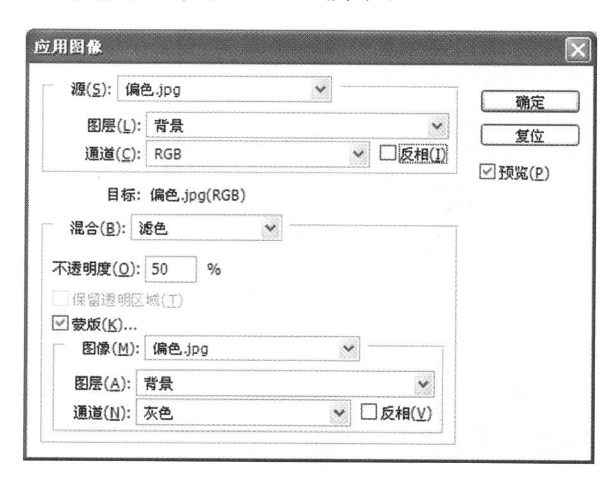

图 4-3-16 第二次应用图像

(9) 最后得到效果，如图 4-3-17 所示。

图 4-3-17 最终效果(利用通道调色)

4.4 蒙版的概念和分类

4.4.1 蒙版的概念

蒙版是 Photoshop 中指定选择区域轮廓的最精确的方法，它实质上是一个独立的灰度图。任何绘图、编辑工具、滤镜、色彩校正、选项工具都可以用来编辑蒙版。当然，这些操作只作用于蒙版，也就是只改变选择区域的形状及边缘柔和度，图像本身保持未激活状态。

当一幅图像上有选定区域时，对图像所做的着色或编辑都只对不断闪烁的选定区域有效，其余部分好像是被保护起来了。但这种选定区域只是临时的，为了保存多个可以重复使用的选定区域以便之后编辑，就产生了蒙版。

4.4.2 蒙版的分类

蒙版大致可分为快速蒙版、Alpha 通道蒙版、图层蒙版和剪切蒙版。

1. 快速蒙版

利用快速蒙版可以快速地将一个选区变成一个蒙版，并可以对这个蒙版进行编辑或处理，以精确选取范围。当在快速蒙版模式下工作时，通道面板中出现一个临时的"快速蒙版"通道，其作用与将选取范围保存到通道中相同，当切换为标准模式后，快速蒙版就会马上消失，退出快速蒙版模式时，未被保护的区域就变成一个选区。

2. Alpha 通道蒙版

Alpha 通道是由用户创建的用来存放选区的通道，将选区存储为 Alpha 通道，其实就是将选区创建为永久性蒙版，对 Alpha 通道的编辑也是对蒙版的编辑。Alpha 通道蒙版不仅可以多次使用，而且还可以应用到其他图像中。

3. 图层蒙版

图层蒙版就是加在图层上的一个遮盖，可以使用图层蒙版遮蔽整个图层或图层组，或者只遮蔽其中的所选部分。可以编辑图层蒙版，向蒙版区域添加内容或从中删除内容。图层蒙版是灰度图像，所以在图层蒙版上用户只能用灰度值来进行操作，用黑色绘制的内容将会被隐藏，用白色绘制的内容将会被显示，而用灰色色调绘制的内容将以各级透明度显示。

4. 剪切蒙版

剪切蒙版是一个可以用其形状遮盖其他图稿的对象，因此使用剪切蒙版，用户只能看到蒙版形状内的区域，从效果上来说，就是将图稿裁剪为蒙版的形状。

4.5 蒙版的操作

4.5.1 快速蒙版的创建和编辑

快速蒙版是一个临时蒙版，会随着退出"快速蒙版模式编辑"而消失。快速蒙版模式允许用户创建和查看图像的临时蒙版，并将选区作为蒙版来编辑，其优点是：几乎可以使用任何 Photoshop 工具或滤镜来编辑蒙版，创建出任意形状的特殊选区。

在工具箱中单击“以快速蒙版模式编辑”按钮，可将图像转换为“快速蒙版模式编辑”状态，然后使用工具或滤镜来编辑蒙版，以创建选区。

1. 利用快速蒙版抠图

由于图 4-5-1 中跑车和背景颜色太接近，不太容易将跑车从背景中提取出来，故本例使用磁性套索工具选取大致轮廓，然后将图像切换到“快速蒙版模式编辑”状态，用画笔工具编辑快速蒙版，完成后再切换回标准编辑模式以创建“跑车”选区。

（1）用磁性套索工具沿着跑车的边缘移动，将跑车的外部轮廓大致选取出来，如图 4-5-2 所示。

图 4-5-1 原图（利用快速蒙版抠图）

图 4-5-2 利用磁性套索工具选取跑车的外部轮廓

（2）单击工具箱下部的“以快速蒙版模式编辑”按钮，切换到“快速蒙版模式编辑”状态，跑车以外的区域显示为红色。通道面板中自动创建了一个快速蒙版通道，如图 4-5-3 所示。

（3）在工具箱中选择画笔工具，在选项栏上设置合适的画笔笔尖形状和直径，使用画笔工具在图像中的跑车边缘涂抹，在涂抹的过程中可放大图像，并可不时地调整画笔的直径，以便于处理细节，使得背景区域以红色显示，如图 4-5-4 所示。

图 4-5-3 快速蒙版通道

图 4-5-4 快速蒙版模式

（4）使用橡皮擦工具在图像中的跑车边缘进行擦除，使得跑车区域正常显示。在擦除的过程中可放大图像，并可不时地调整橡皮擦的直径，以便于处理细节，如图 4-5-5 所示。

（5）编辑完成后，单击工具箱中的“以标准模式编辑”按钮，退出快速蒙版模式，在图像中得到跑车选区，同时通道面板中的临时蒙版也消失了，如图 4-5-6 所示。

2. 更改快速蒙版的选项

默认情况下，进入“快速蒙版模式编辑”状态后，图像中的被保护区域用红色覆盖，当用白色画笔涂抹时，红色的蒙版区域减少，表示增加了选择区域，用黑色画笔涂抹时，涂抹过的区域会变成红色，增加了蒙版区域，表示减少了选择区域。通过“快速蒙版选项”对话框可更改快速蒙版选项的设置。

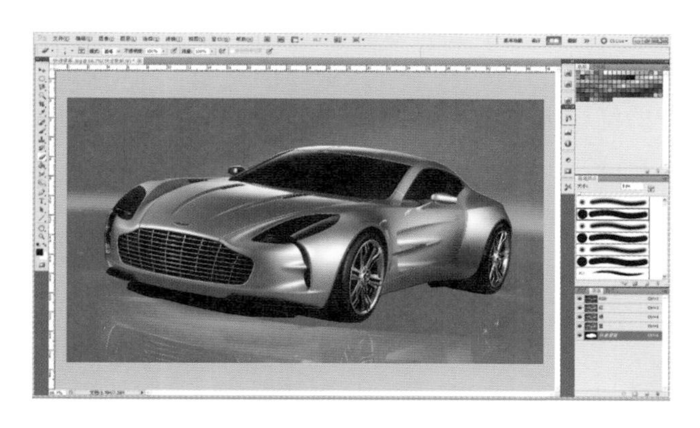

图 4-5-5　擦除

图 4-5-6　选区

双击工具箱中的“以快速蒙版模式编辑”按钮，弹出“快速蒙版选项”对话框，如图 4-5-7 所示。

◆ 色彩指示：选择“被蒙版区域”，表示有颜色的部分为被蒙版区域，没有颜色的部分为选择区域；若选择“所选区域”，表示有颜色的部分为选择区域，而没有颜色的部分为被保护区域。默认选项为选中“被蒙版区域”。

◆ 颜色：单击“颜色”方块，从弹出的“选择快速蒙版颜色：”对话框中选择蒙版的颜色。“不透明度”指蒙版颜色的不透明度。颜色和不透明度设置只是影响蒙版的外观，对如何保护蒙版下面的区域没有影响。

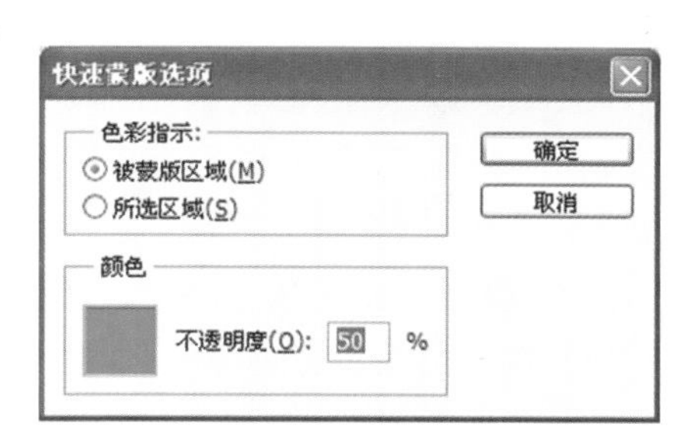

图 4-5-7　“快速蒙版选项”对话框

4.5.2　Alpha 通道蒙版的创建

创建 Alpha 通道蒙版可通过创建新通道或存储选区两种方式实现。

以存储选区的方式创建 Alpha 通道蒙版的步骤如下。

(1) 在图像中创建选区。

(2) 单击通道面板下方的“将选区存储为通道”按钮，可创建 Alpha 通道蒙版，如图 4-5-8 所示。

使用通道面板创建新 Alpha 通道蒙版，如图 4-5-9 所示。

图 4-5-8　以存储选区的方式创建 Alpha 通道蒙版

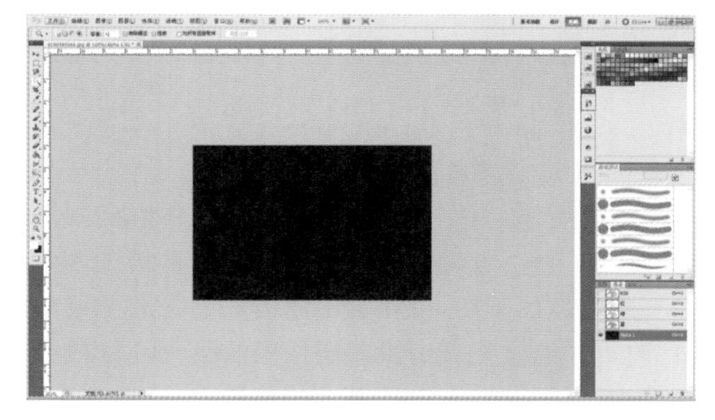

图 4-5-9　创建新通道

4.5.3　图层蒙版的创建

图层蒙版是一种灰度图像，如果在图层上创建了图层蒙版，图层面板的图层缩览图右侧，将会显示一个灰度图像的附加缩览图。

1. 创建显示或隐藏整个图层的蒙版

(1) 在图层面板上选择要创建图层蒙版的图层。

（2）单击图层面板底部的“添加图层蒙版”按钮，在图层面板上出现蒙版缩览图，蒙版缩览图为白色，表示整个图层内容全部显示，如图 4-5-10 所示。

（3）如果按下 Alt 键，再单击“添加图层蒙版”按钮，蒙版缩览图为黑色，整个图层内容将被全部隐藏，如图 4-5-11所示。

图 4-5-10　显示整个图层的内容

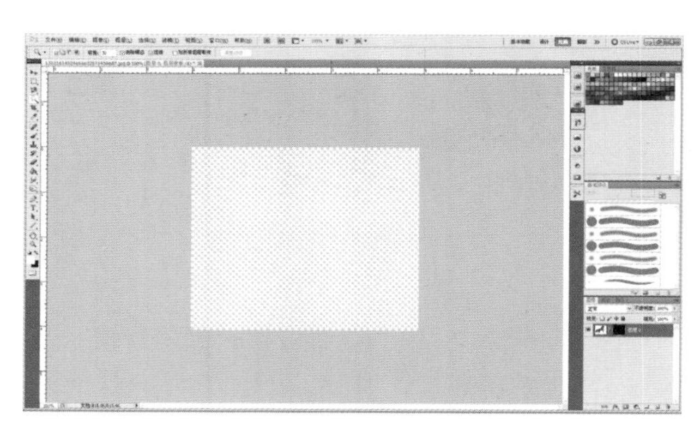

图 4-5-11　隐藏整个图层的内容

2. 创建显示或隐藏部分图层的图层蒙版

（1）在图层面板上选择要创建图层蒙版的图层，然后在图层上创建“马”选区，图 4-5-12 所示。

（2）单击图层面板底部的“添加图层蒙版”按钮，为图层创建基于选区的蒙版，此时在蒙版缩览图上，选区以内的区域为白色，可以显示图层内容，选区以外的区域为黑色，隐藏图层内容，如图 4-5-13 所示。

图 4-5-12　创建“马”选区

图 4-5-13　显示或隐藏部分图层内容

3. 编辑图层蒙版

图层蒙版是一种灰度图像，黑色区域将隐藏图层内容，白色区域将显示图层内容，灰色区域显示有一定透明度的图层内容。因此，要控制图层的显示状态，可使用绘画工具编辑图层蒙版的颜色。

要编辑图层蒙版，可在图层面板上单击图层蒙版缩览图，蒙版缩览图的边框显示为双线，表示选中图层蒙版，此时可用绘画工具编辑图层蒙版的颜色，以控制图层内容显示的区域和状态。

选中图层蒙版后，工具箱中的前景色、背景色自动转换为灰度值，因此绘画工具只能用黑、白和不同级别的灰色在图层蒙版中绘画。

如果要编辑图层内容，可单击图层面板中的图层缩览图，此时的图层缩览图周围将出现双线边框，表示图层处于被编辑状态。

提示：默认情况下，不论选中了图层缩览图还是图层蒙版缩览图，图像窗口中显示的都是图层的内容，如果按下键盘上的 Alt 键，然后单击图层蒙版缩览图，图像窗口中将显示图层蒙版的内容。

4. 图层与图层蒙版的链接

在图层上创建图层蒙版后，默认状态下，图层和图层蒙版之间通过链接图标链接在一起。使用移动工具移动图层或其蒙版时，它们将在图像窗口中一起被移动。如果取消它们之间的链接，将能够单独移动它们，并可独立于图层改变蒙版的边界。若取消图层与图层蒙版之间的链接，可单击图层面板上的“链接图层”图标，链接图标消失，取消链接。如果需要重新链接，可再次单击“链接图层”图标，链接图标出现，图层与图层蒙版之间又重新链接在一起。

4.5.4 矢量蒙版的创建

矢量蒙版可在图层上创建锐边形状，因为矢量蒙版是依靠路径图形来定义图层中图像的显示区域的。

(1) 打开文件，如图 4-5-14 所示。

(2) 选择背景图层，在蒙版面板中添加矢量蒙版，并进行设置，如图 4-5-15 所示。

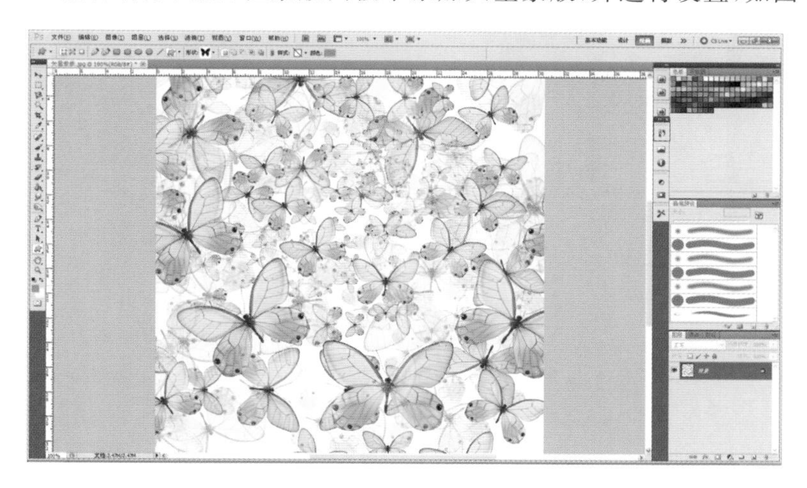

图 4-5-14 原图(创建矢量蒙版)

图 4-5-15 添加并设置矢量蒙版

(3) 选择矢量工具绘制蝴蝶形状，效果如图 4-5-16 所示。

4.5.5 剪切蒙版的创建

剪切蒙版和被蒙版的对象一起被称为剪切组合，并在图层面板中用虚线标出。用户可以从包含两个或多个对象的选区，或从一个组或图层中的所有对象来建立剪切组合。

可以使用图层的内容来蒙盖它上面的图层。底部或基底图层的透明像素蒙盖它上面的图层(属于剪切蒙版)的内容。例如，一个图层上可能有某个形状，上层图层上可能有纹理，而最上面的图层上可能有一些文本，如果将这三个图层都定义为剪切蒙版，则纹理和文本只通过基底图层上的形状显示，并具有基底图层的不透明度。

(1) 在图层面板上选择要创建图层蒙版的图层，如图 4-5-17 所示。

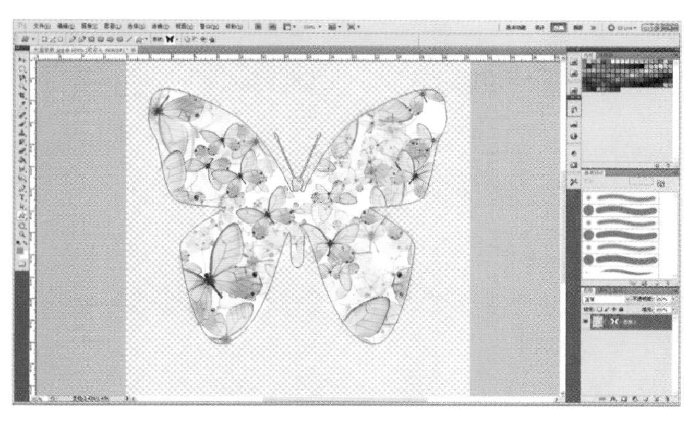

图 4-5-16 最终效果(创建矢量蒙版)

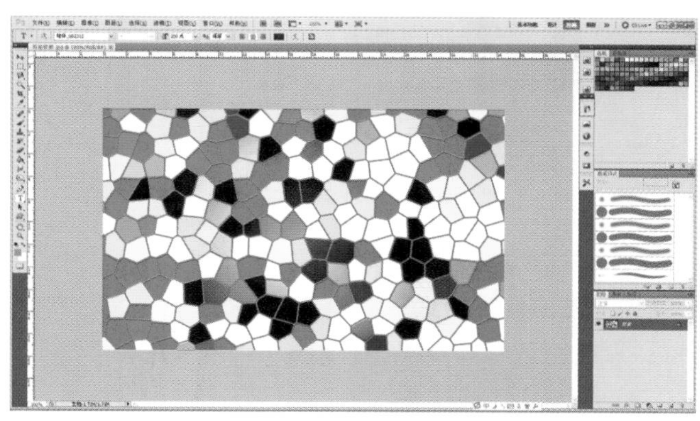

图 4-5-17 选择要创建图层蒙版的图层

（2）新建文字图层，如图 4-5-18 所示。

（3）将背景图层转为图层 0，移动至文字图层上方，选择“图层”菜单下的“创建剪贴蒙版”命令，效果如图 4-5-19所示。

图 4-5-18　新建文字图层

图 4-5-19　创建剪切蒙版的效果

4.6　蒙版的应用实例——咖啡时光

本例通过创建和编辑图层蒙版以隐藏图像的某些区域，并将多个图像合成一个图像。

4.6.1　咖啡杯

（1）打开咖啡杯素材，如图 4-6-1 所示。

（2）使用快速选择工具选择除杯子以外的背景，如图 4-6-2 所示。

图 4-6-1　咖啡杯（原图像）

图 4-6-2　咖啡杯（快速选择）

（3）单击快速蒙版工具，杯子部分即为蒙版（粉红色显示），如图 4-6-3 所示。

（4）在工具箱中选择画笔工具，将笔尖设置为尖角，然后用黑、白两种颜色在蒙版上涂抹，需显示区域涂抹白色，需隐藏区域涂抹黑色，如图 4-6-4 所示。

（5）单击“快速蒙版通道”命令将蒙版转为选区，按 Delete 键删除背景，即可抠出杯子，如图 4-6-5 所示。

图 4-6-3 咖啡杯(快速蒙版)

图 4-6-4 咖啡杯(涂抹)

图 4-6-5 咖啡杯(抠图)

图 4-6-6 人物(泡澡)

4.6.2 人物

(1) 打开泡澡素材,如图 4-6-6 所示。

(2) 将背景图层复制到咖啡杯文件中,如图 4-6-7 所示。

(3) 单击快速蒙版工具,在工具箱中选择画笔工具,将笔尖设置为硬角10px,然后用黑色在蒙版上涂抹人物,如图 4-6-8 所示。

(4) 选中"背景"的蒙版,在工具箱中选择画笔工具,适当设置笔尖大小,然后用白色在蒙版上涂抹人物边缘,如图 4-6-9 所示。

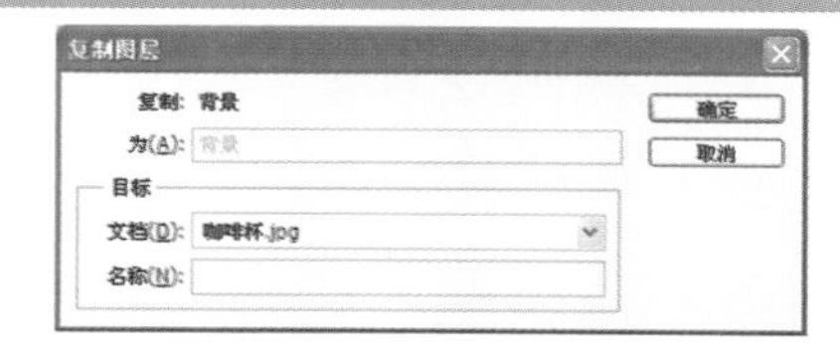

图 4-6-7 人物(复制图层)

图 4-6-8 人物(涂抹人物)

图 4-6-9 人物(涂抹人物边缘)

(5) 单击快速蒙版工具,即可选中除人物以外的背景部分,按 Delete 键删除背景,即可抠出人物,如图 4-6-10所示。

（6）取消选择，对人物图层进行自由变换，并移动到合适位置，如图 4-6-11 所示。

图 4-6-10　人物（抠图）

图 4-6-11　人物（自由变换）

（7）对人物图层添加调整图层，对色相/饱和度参数进行相应设置，如图 4-6-12 所示。

（8）选中调整图层，选择“图层”菜单下的“创建剪贴蒙版”命令，让其只对人物图层起作用，如图 4-6-13 所示。

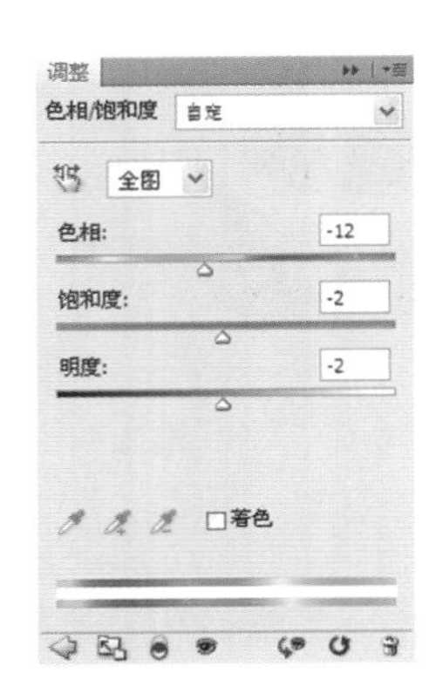

图 4-6-12　人物（色相/饱和度调整）

图 4-6-13　人物（创建剪贴蒙版）

4.6.3　文字

（1）打开咖啡豆素材，并将其复制到咖啡杯文件，如图 4-6-14 所示。

（2）将其移动至图层顶部，并复制一层，如图 4-6-15 所示。

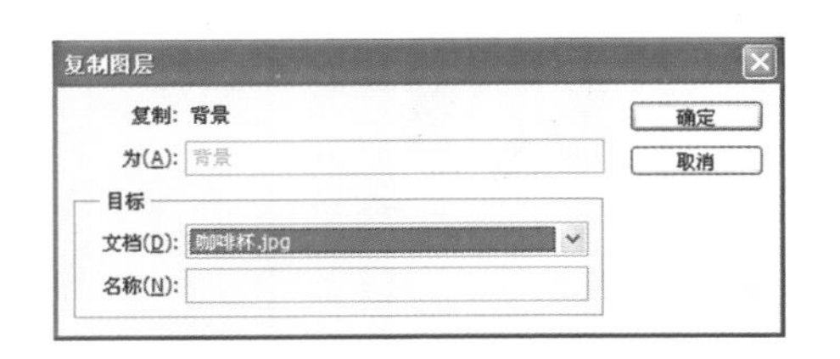

图 4-6-14　文字（复制图层）

图 4-6-15　文字（移动图层）

（3）选择横排文字蒙版工具，设置相应字体参数，输入“Coffee”，如图 4-6-16 所示。

（4）按回车键，即可出现文字效果，如图 4-6-17 所示。

图 4-6-16　文字(输入文字)

图 4-6-17　文字(文字效果)

(5) 利用同样的方法,设置"Time",并调整相应位置,如图 4-6-18 所示。

4.6.4 背景

(1) 新建图层,填充黑色,调整至最底层,如图 4-6-19 所示。

图 4-6-18　文字(调整位置)

图 4-6-19　背景(调整图层)

(2) 打开木纹素材,如图 4-6-20 所示。

(3) 将其复制到咖啡杯文件中,并调整图层顺序,如图 4-6-21 所示。

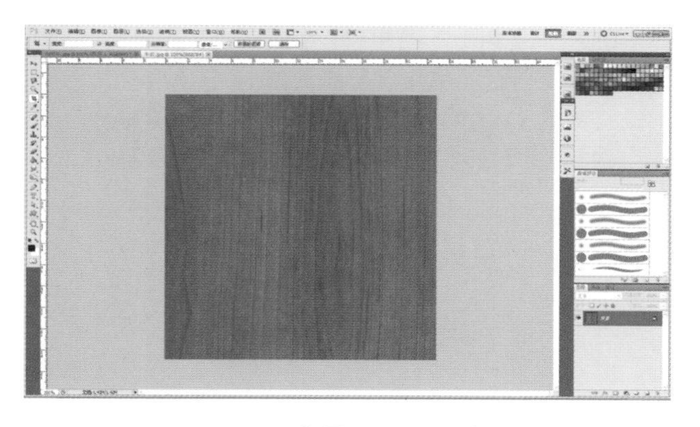

图 4-6-20　背景(打开木纹素材)

图 4-6-21　背景(调整图层)

(4) 选中"木纹"图层,添加图层蒙版,如图 4-6-22 所示。

(5) 选中"木纹"图层的蒙版,利用渐变工具进行填充,效果如图 4-6-23 所示。

图 4-6-22　背景(为"木纹"图层添加图层蒙版)

图 4-6-23　背景(渐变填充)

(6) 最终效果如图 4-6-24 所示。

图 4-6-24　咖啡时光

本章小结

通道和蒙版是 Photoshop 中两个很重要的概念。首先,本章介绍了通道的概念、分类及通道面板,介绍了通道的各种操作,如创建、复制、删除、分离和合并,并介绍了通道的重要应用——抠图和调色。然后,本章介绍了蒙版的概念和分类,介绍了各种蒙版的各种操作,如创建、编辑,介绍了蒙版的应用。

第5章　路径和矢量图形

5.1　路径的概念及组成

在 Photoshop 中，路径是指可以转换为选区或使用颜色填充和描边的轮廓，也可以理解为形状的外部轮廓就是路径。路径具体又分为包括起点和终点的开放式路径（见图 5-1-1）与没有起点和终点的闭合式路径（见图 5-1-2），以及由多个相互独立的子路径组成的路径组件（见图 5-1-3）。通过编辑路径的锚点，可以很方便地改变路径的形状。

路径实际上是贝塞尔曲线组成的矢量图形，因此无论对图像进行缩小或放大，都不会影响其分辨率和平滑度，编辑好的路径不但可以同图像文件一起保存，而且可以将其单独存储为文件，路径文件的扩展名为. ai，可以在其他软件中进行编辑或使用，例如，可以在 Illustrator 应用软件中打开路径文件进行编辑。

路径不属于图像像素，在图像中绘制的路径并不会真正地添加到图像画面中，在打印时也不会被打印出来，路径可简单地理解为仅仅是定义了绘制的路线或区域。

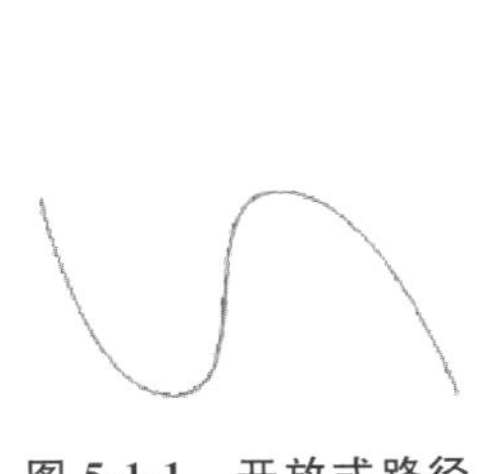

图 5-1-1　开放式路径

图 5-1-2　闭合式路径

图 5-1-3　路径组件

5.2　路径的绘制

绘制路径有多种方法，绘制的路径如果不能满足设计的要求，可以对路径进行编辑修改。

5.2.1　钢笔工具

钢笔工具位于 Photoshop 的工具箱中，右击（或按住左键不释放）钢笔工具图标可以显示出钢笔工具组所包含的 5 个工具，如图 5-2-1 所示，通过这 5 个工具可以完成路径的前期绘制工作。

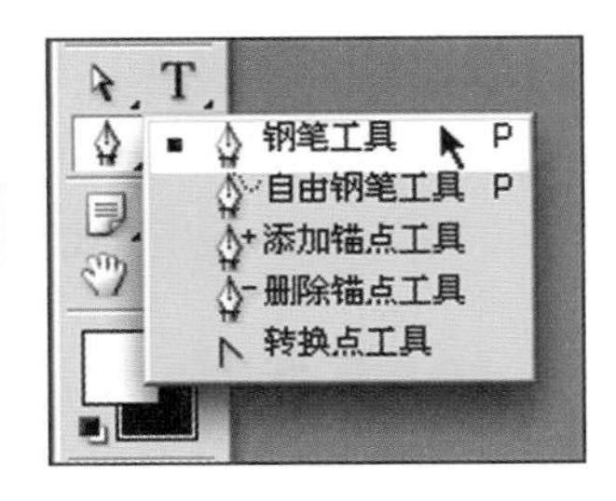

图 5-2-1　钢笔工具组

使用钢笔工具可以绘制出任意形状的路径，该工具对应的选项栏与形状工具对应的选项栏完全一致，如图 5-2-2 所示。

形状图层：在新的图层中创建具有前景色填充的形状图形。形状图层包含定义形状颜色的填充图层以及定义形状轮廓的链接矢量蒙版。图层面板中会显示形状和填充二者的缩览图。形状就如同填充上面的一个窗口，如果从图层中删除形状，填充将充满整个图层。形状轮廓是路径，它出现在路径面板中。

路径：使用形状工具或钢笔工具绘制的图形，只产生工作路径，不产生形状图层和填充色。

填充像素：只有选择形状工具组中的工具时才能使用；不产生工作路径，也不产生形状图层，使用前景色填充图像。绘制的图像将不能作为矢量对象编辑。

选择“橡皮带”选项，在创建一个定位点后，钢笔工具就会尾随一段路径线，就像扯着一段橡皮筋一样，它可以帮助用户对路径的下一步走向有更直观的判断。

使用钢笔工具在画面中单击，会看到在单击的点之间有线段相连，如果按住 Shift 键再单击，可以绘制与上一个点保持 45°整数倍夹角（比如 0°、90°）的线段，就可以方便地绘制水平或者垂直的线段（图 5-2-3 中从第 5 个点开始按下了 Shift 键），如图 5-2-3 所示。

笔尖单击的点称为锚点，锚点间的连线称为路径线。图 5-2-3 中绘制的锚点，由于它们之间的线段都是直线段，因此又称为直线型锚点。在实际应用中除了直线段，还有曲线段，连接曲线段的锚点称为曲线型锚点，如图 5-2-4 所示。

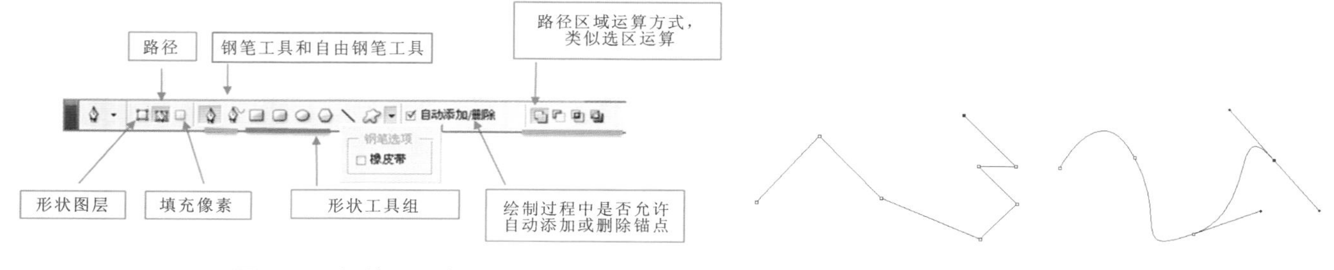

图 5-2-2 钢笔工具选项栏

图 5-2-3 绘制直线段

图 5-2-4 绘制曲线段

在绘制第二个及之后的锚点并拖动方向线时，曲线的形态会随之发生改变。究竟曲线是怎样生成的，我们又该如何来控制曲线的形态呢？除了具有直线的方向和距离外，曲线多了一个弯曲度的形态，方向和距离只要改变锚点位置就可以做到，但是弯曲度该如何控制？如图 5-2-5 所示，在工具箱中选择直接选择工具，点选位于两个锚点之间的路径线，会弹出“方向控制手柄”，可以通过方向控制手柄改变曲线型锚点的方向。

选择转换点工具，修改方向线进而改变曲线的弯曲度，如图 5-2-6 所示。

总体来讲，使用钢笔工具绘制的路径，除了起点和终点的两个锚点以外，都存在两条方向线，一条是从上一个锚点“来向”的方向线，另一条是通往下一个锚点的“去向”的方向线。对于起点，只存在去向的方向线；对于终点，只存在来向的方向线。

两个锚点之间的曲线形态可以细分为两类，即 C 形曲线和 S 形曲线，如图 5-2-7 所示。

图 5-2-5 直接选择工具

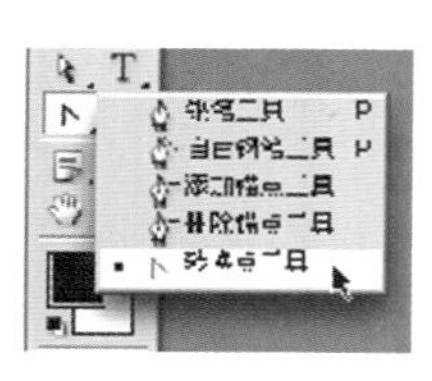

图 5-2-6 使用转换点工具改变曲线的弯曲度

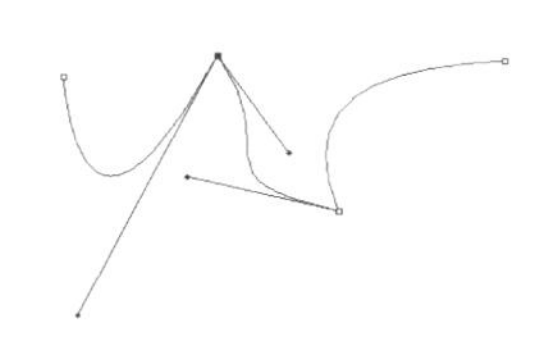

图 5-2-7 C 形曲线和 S 形曲线

除了使用转换点工具改变曲线形态外，还可以使用钢笔工具在已有的路径上增加或减少锚点，进而改变曲线的形态。在选择了路径的情况下，把钢笔工具停留在路径上方可以自动判断增加或是减少锚点。如果停在线段上方，为增加锚点；如果停在已有锚点上方，则为减去该锚点。

虽然可以使用钢笔工具来勾画任意的路径形状，但很多时候并不需要完全从无到有地来绘制一条新路径。

Photoshop 本身自带了一些基本的路径形状，可以在这些基本路径的基础上加以修改形成需要的形状，这样不仅快速，并且效果也比完全手工绘制要好。

使用钢笔工具绘制路径的过程中，需要注意以下几点。

- 绘制不闭合的路径：最后一个位置确定后，按住 Ctrl 键，在路径外单击鼠标，或按 Esc 键可以退出路径绘制。
- 绘制直线：单击鼠标，添加锚点，生成直线路径，按 Delete 键可以删除当前锚点。单击连接锚点，可以继续连接路径。
- 绘制曲线：从单击的锚点处开始拖动，可以绘制曲线路径，同时会生成方向线和方向点。按住 Alt 键单击锚点，可删除方向线，常用于直线点和曲线点的连接处；按 Delete 键可以删除当前锚点。单击连接锚点，可以继续连接路径。

按住 Alt 键，单击出拐点，扯出方向线，直线变曲线。

5.2.2 自由钢笔工具

依据鼠标拖拽的轨迹建立编辑路径，自由钢笔工具常用于绘制比较随意的路径。它的使用方法与套索工具的非常相似。选择该工具后，在画面中单击并拖动鼠标即可绘制路径。

自由钢笔工具选项栏和钢笔工具选项栏类似，只是用“磁性的”选项代替了钢笔工具的“自动添加/删除”选项，如图 5-2-8 所示。

选择自由钢笔工具后，在工具选项栏中勾选“磁性的”选项，可将其转换为磁性钢笔工具。磁性钢笔工具与磁性套索工具非常相似，在使用过程中，只需要在对象边缘单击，然后放开鼠标按键并沿着边缘拖动，便会紧贴对象轮廓生成路径，如图 5-2-9 所示。在绘制过程中可以按 Delete 键删除锚点。

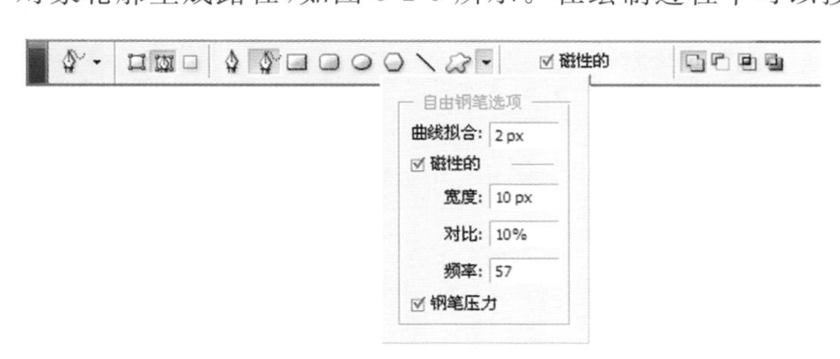

图 5-2-8 自由钢笔工具选项栏

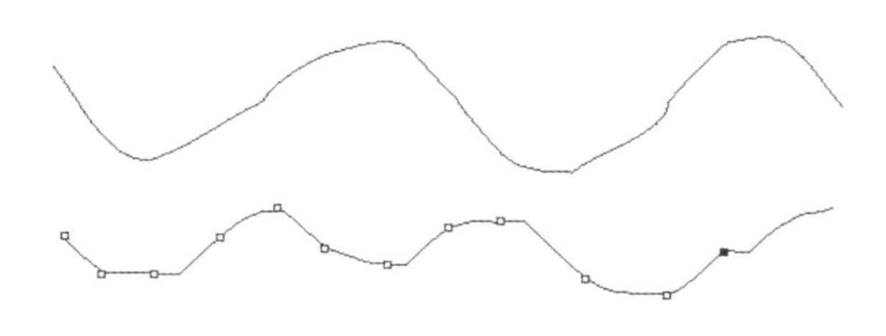

图 5-2-9 自由绘制和磁性绘制

使用自由钢笔工具完成路径绘制的方法如下。

- 按 Enter 键，结束开放路径。
- 双击鼠标，可闭合包含磁性段的路径。
- 按住 Alt 键并双击鼠标，可闭合包含直线段的路径。

使用自由钢笔工具完成闭合路径绘制的方法如下。

- 将鼠标光标移动到路径的起始点，鼠标光标的右下角会出现一个圆圈，此时单击鼠标，即可闭合路径。
- 在未闭合路径之前，按住 Ctrl 键，释放鼠标左键后，可以直接在当前位置至路径起点生成直线段以闭合路径。

5.2.3 形状工具组

形状工具组包括矩形工具、直线工具、圆角矩形工具、椭圆工具、多边形工具和自定形状工具（其选项栏如图 5-2-10 所示）。

1. 矩形工具

使用矩形工具可以绘制矩形和正方形。选择矩形工具，单击并拖动鼠标可以创建矩形；按住 Shift 键拖动可以创建正方形；按住 Alt 键拖动可以创建以单击点为中心的矩形；按住 Shift＋Alt 键拖动会以单击点为中心绘制正方形。通过工具选项栏可以设置矩形的创建方法，如图 5-2-11 所示。

不受约束：可以创建任意大小的矩形和正方形。

方形：只能创建任意大小的正方形。

固定大小：通过设置固定尺寸，创建指定尺寸的矩形。

比例：通过设计长宽比例，创建一定比例的矩形。

从中心：以任何方式创建矩形时，鼠标在画面中的单击点即为矩形的中心。

对齐像素：矩形的边缘与像素的边缘重合，图形的边缘不会出现锯齿。

2. 直线工具

使用直线工具可以创建直线和带有箭头的线段。选择直线工具，单击并拖动鼠标可以创建直线或线段，按住 Shift 键可以创建水平、垂直或以 45°角为增量的直线。工具选项栏的应用，如图 5-2-12 所示。

起点/终点：勾选“起点”和“终点”，可以对直线或线段添加箭头。

宽度：用来设置箭头的宽度与直线宽度的百分比，范围为 10%～1 000%。

长度：用来设置箭头的长度与直线宽度的百分比，范围为 10%～5 000%。

凹度：用来设置箭头的凹陷程度，范围为－50%～50%，为 0%时，箭头尾部平齐。

3. 圆角矩形工具

圆角矩形工具用来创建圆角矩形。其使用方法与矩形工具的相同，只是多了“半径”选项。“半径”用来设置圆角半径，值越大，圆角越大。

图 5-2-13 所示为圆角矩形选项。

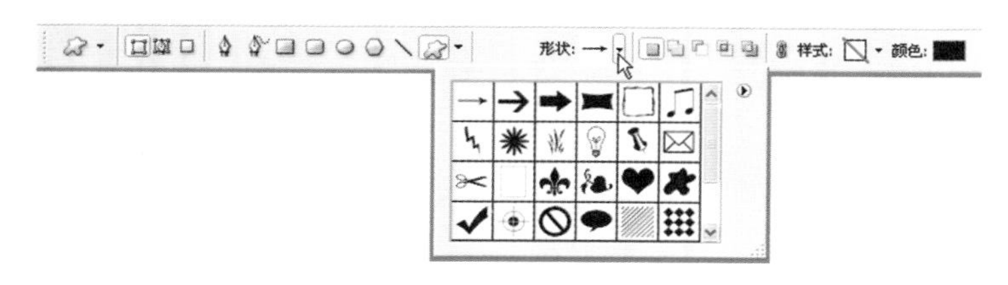

图 5-2-10　自定形状工具选项栏

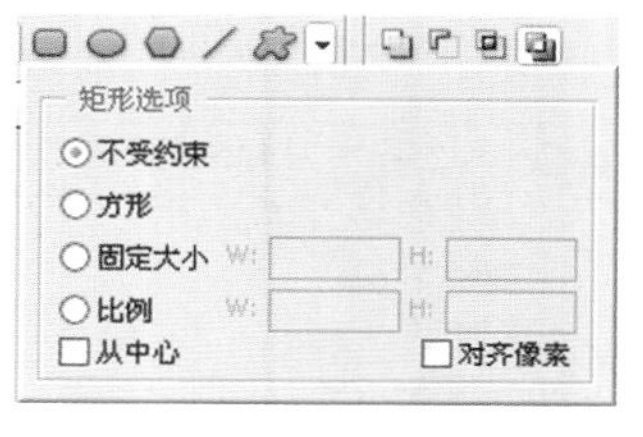

图 5-2-11　矩形选项

图 5-2-12　直线箭头选项

4. 椭圆工具

椭圆工具用来创建椭圆和圆形。选择该工具后，单击并拖动鼠标可以创建椭圆形，按住 Shift 键拖动可以创建圆形。可以创建不受约束的椭圆和圆形，也可以创建固定大小和固定比例的圆形。椭圆选项设置如图 5-2-14所示。

5. 多边形工具

多边形工具用来创建多边形和星形。选择该工具后，在工具选项栏中设置多边形或星形的边数，范围为 3～100。单击设置按钮会打开多边形选项菜单。多边形选项如图 5-2-15 所示。

半径：设置多边形或星形的半径长度，用于创建指定半径值的多边形或星形。

平滑拐角：创建具有平滑拐角的多边形和星形。

星形：勾选“星形”，在“缩进边依据”选项中可以设置星形边缘向中心缩进的数量，该值越大，缩进量越大。勾选“平滑缩进”，可以使星形的边平滑地向中心缩进。

6. 自定形状工具

使用自定形状工具可以创建 Photoshop 预设的形状、自定义的形状或者是外部提供的形状。单击自定形状工具选项栏中形状列表按钮，打开形状下拉面板，从中选择一种形状，然后单击并拖动鼠标即可创建该图形。按住 Shift 键绘制图形，可以保持形状的比例。

如果要使用其他方法创建图形，可以在“自定形状选项”下拉面板中设置。自定形状选项设置如图 5-2-16 所示。

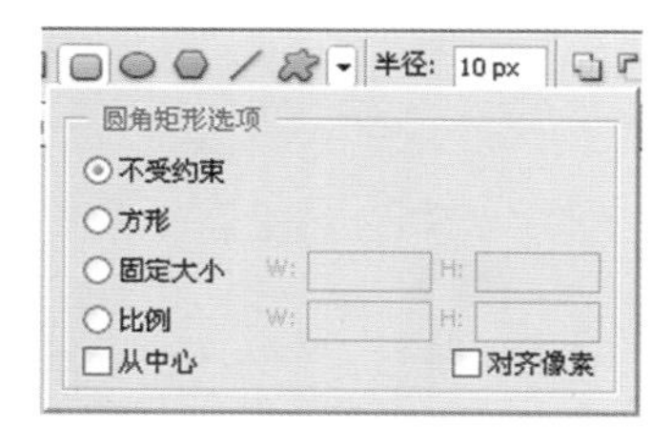

图 5-2-13 圆角矩形选项

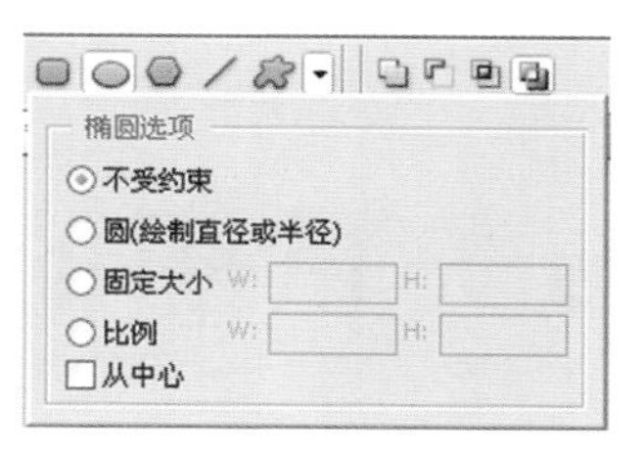

图 5-2-14 椭圆选项

图 5-2-15 多边形选项

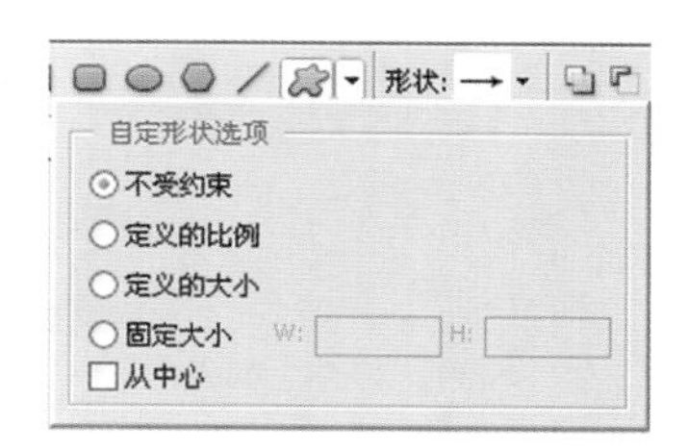

图 5-2-16 自定形状选项

5.3 路径的编辑

5.3.1 选择锚点、路径线和路径

使用直接选择工具单击锚点即可完成锚点的选择,处于选中状态的锚点为实心方块,未被选中的锚点为空心方块,如图 5-3-1 所示。单击一个路径线时,可以选择该路径线。

使用路径选择工具单击路径即可选择路径。如果选择了工具选项栏中的“显示定界框”选项,则所选择的路径会显示定界框,拖动控制手柄可以对路径进行变换操作,如图 5-3-2 所示。

添加锚点、路径线或路径,可以按住 Shift 键逐一单击需要选择的对象,如果要取消选择,可在画面空白处单击,如图 5-3-3 所示。

5.3.2 移动锚点、路径线和路径

选择锚点、路径线和路径后,按住鼠标左键不放并拖动,即可将其移动。如果选择了锚点,可以用鼠标左键按住选择的锚点并拖动,完成锚点的移动,否则,只能拖出一个矩形框,不能移动锚点。对路径线和路径的移动也是如此。

5.3.3 添加锚点与删除锚点

使用添加锚点工具,可以给已经创建的路径添加锚点。在工具箱中选择添加锚点工具后,在已经创建的路径上单击即可。

使用删除锚点工具,可以将路径中的锚点删除。在工具箱中选择删除锚点工具后,在路径中需要删除的锚点上单击即可。

5.3.4 转换锚点的类型

使用转换点工具,可以将平滑点转换成拐点或将拐点转换为平滑点,如图 5-3-4 所示。

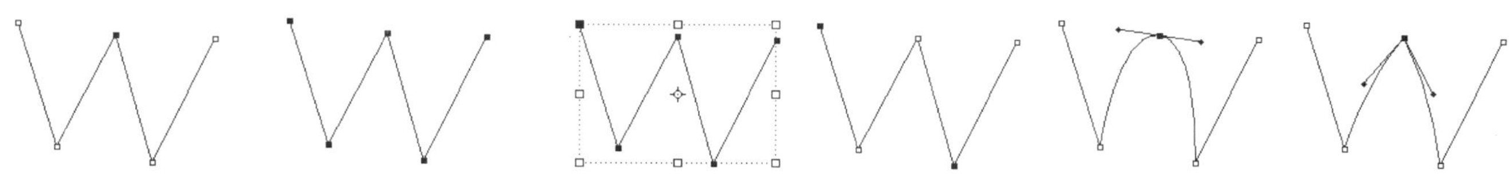

图 5-3-1 锚点选择　　图 5-3-2 路径选择和定界框　　图5-3-3 添加锚点　　图 5-3-4 锚点转换

使用直接选择工具,按住 Ctrl+Alt 键单击角点并拖动锚点,可将其转换为平滑点;按住 Ctrl+Alt 键单击平滑点可将其转换为角点。

使用钢笔工具,将光标放在锚点上,按住 Alt 键单击角点并拖动可将其转换为平滑点;按住 Alt 键单击平滑点并拖动可将其转换为角点。

5.4 路径与矢量图的关系

钢笔工具属于矢量绘图工具，其优点是可以自由绘制平滑的直线或曲线，在缩放或者变形之后仍能保持平滑效果。使用钢笔工具绘制出来的矢量图形称为路径，路径是矢量的路径，允许是不封闭的开放状，如果把起点与终点重合绘制就可以得到封闭的路径。

5.5 路径的调整和操作

5.5.1 调整路径的形状

1. 方向线和方向点

在曲线上，每个锚点都包含一条或两条方向线，方向线的端点是方向点，移动方向点可以调整方向线的长度和方向，从而改变曲线的形状。移动平滑点上的方向线，将同时调整该点两侧的曲线路径线；移动角点上的方向线，则只调整与方向线同侧的曲线路径线。

2. 调整方向线

使用直接选择工具和转换点工具都可以调整方向线。

使用直接选择工具拖动平滑点上的方向线时，方向线始终保持一条直线状态，锚点两侧的路径线都会发生改变；使用转换点工具拖动方向线时，则可以单独调整平滑点任意一侧的方向线，而不会影响到另一侧的方向线和同侧的路径线，如图 5-5-1 所示。

5.5.2 创建、选择、隐藏和查看路径

1. 创建路径

- 单击路径面板上的“创建新路径”按钮，如图 5-5-2 所示。
- 打开路径面板菜单，选择“新建路径”命令，如图 5-5-3 所示。
- 按 Alt 键单击路径面板中的“创建新路径”按钮，可以打开“新建路径”对话框，如图 5-5-4 所示。

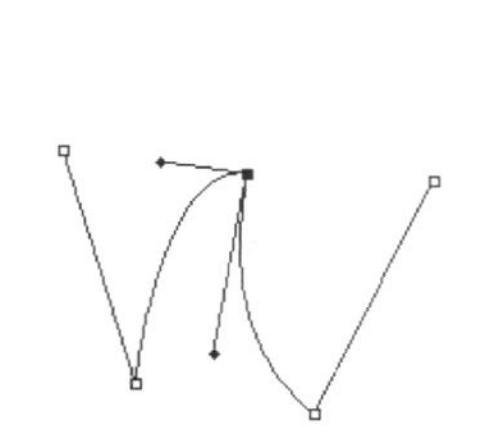

图 5-5-1 单独调整平滑点

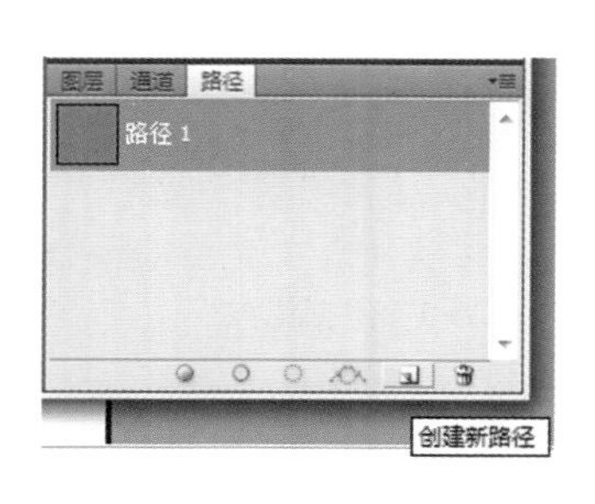

图 5-5-2 路径面板

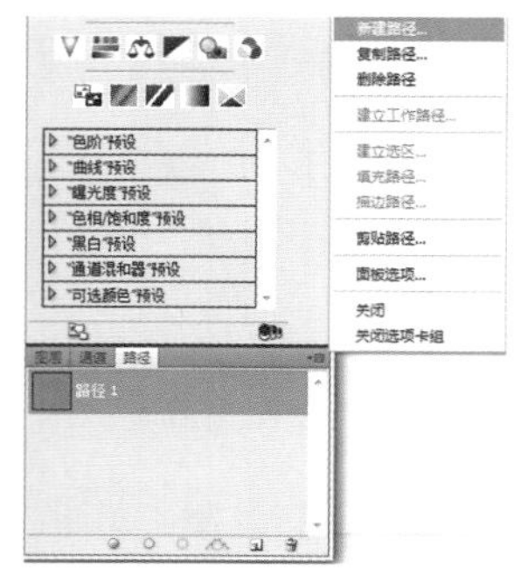

图 5-5-3 路径面板菜单

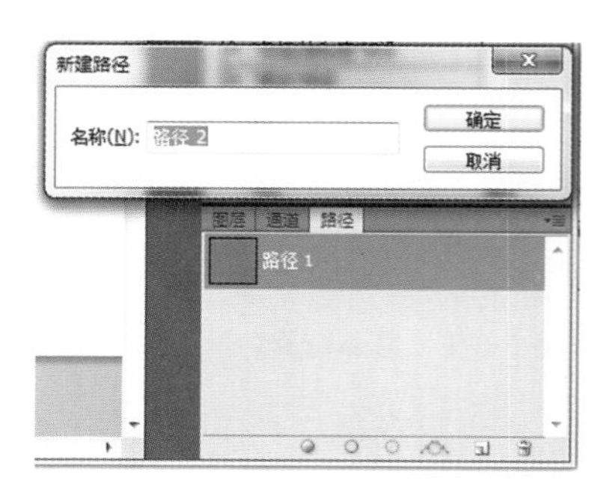

图 5-5-4 “新建路径”对话框

2. 选择路径

使用路径选择工具，单击图像窗口中的路径即可选择该路径，如图 5-5-5 所示。在空白处单击，即可取消选择。

3. 隐藏路径

创建一条路径后，工作区会始终显示该路径，即使使用其他工具进行图像处理也如此。如果不想让路径对视线造成干扰，可以按组合键 Ctrl＋H 隐藏画面中的路径。

4. 查看路径

如果路径面板中有多条路径，需要查看其中的一条路径，只需单击要查看的路径，即可在图像窗口中显示该路径，如图 5-5-6 所示。

5.5.3 复制和删除路径

1. 复制路径

- 将路径直接拖到路径面板中的“创建新路径”图标上，如图 5-5-7 所示。
- 通过剪贴板，用路径选择工具选择工作区中的路径后，执行“编辑”菜单中的“拷贝”命令，可直接复制路径，执行“编辑”菜单中的“粘贴”命令可粘贴路径，也可粘贴到其他的图像中。

2. 删除路径

- 在路径面板中直接将要删除的路径拖到“删除当前路径”图标上，如图 5-5-8 所示。
- 使用路径选择工具选择要删除的路径后，按 Delete 键。

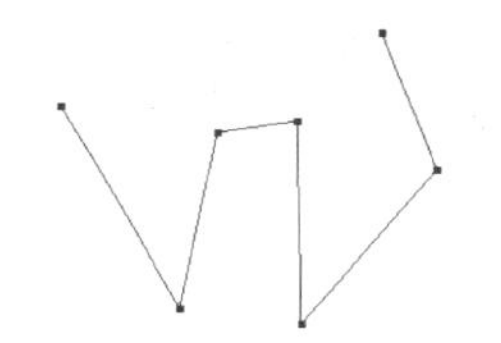

图 5-5-5　选择路径

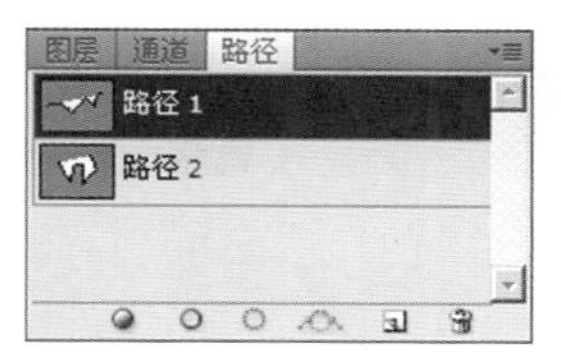

图 5-5-6　查看路径

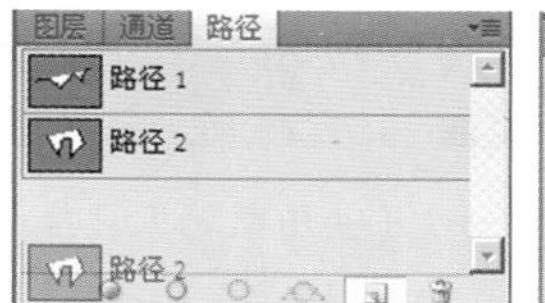

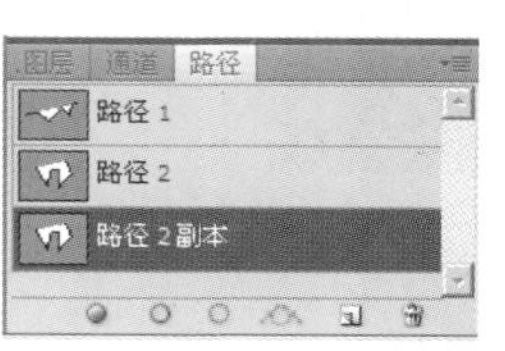

图 5-5-7　拖动复制路径

图 5-5-8　删除路径

5.5.4 保存和输出路径

1. 保存路径

使用钢笔工具或者形状工具绘制的路径为工作路径。工作路径出现在路径面板中的临时路径区域，如果没有存储便取消了对它的选择，再绘制新的路径时，原工作路径将被新绘制的工作路径代替。如何将工作路径保存？可以采用以下两种方法。

- 可以在路径面板中双击路径名称，然后在弹出的“存储路径”对话框中单击“确定”按钮即可，如图 5-5-9 所示。
- 直接将工作路径的名称拖至路径面板底部的“创建新路径”图标上。

2. 输出路径

可以将 Photoshop 中的路径输出为 Adobe Illustrator 的格式（.ai 文件），这样就可以使用 Adobe Illustrator 或其他矢量图形软件进行处理，如图 5-5-10 所示。

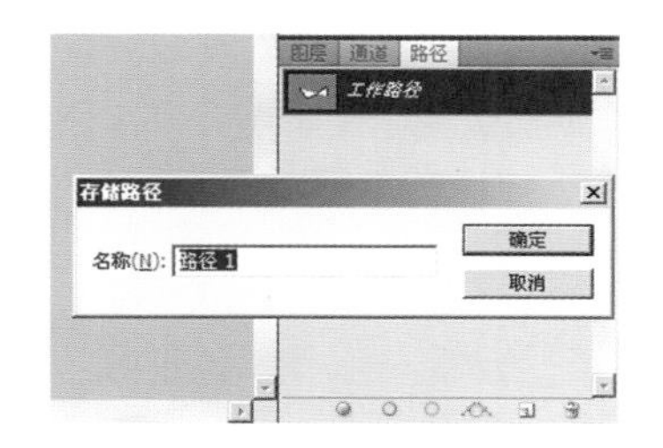

图 5-5-9　“存储路径”对话框

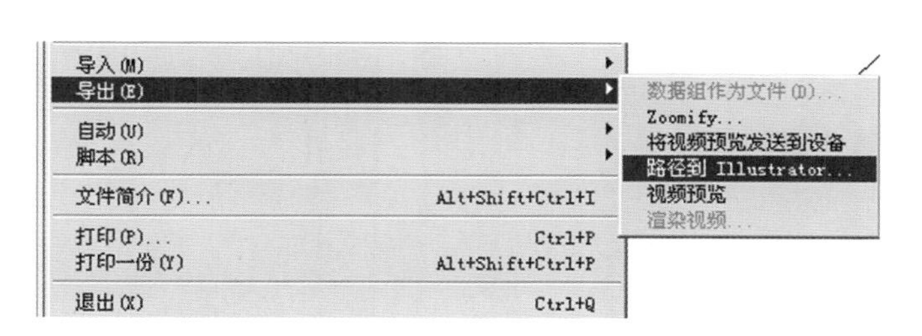

图 5-5-10　输出路径

5.6 路径应用案例分析

5.6.1 案例一:使用钢笔工具抠图

在图片处理过程中经常涉及抠图,钢笔工具就是很重要的抠图工具,使用钢笔工具可以非常准确地描摹出对象的轮廓,将轮廓转换为选区便可以选择对象。钢笔工具非常适合抠取对象边缘光滑且呈现不规则形状的对象。

(1) 打开图像文件。打开一张花朵的图像,如图 5-6-1 所示。选择钢笔工具,在其工具选项栏中选择“路径”选项。

(2) 在花朵的花瓣转折处单击并拖动鼠标,创建一个平滑点;向左移动鼠标,单击并拖动鼠标,生成第二个和第三个平滑点,如图 5-6-2 所示。

(3) 由于此处的轮廓出现了转折,需要按住 Alt 键在锚点上单击,将其转换为只有一个方向线的角点,这样在绘制下一段路径线时就可以发生转折了;继续创建路径,如图 5-6-3 所示。

图 5-6-1 使用钢笔工具抠图(1)

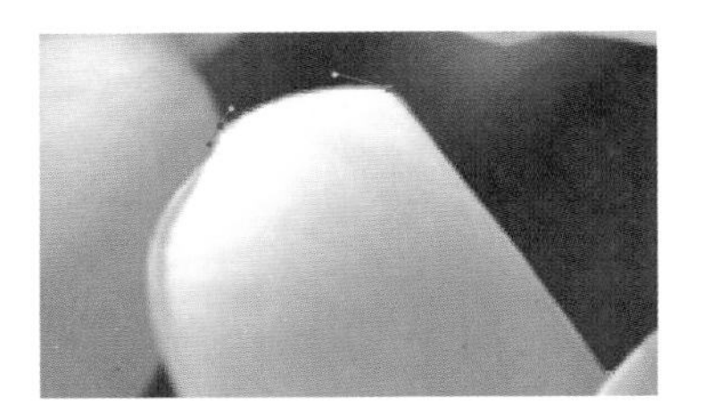

图 5-6-2 使用钢笔工具抠图(2)

图 5-6-3 使用钢笔工具抠图(3)

(4) 轮廓线绘制完成后,在路径的起点上单击,将路径封闭,如图 5-6-4 所示。

(5) 按下 Ctrl+回车键,将路径转换为选区,如图 5-6-5 所示。

(6) 按下 Ctrl+J 键将对象抠出,隐藏背景图层,即完成抠图,如图 5-6-6 所示。

图 5-6-4 使用钢笔工具抠图(4)

图 5-6-5 使用钢笔工具抠图(5)

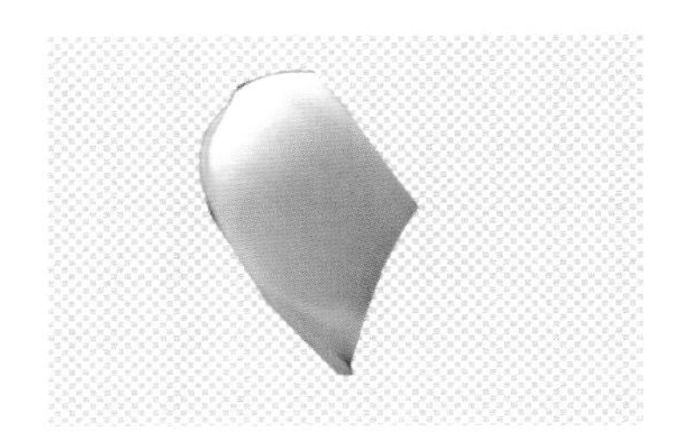

图 5-6-6 使用钢笔工具抠图(6)

5.6.2 案例二:路径与选区相互转换

(1) 打开素材“玫瑰花”图片。选择魔棒工具,并结合 Shift 键,选中玫瑰花,如图 5-6-7 所示。

(2) 单击路径面板中的“从选区生成工作路径”按钮,可以完成将选区转换为路径,如图 5-6-8 所示。

(3) 选择路径面板中的路径,单击“将路径作为选区载入”按钮,可以载入路径中的选区,如图 5-6-9 所示。在未选择路径的情况下,也可以按 Ctrl 键单击路径面板中的路径完成选区载入。

5.6.3 案例三:用画笔描边路径

(1) 新建文档。创建一个 40 厘米×40 厘米、100 像素/英寸大小的文档。

(2) 选择自定形状工具,在其工具选项栏中选择“路径”选项。单击“形状”选项右侧的小三角形按钮,打开下拉面板,从中选择银杏叶的图形,如图 5-6-10 所示。

图 5-6-7　路径与选区相互转换(1)

图 5-6-8　路径与选区相互转换(2)

图 5-6-9　路径与选区相互转换(3)

(3) 按住 Shift 键在绘图区中绘制路径，如图 5-6-11 所示。

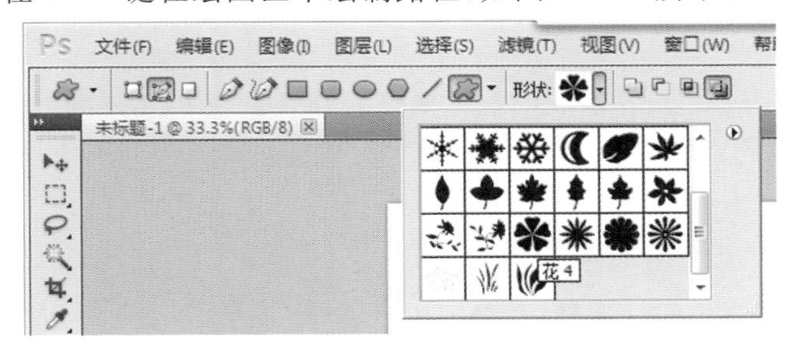

图 5-6-10　用画笔描边路径(1)

图 5-6-11　用画笔描边路径(2)

(4) 选择画笔工具，打开画笔预设面板，加载面板菜单中的“特殊效果画笔”画笔库，如图 5-6-12 所示，然后选择一个笔尖，设置直径为 30 像素。

(5) 调整前景色和背景色，如图 5-6-13 所示。执行路径面板菜单中的“描边路径”命令，对路径进行描边。在面板的空白处单击隐藏路径，效果如图 5-6-14 所示。

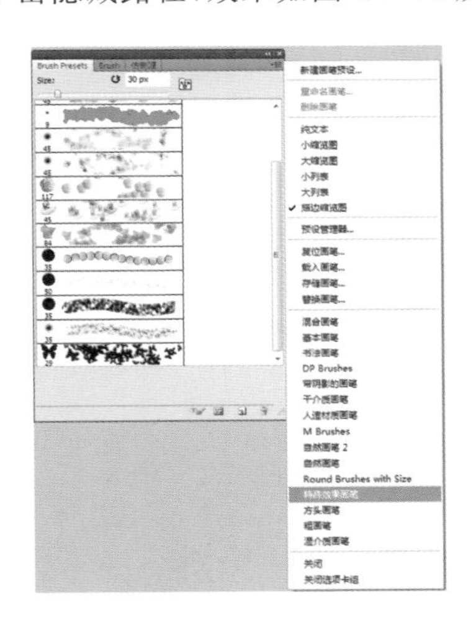

图 5-6-12　用画笔描边路径(3)

图 5-6-13　用画笔描边路径(4)

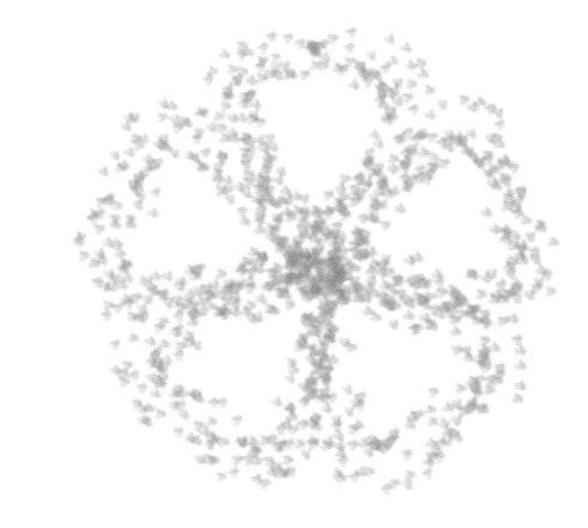

图 5-6-14　用画笔描边路径(5)

本章小结

在 Photoshop 中使用钢笔工具绘制路径，需要明确平滑点和角点。平滑点是指临近的那条线段是平滑曲线，它位于线段中央。平滑曲线又称为平滑点的锚点连接，若移动平滑点的一条方向线，将同时调整该点两侧的曲线段。

本章主要讲解了各种路径工具的基本知识和相关的操作方法，重点讲解了钢笔工具、自由钢笔工具、形状工具等在创建路径中的操作技巧，以及路径和选区的转化。希望读者在学习过程中多加体会，熟练掌握各种路径工具的使用方法。

第6章　图像色彩处理

Photoshop CS5 在图像色彩和色调处理方面的功能非常强大。比如，通过色彩和色调的调整，Photoshop CS5 可以将一个劣质照片或扫描质量很差的彩色图片处理成一个较为完美的图像，还可以纠正照片中常出现的曝光过度和光线不足而产生的不良效果。Photoshop CS5 提供了功能全面的色彩与色调调整命令，利用这些命令，可以非常方便地对图像进行修改和编辑。

通过对本章的学习，读者应了解并掌握在 Photoshop CS5 中对图像色彩和色调进行处理的基本方法，如图像色阶的调整、亮度和对比度的调整、色彩平衡的调整等操作。

6.1　颜色模式及转换

颜色模式，是将某种颜色表现为数字形式的模型，或者说是一种记录图像颜色的方式。常用的颜色模式包括 RGB 颜色模式、CMYK 颜色模式、位图模式、灰度模式、索引颜色模式、双色调模式和多通道模式等。

单击“图像”菜单中的“模式”命令，可以看到图 6-1-1 所示的“模式”子菜单，子菜单中被勾选的选项即为当前图像的颜色模式，若需要转换当前图像的颜色模式，则需要在子菜单中选择相应的选项。

6.1.1　灰度模式

灰度模式采用单一色调表现图像，一个像素的颜色可表现 256 阶（色阶）的灰色调（含黑和白），也就是 256 种明度的灰色，是黑—灰—白的过渡，如同黑白照片。灰度模式主要用于将彩色图像转为高品质的黑白图像。

将彩色图像转换为灰度模式时，所有的颜色信息都将被删除。虽然 Photoshop 允许将灰度模式的图像再转换为彩色模式，但是原来已经丢失的颜色信息不能再返回。

转换图像为灰度模式的方法如下。

（1）打开“素材\chapter6\01.jpg”，单击“图像”菜单，选择“模式”子菜单的“灰度”命令，此时会弹出提示对话框，询问是否要扔掉颜色信息，如图 6-1-2 所示，单击“扔掉”按钮。

（2）单击之后，Photoshop 会将图像转换为灰度模式图像，转换效果如图 6-1-3 所示。

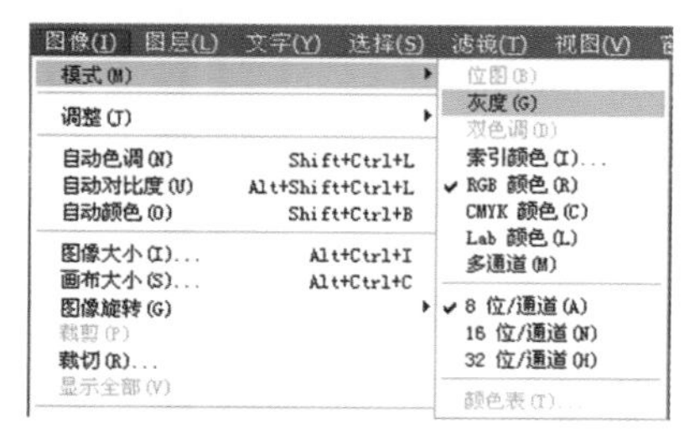

图 6-1-1　“模式”子菜单

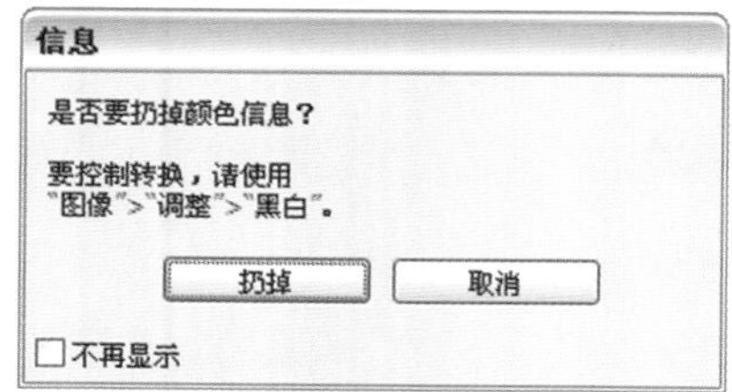

图 6-1-2　提示对话框

(a)　(b)

图 6-1-3　转换为灰度模式的效果

6.1.2　位图模式

Photoshop 使用的位图模式只使用黑、白两种颜色中的一种表示图像中的像素。位图模式的图像也叫作黑白图像，它包含的信息最少，因而图像文件也最小。

当一幅彩色图像要转换成位图模式时，不能直接转换，必须先将图像转换成灰度模式。

转换图像为位图模式的方法如下。

(1) 按照6.1.1小节中转换图像为灰度模式的方法，先将图片转换为灰度模式。

(2) 单击“图像”菜单，选择“模式”子菜单的“位图”命令，此时会弹出图6-1-4所示的“位图”对话框。

(3) 在“输出”文本框中可以设置图像的输出分辨率及测量单位，默认情况下，输入和输出分辨率为当前图像分辨率。

(4) 在“方法”栏的“使用”下拉列表中可以设置位图的转换方法，如图6-1-5所示。

图6-1-4 “位图”对话框

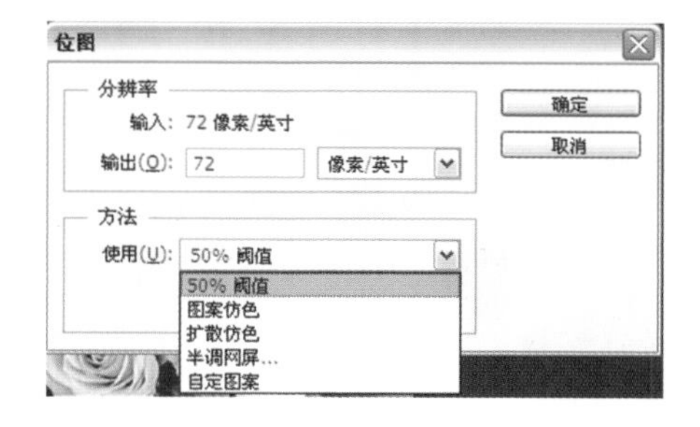

图6-1-5 “使用”下拉列表

(5) 根据需要选择相应的位图模式参数后，单击“确定”按钮，完成转换。图6-1-6显示了分别使用50%阈值、图案仿色、扩散仿色、半调网屏及自定图案转换得到的位图模式图像。

(a) 50%阈值

(b) 图案仿色

(c) 扩散仿色

(d) 半调网屏

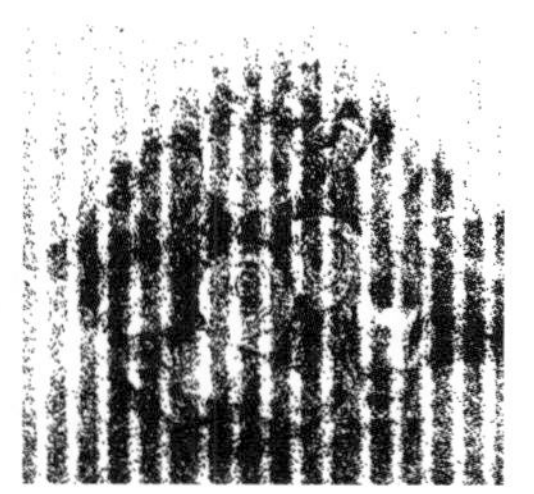

(e) 自定图案

图6-1-6 使用不同转换方法得到的图像

6.1.3 双色调模式

双色调模式用一种灰色油墨或彩色油墨来渲染一个灰度图像。该模式最多可向灰度图像添加4种颜色，从而可以打印出比单纯灰度更有趣的图像。

双色调模式采用2～4种彩色油墨混合其色阶来创建双色调(2种颜色)、三色调(3种颜色)、四色调(4种颜色)的图像，在将灰度模式的图像转换为双色调模式的图像过程中，可以对色调进行编辑，产生特殊的效果。双色调模式的重要优点之一是使用尽量少的颜色表现尽量多的颜色层次，减少印刷成本。

双色调模式和位图模式一样，也只有从灰度模式才能转换。

转换图像为双色调模式的方法如下。

(1) 打开“素材\chapter6\02.jpg”，使用6.1.1小节中转换图像为灰度模式的方法，先将图片转换为灰度模式，如图6-1-7所示。

(2) 单击“图像”菜单，选择“模式”子菜单的“双色调”命令，此时会弹出图6-1-8所示的“双色调选项”对话框。

(3) 在“类型”中选择“单色调”，“油墨1”被激活，此时只能生成一种颜色的图像，单击“颜色”框会弹出“选择油墨颜色”对话框，用户可以选择单色调颜色，单击“曲线”框，会弹出“双色调曲线”对话框，可以调整曲线形状，从而调整油墨在图像中的分布，默认单色调的设置效果如图6-1-9所示。

图 6-1-7　转换为灰度模式

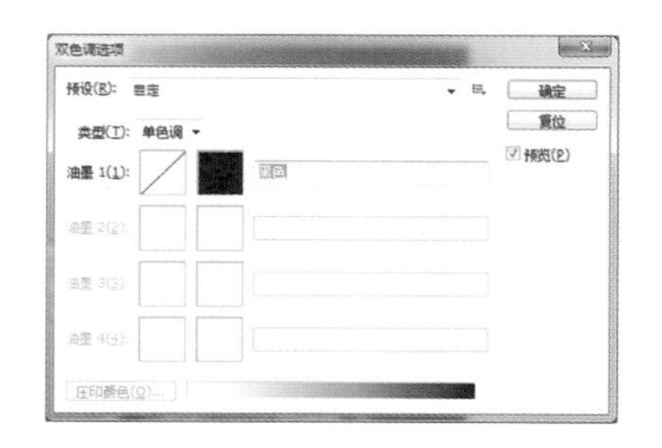

图 6-1-8　“双色调选项”对话框

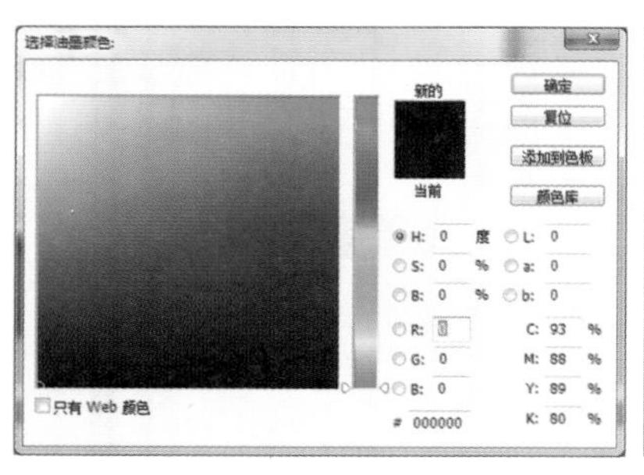

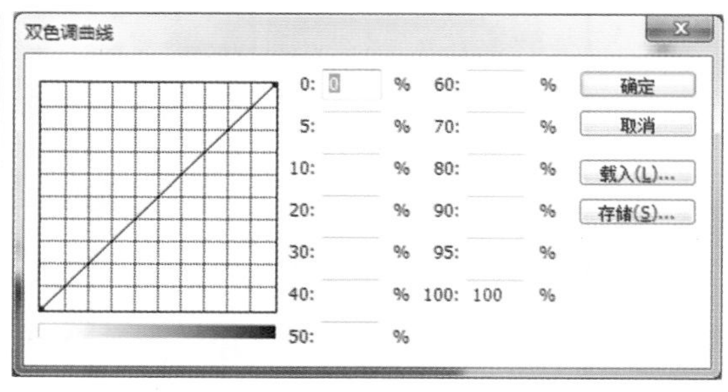

图 6-1-9　“单色调”设置以及转换的图像效果

（4）在“类型”中选择“双色调”，“油墨 1”和“油墨 2”被激活，此时生成两种颜色混合而成的双色调图像，设置方法及转换效果如图 6-1-10 所示。

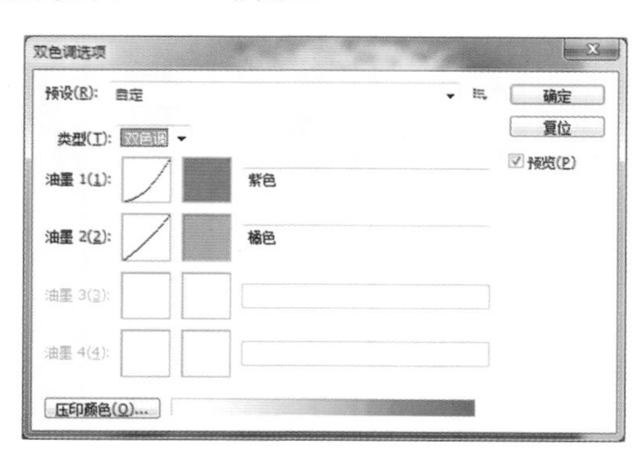

图 6-1-10　“双色调”设置以及转换的图像效果

（5）在“类型”中选择“三色调”，“油墨 1”“油墨 2”和“油墨 3”被激活，此时生成三种颜色混合而成的三色调图像，设置方法及转换效果如图 6-1-11 所示。

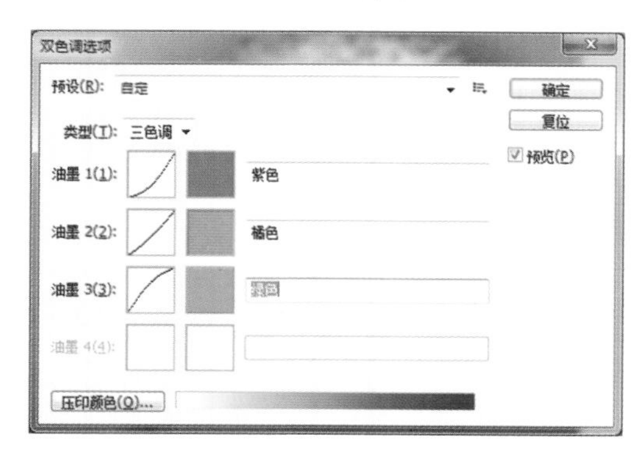

图 6-1-11　“三色调”设置以及转换的图像效果

（6）在“类型”中选择“四色调”，4 个油墨选项都被激活，此时生成四种颜色混合而成的四色调图像，设置方法及转换效果如图 6-1-12 所示。

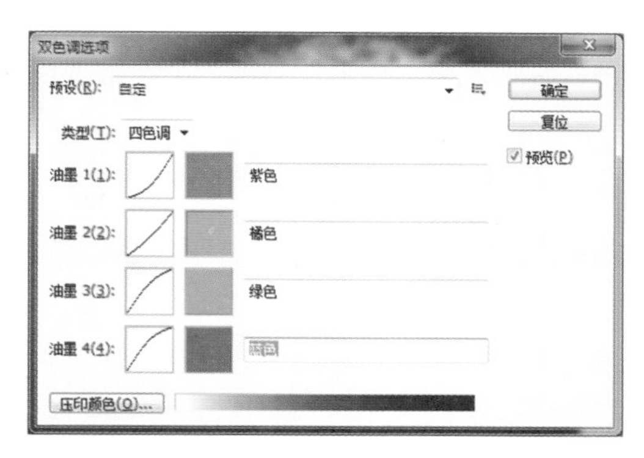

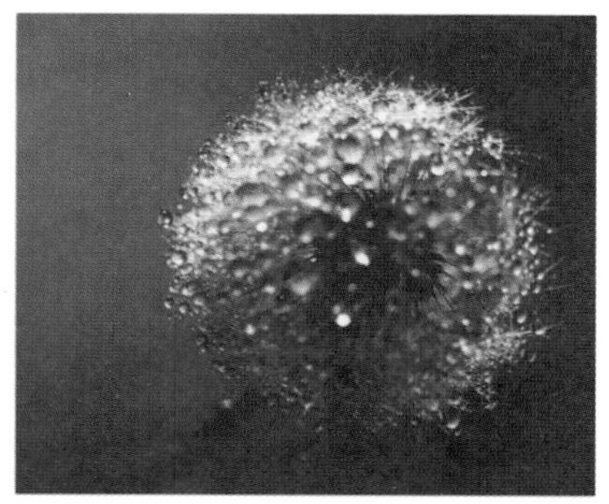

图 6-1-12 “四色调”设置以及转换的图像效果

6.1.4 RGB 颜色模式

RGB 颜色模式是色光的色彩模式，也是 Photoshop 默认的色彩模式。R 代表红色，G 代表绿色，B 代表蓝色，三种色彩叠加形成其他的色彩。因为三种颜色都有 256 个亮度水平级，所以三种色彩叠加就形成了 1670 万种颜色，也就是真彩色，通过它们足以再现绚丽的世界。

在 RGB 颜色模式中，由红、绿、蓝相叠加可以产生其他颜色，因此该模式也叫加色模式。所有显示器、投影设备及电视机等许多设备都依赖于这种加色模式来实现。

就编辑图像而言，RGB 颜色模式也是最佳的色彩模式，因为它可以提供全屏幕的 24bit 的色彩范围，即真彩色显示。但是，如果将 RGB 颜色模式用于打印就不是最佳的了，因为 RGB 颜色模式所提供的有些色彩已经超出了打印的范围，因此在打印一幅真彩色的图像时，就必然会损失一部分亮度，并且比较鲜艳的色彩肯定会失真。这主要是因为打印所用的是 CMYK 颜色模式，而 CMYK 颜色模式所定义的色彩要比 RGB 颜色模式定义的色彩少很多，因此打印时，系统自动将 RGB 颜色模式转换为 CMYK 颜色模式，这样就难免损失一部分颜色，出现打印后失真的现象。

6.1.5 CMYK 颜色模式

CMYK 颜色模式是用来打印或印刷的模式，CMYK 代表印刷上用的四种颜色，C 代表青色，M 代表洋红色，Y 代表黄色，K 代表黑色。因为在实际应用中，青色、洋红色和黄色很难叠加形成真正的黑色，最多不过是褐色而已，因此才引入了 K——黑色。黑色的作用是强化暗调，加深暗部色彩。

三基色所表示的颜色模式称为 RGB 颜色模式，而用减法混色三基色原理所表示的颜色模式称为 CMYK 颜色模式，其混合原理如图 6-1-13 所示。

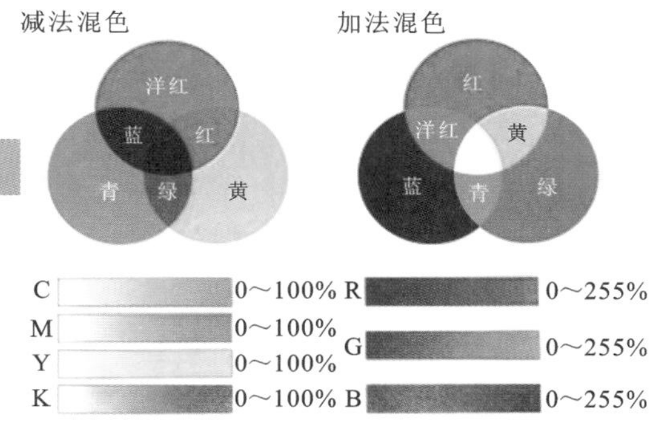

图 6-1-13 RGB 颜色模式和 CMKY 颜色模式的混合原理

6.1.6 索引颜色模式

索引颜色模式是网络和动画中常用的图像模式，当图像转换为索引颜色模式时，Photoshop 将构建一个颜色查找表（CLUT），用以存放并索引图像中的颜色。如果原图像中的某种颜色没有出现在该表中，则程序将选取现有颜色中最接近的一种，或使用现有颜色模拟该颜色。它只支持单通道图像（8 位/像素，256 种颜色），因此，我们通过限制调色板、索引颜色可以减小文件，同时保持视觉上的品质不变，让其更好地用于多媒体动画的应用或网页。

➡注意：当图像是 8 位/通道且是索引颜色模式时，所有的滤镜都不可以使用。

转换图像为索引颜色模式的方法如下。

(1) 打开"素材\chapter6\03.jpg",单击"图像"菜单,选择"模式"子菜单的"索引颜色"命令,此时会弹出图6-1-14所示的"索引颜色"对话框。

(2) 在"调板"的下拉列表中可以设置索引的转换方式,在"颜色"文本框中可以指定要显示的实际颜色数量,最多256种,在"强制"下拉列表中可以选择一些强制的颜色组合,也可自定义颜色,在"仿色"下拉列表中可以设置仿色效果,在"数量"文本框中设置仿色数量的百分比,默认效果设置如图6-1-15所示。

图 6-1-14 "索引颜色"对话框

图 6-1-15 将图像转换成索引颜色模式

6.1.7 多通道模式

在多通道模式中,每个通道都可用256灰度级存放图像中颜色元素的信息。该模式多用于特定的打印或输出。

当将图像转换为多通道模式时,可以使用下列原则。

- 原始图像中的颜色通道在转换后的图像中变为专色通道。
- 通过将CMYK颜色模式转换为多通道模式,可以创建青色、洋红、黄色和黑色专色通道。
- 通过将RGB颜色模式转换为多通道模式,可以创建青色、洋红和黄色专色通道。
- 通过从RGB、CMYK图像中删除一个通道,可以自动将图像转换为多通道模式。
- 若要输出多通道图像,可以Photoshop CS 4.0格式存储图像。

多通道模式对有特殊打印要求的图像非常有用,例如,如果图像中只使用了一两种或两三种颜色时,使用多通道模式可以减少印刷成本。

转换图像为多通道模式的方法如下。

(1) 打开"素材\chapter6\04.jpg",如图6-1-16所示。

(2) 单击"图像"菜单,选择"模式"子菜单的"多通道"命令,此时会切换到屏幕右侧资源集成面板中的"通道"选项卡,如图6-1-17所示。

(3) 删除其中的"洋红"通道,图片转换效果如图6-1-18所示。

图 6-1-16 04.jpg

图 6-1-17 "通道"选项卡

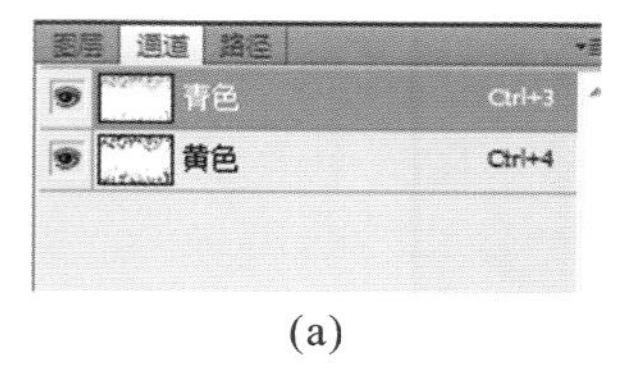

(a)

(b)

图 6-1-18 删除"洋红"通道后的多通道模式图像

6.2 色彩校正

Photoshop CS5 提供了 3 个自动校正图像颜色和色调的命令，这些命令无须进行参数设置，系统会根据图像的特征自动校正图像的偏色和对比度，特别适用于偏色或明显缺乏对比的图像。

6.2.1 运用“自动色调”命令自动调整图像明暗

利用“自动色调”命令可以将每个颜色通道中最亮和最暗的像素分别设置为白色和黑色，并将中间色调按比例重新分布。

方法：按 Ctrl+O 键打开“素材\chapter6\05.jpg”，单击“图像”菜单，选择“自动色调”命令(Shift+Ctrl+L)即可，设置效果如图 6-2-1 所示。

6.2.2 运用“自动对比度”命令自动调整图像对比度

使用“自动对比度”命令可以让 Photoshop 自动调整图像中颜色的总体对比度和混合颜色，它将图像中最亮和最暗的像素映射为白色和黑色，使高光显得更亮，而暗调显得更暗。

方法：按 Ctrl+O 键打开“素材\chapter6\06.jpg”，单击“图像”菜单，选择“自动对比度”命令(Alt+Shift+Ctrl+L)，设置效果如图 6-2-2 所示。

(a)

(b)

图 6-2-1 使用“自动色调”命令调整图像对比图

(a)

(b)

图 6-2-2 使用“自动对比度”命令调整图像对比图

提示：使用“自动对比度”命令会自动将图像最深的颜色加强为黑色，最亮的颜色加强为白色，以增强图像的对比度，此命令对于色调丰富的图像效果明显，而对于单色或颜色不丰富的图像几乎不产生作用。

6.2.3 运用“自动颜色”命令自动校正图像偏色

利用“自动颜色”命令可通过搜索实际图像来标识暗调、中间调和高光区域，并据此调整图像的对比度和颜色。默认情况下，“自动颜色”命令使用 RGB 参数值分别为 128、128、128 的灰色目标颜色来中和中间调，并将暗调和高光各像素剪切 0.5%。

使用“自动颜色”命令可以让系统自动地对图像进行颜色校正，如果图像中有偏色或饱和度过高的现象，均可使用该命令进行自动调整。

方法：按 Ctrl+O 键打开“素材\chapter6\07.jpg”，单击“图像”菜单，选择“自动颜色”命令(Shift+Ctrl+B)，效果如图 6-2-3 所示。

(a)

(b)

图 6-2-3 使用“自动颜色”命令调整图像对比图

6.3 图像色彩调整

Photoshop 提供了多种调整图像色彩的方式，包括用户自定义的调整及特殊调整，用户可以单击“图像”菜单中的“调整”子菜单，调出图 6-3-1 所示的命令，用户可以选择相应的调整方式来调整图像中存在的不同色调和色彩问题。

6.3.1 自定义调整图像色彩

自定义调整图像色彩主要通过设置命令中的相应选项，对图像中的颜色问题进行校正，主要包括色阶、曲线、色彩平衡等方式。

1. 色阶

色阶表示一幅图像的高光、暗调和中间调分布情况，并能对其进行调整。当一幅图像的明暗效果过黑或过白时，可使用“色阶”来调整图像中各个通道的明暗程度，常用于调整黑白的图像。

方法：(1)Ctrl＋O，打开“素材\chapter6\08.jpg”，单击“图像”菜单，选择“调整”子菜单的“色阶”命令，此时会弹出图 6-3-2 所示的“色阶”对话框。

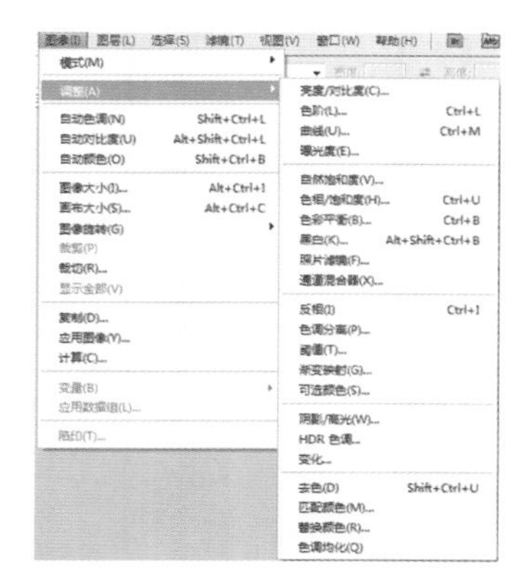

图 6-3-1 “调整”子菜单

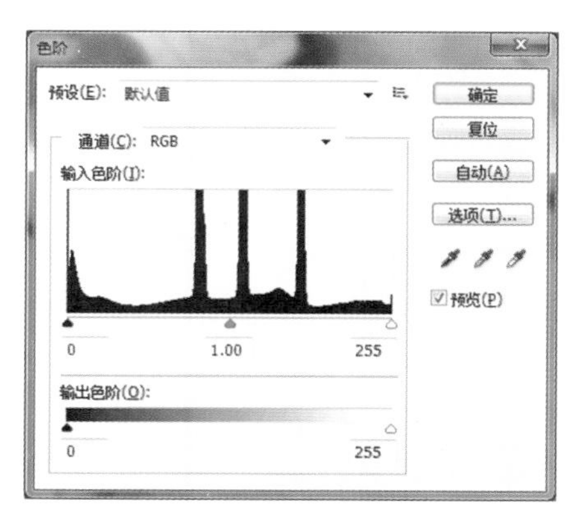

图 6-3-2 “色阶”对话框

- 通道：选择要调整的颜色通道。
- 输入色阶：用于调整图像的暗部色调、中间色调和亮部色调。第一个数值框用来设置图像的暗部色调，低于该值的像素将变为黑色，取值范围为 0～253；第二个数值框用来设置图像的中间色调，取值范围为 0.10～9.99；第三个数值框用来设置图像的亮部色调，高于该值的像素将变为白色，取值范围为 2～255。
- 输出色阶：用于调整图像的亮度和对比度。向右拖动控制条上的黑色滑块，可以降低图像暗部对比度从而使图像变亮；向左拖动白色滑块，可以降低图像对比度从而使图像变暗。

(2) 在“输入色阶”的第二个数值框中设置数值 0.56、“输出色阶”的第二个数值框中设置数值 22 后的效果如图 6-3-3 所示。

2. 曲线

使用“曲线”命令可以对图像的色彩、亮度和对比度进行综合调整，使画面色彩更加协调，也可以调整图像中的单色，常用于改变物体的质感。

方法：(1)Ctrl＋O，打开“素材\chapter6\09.jpg”，单击“图像”菜单，选择“调整”子菜单的“曲线”命令，此时会弹出图 6-3-4 所示的“曲线”对话框。

(a)

(b)

图 6-3-3 通过“色阶”调整的图像效果

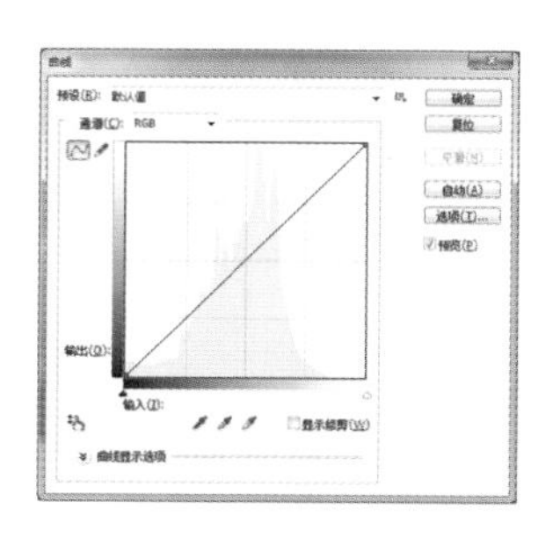

图 6-3-4 “曲线”对话框

图 6-3-4 中线条的左方和下方各有一条从黑到白的渐变条。位于下方的渐变条代表着绝对亮度的范围，所有的像素都分布在 0 至 255 之间。渐变条中间的双向箭头的作用是颠倒曲线的高光和暗调。为保持一致性，我们使用图中默认的左黑右白的渐变条。

位于左方的渐变条代表了变化的方向，对于线段上的某一个点来说，往上移动就是加亮，往下移动就是减暗。加亮的极限是 255，减暗的极限是 0。因此，它的范围也属于绝对亮度。

(2) 素材图片 09.jpg 在拍摄时由于光线不足造成图片颜色昏暗，经过相应的“曲线”调整可以改变图像颜色，设置方法及效果如图 6-3-5 所示。

(a) 09.jpg

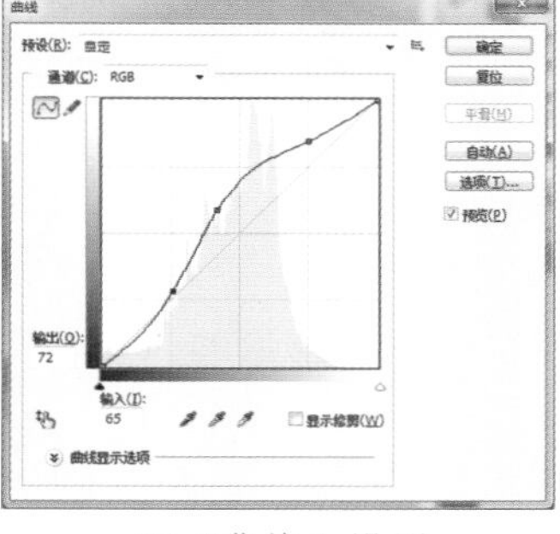

(b) “曲线” 设置

(c) 设置后的效果图

图 6-3-5　使用“曲线”调整图像色彩

3. 色彩平衡

“色彩平衡”命令通过对图像的色彩平衡处理，可以校正图像偏色、过饱和或饱和度不足的情况，也可以根据自己的喜好和制作需要，调制需要的色彩，更好地完成画面效果，应用于多种软件和图像、视频制作中。

方法：(1)Ctrl＋O，打开“素材\chapter6\10. jpg”，单击“图像”菜单，选择“调整”子菜单的“色彩平衡”命令，此时会弹出图 6-3-6 所示的“色彩平衡”对话框。

- 色阶：调整 RGB 到 CMYK 色彩模式之间对应的色彩变化。
- 色调平衡：用于选择需要进行调整的色彩范围，选中某一项就可对相应色调的像素进行调整。

(2) 为素材图片 10. jpg 设置“中间调”色阶“75，52，50”后的效果如图 6-3-7 所示。

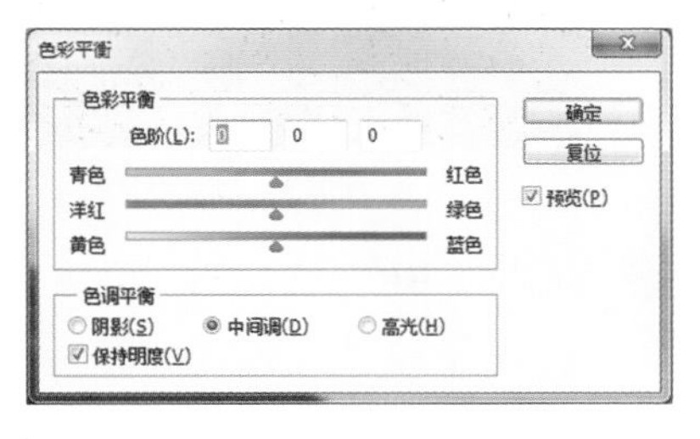

图 6-3-6　“色彩平衡”对话框

(a)

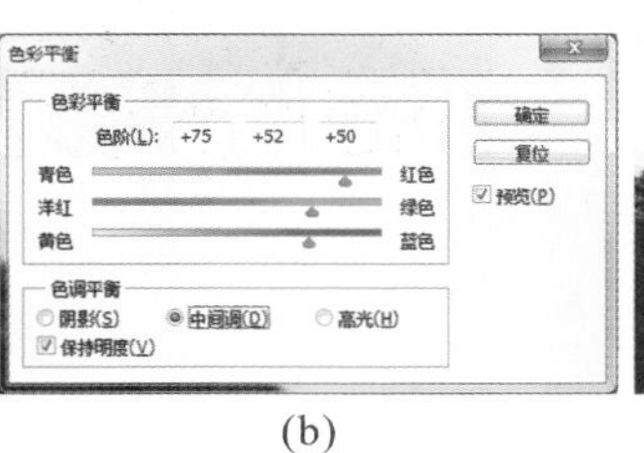

(b)

(c)

图 6-3-7　使用“色彩平衡”命令调整后的图像效果

4. 亮度/对比度

“亮度/对比度” 命令可以对图像的色调进行简单的调整，专门用于调整图像的亮度和对比度，可以很方便地将光线不足的图像调整得亮一些。

方法：(1)Ctrl＋O，打开“素材\chapter6\11. jpg”，单击“图像”菜单，选择“调整”子菜单的“亮度/对比度”命令，此时会弹出图6-3-8所示的“亮度/对比度”对话框。

亮度和对比度的数值可以为正值、负值和 0，正值表示增加，负值表示降低，0 表示图像无任何变化。

(2) 对素材图片 11. jpg 进行“亮度/对比度”调整后的效果，如图 6-3-9 所示。

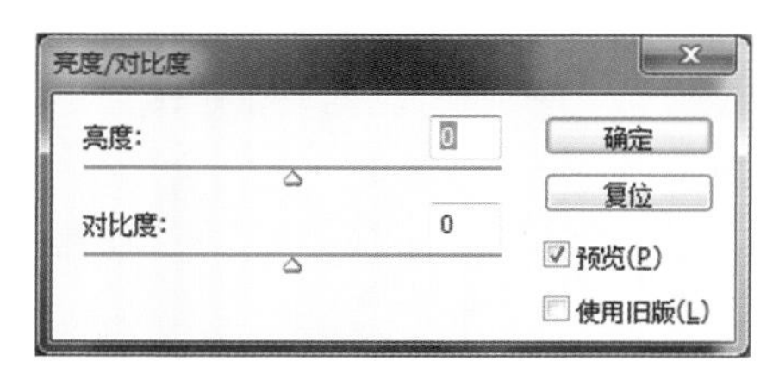

图 6-3-8 “亮度/对比度”对话框

(a)

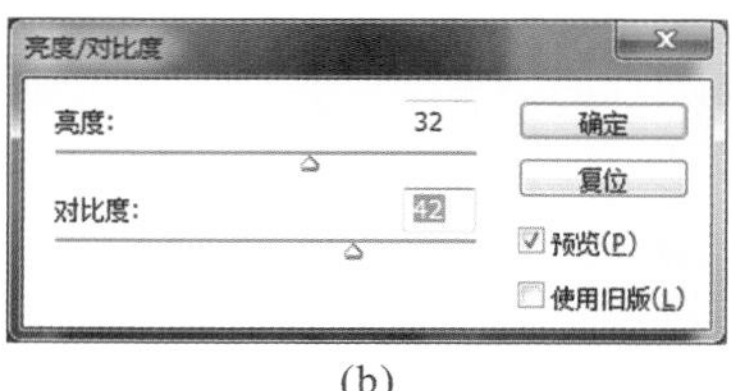

(b)

(c)

图 6-3-9 使用“亮度/对比度”命令调整后的图像效果

5. 色相/饱和度

“色相/饱和度”命令通过对图像的色相、饱和度和明度进行调整，从而达到改变图像色彩的目的，也可以为黑白图像上色。

方法：(1) Ctrl＋O，打开“素材\chapter6\12.jpg”，单击“图像”菜单，选择“调整”子菜单的“色相/饱和度”命令，此时会弹出图 6-3-10 所示的“色相/饱和度”对话框。

● 色相：在 0～360°的标准色轮上，色相是按位置度量的。在通常的使用中，色相是由颜色名称标识的，比如红色、绿色或橙色。黑色和白色无色相。

● 饱和度：表示色彩的纯度，为 0 时为灰色。白色、黑色和其他灰色色彩都没有饱和度。在最大饱和度时，每一色相具有最纯的色光。取值范围为－100～＋100。

● 明度：是色彩的明亮度。为 0 时即为黑色。最大亮度是色彩最鲜明的状态。取值范围为－100～＋100。

在“色相/饱和度”对话框右下角有一个“着色”选项，它的作用是将画面改为同一种颜色的效果。“着色”是一种“单色代替彩色”的操作，并保留原先的像素明暗度。将原先图像中明暗不同的红色、黄色、紫色等，统一变为明暗不同的单一色，假如位于下方色谱变为了棕色，意味着此时棕色代替了全色相，那么图像现在应该整体呈现棕色，也可使用拉动色相滑块来选择不同的单色。

(2) 对素材图片 12.jpg 进行“色相/饱和度”调整后的效果，如图 6-3-11 所示。

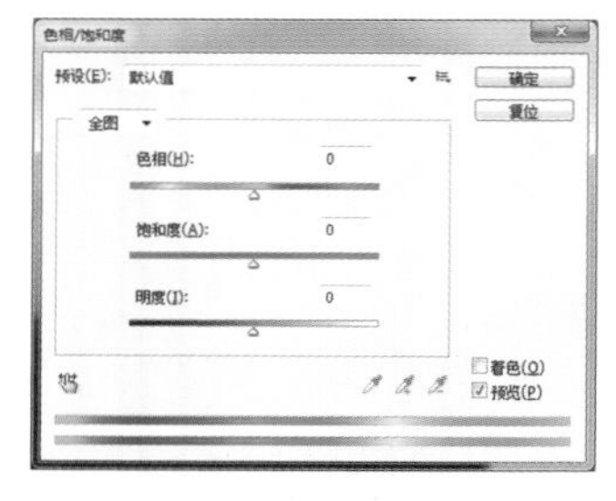

图 6-3-10 “色相/饱和度”对话框

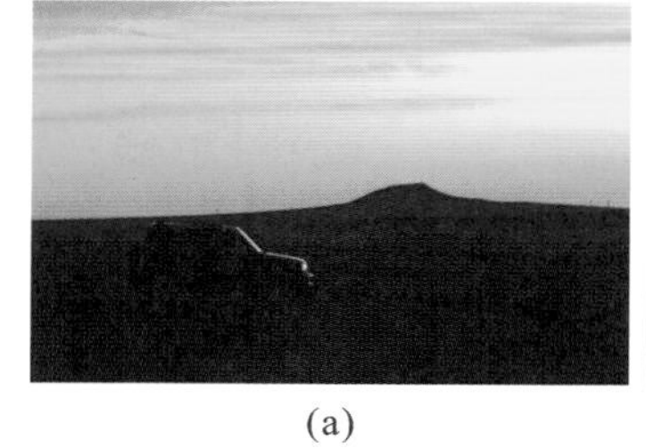

(a)

(b)

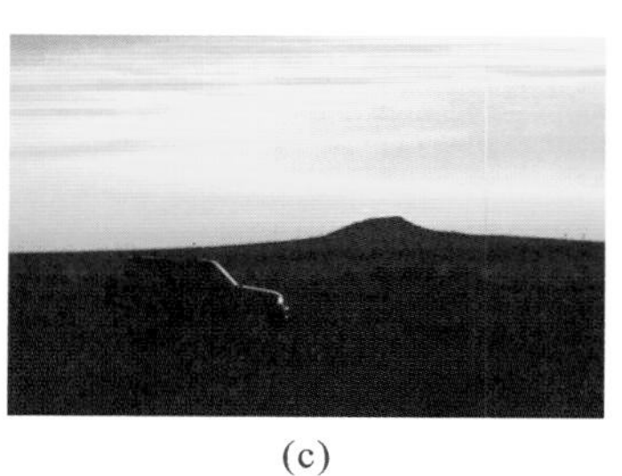

(c)

图 6-3-11 使用“色相/饱和度”命令调整后的图像效果

6. 渐变映射

“渐变映射”命令可以将相等的图像灰度范围映射到指定的渐变填充色，比如指定双色渐变填充，在图像中的阴影映射到渐变填充的一个端点颜色，高光映射到另一个端点颜色，而中间调映射到两个端点颜色之间的渐变。

方法：(1) Ctrl＋O，打开“素材\chapter6\13.jpg”，单击“图像”菜单，选择“调整”子菜单的“渐变映射”命令，此时会弹出图 6-3-12 所示的“渐变映射”对话框。

(2) 单击“灰度映射所用的渐变”的下拉列表，可以选择相应的渐变色以调整图像的着色效果，设置素材图片 13.jpg 的“蓝黄蓝渐变”的效果，如图 6-3-13 所示。

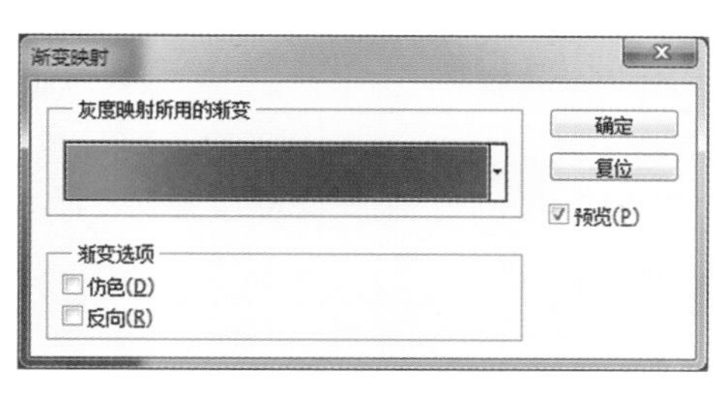

图 6-3-12 “渐变映射”对话框

(a)

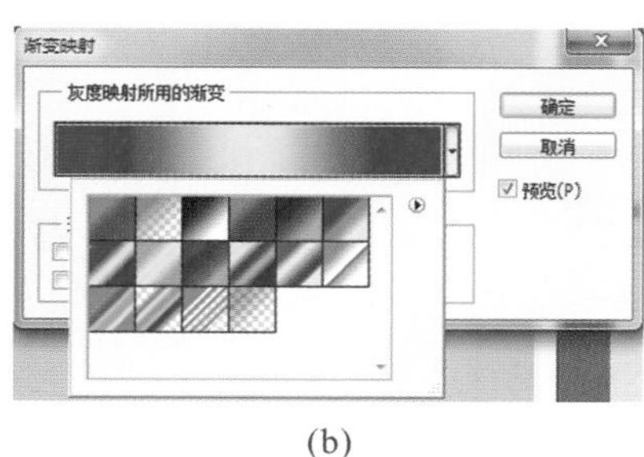

(b)

(c)

图 6-3-13 使用“渐变映射”命令调整后的图像效果

7. 阴影/高光

“阴影/高光”命令可以处理图像中过暗或过亮的部分，并尽量显示出其中的图像细节，以恢复图像的逼真性和完整性，实际上就是调整图像中阴影和高光的分布。

方法：(1)Ctrl+O，打开“素材\chapter6\14.jpg”，单击“图像”菜单，选择“调整”子菜单的“阴影/高光”命令，此时会弹出图 6-3-14 所示的“阴影/高光”对话框。

(2) 对素材图片 14.jpg 进行“阴影/高光”调整后的效果，如图 6-3-15 所示。

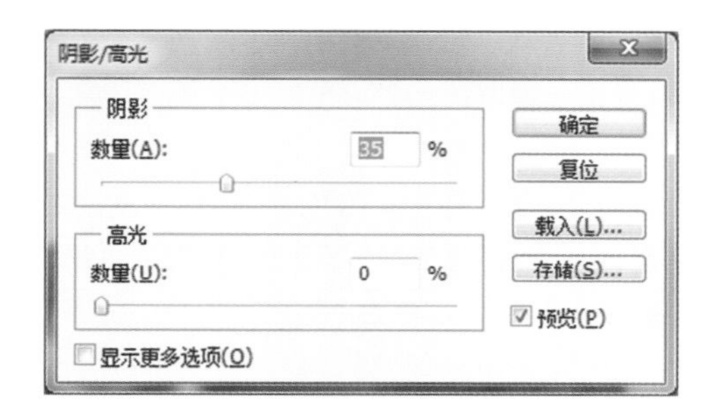

图 6-3-14 “阴影/高光”对话框

(a)

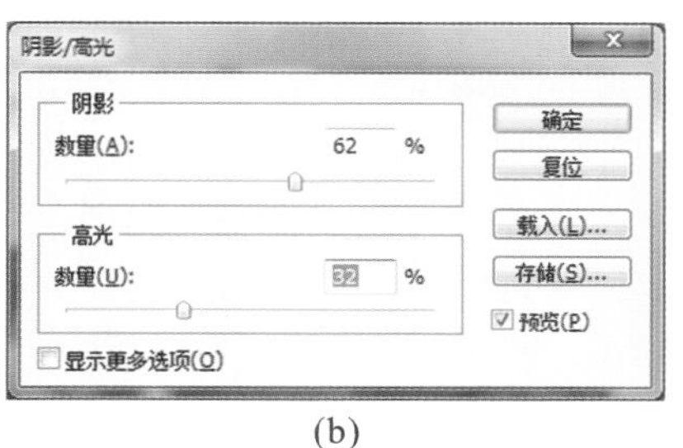

(b)

(c)

图 6-3-15 使用“阴影/高光”命令调整后的图像效果

8. 曝光度

“曝光度”命令是用来控制图片的色调强弱的工具。跟摄影中的曝光度有点类似，曝光时间越长，照片就会越亮。

方法：(1)Ctrl+O，打开“素材\chapter6\15.jpg”，单击“图像”菜单，选择“调整”子菜单的“曝光度”命令，此时会弹出图 6-3-16 所示的“曝光度”对话框。

“曝光度”对话框中有三个选项可以调节：曝光度、位移、灰度系数校正。曝光度用来调节图片的光感强弱，数值越大，图片会越亮。位移用来调节图片中的灰度数值，也就是中间调的明暗。灰度系数校正用来减淡或加深图片灰色部分，可以消除图片的灰暗区域，增强画面的清晰度。

(2) 对素材图片 15.jpg 进行“曝光度”调整后的效果，如图 6-3-17 所示。

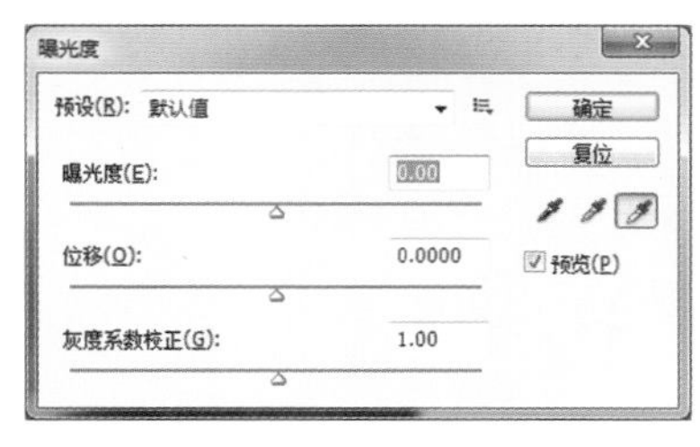

图 6-3-16 “曝光度”对话框

(a)

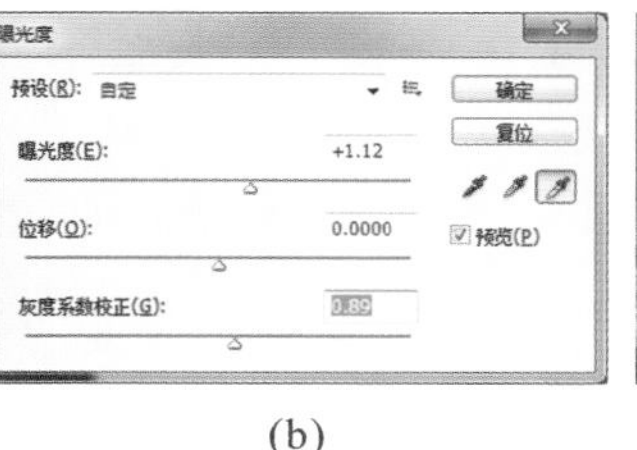

(b)

(c)

图 6-3-17 使用“曝光度”命令调整后的图像效果

9. 照片滤镜

“照片滤镜”命令用于模拟传统光学滤镜特效，使照片呈现暖色调、冷色调及其他颜色的色调。其工作原理就是模拟在照相机的镜头前增加彩色滤镜，镜头会自动过滤掉某些暖色光或冷色光，从而起到控制图片色温的效果。

方法：(1)Ctrl＋O，打开“素材\chapter6\16.jpg”，单击“图像”菜单，选择“调整”子菜单的“照片滤镜”命令，此时会弹出图 6-3-18 所示的“照片滤镜”对话框。

照片滤镜的设置较为简单：“滤镜”里面自带各种颜色滤镜；通过“颜色”，我们可以自行设置想要的颜色；“浓度”可以控制需要增加颜色的浓淡；而“保留明度”选项就是是否保持高光部分，勾选后有利于保持图片的层次感。

(2) 对素材图片 16.jpg 进行“照片滤镜”调整后的效果，如图 6-3-19 所示。

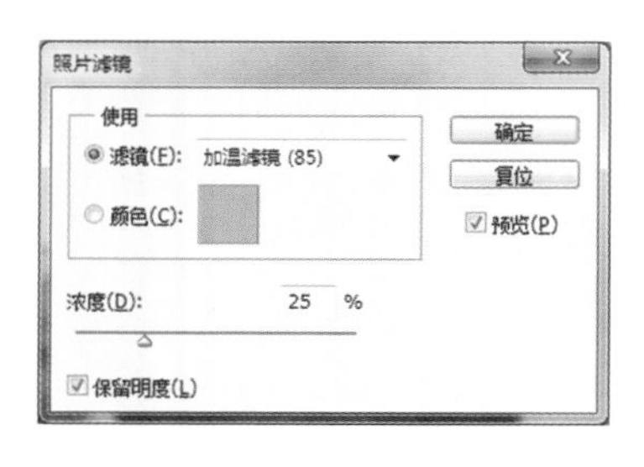

图 6-3-18 “照片滤镜”对话框

(a)

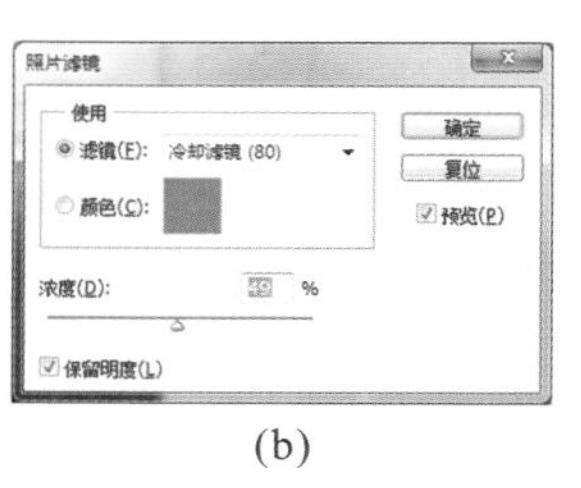

(b)

(c)

图 6-3-19 使用“照片滤镜”命令调整后的图像效果

6.3.2 图像颜色的特殊调整

1. 反相

反相就是把原图的各种颜色变成相反颜色。这里的“相反”就是通常所说的对比色，在色相环中正对面的色调。如红色变成绿色，白色变成黑色，黄色变成蓝色，中性灰色是不改变的。反相常用于制作胶片效果。

方法：Ctrl＋O，打开“素材\chapter6\17.jpg”，单击“图像”菜单，选择“调整”子菜单的“反相”命令，效果如图 6-3-20 所示。

2. 阈值

“阈值”命令跟“色调分离”命令有点类似，不过阈值在转化的时候稍微复杂一点，首先把图片转为黑白效果，然后按照 0～255 等分白色至黑色。中间数值就是 128，这个时候白色与黑色数值基本相等。阈值运用较为广泛，根据黑白色块的特性，可以用来抠图及制作非常类似素描画效果的图片。

方法：(1)Ctrl＋O，打开“素材\chapter6\18.jpg”，单击“图像”菜单，选择“调整”子菜单的“阈值”命令，弹出图 6-3-21 所示的“阈值”对话框，此时会把彩色或灰度图像转变为高对比度的黑白图像。

(a)

(b)

图 6-3-20 使用“反相”命令调整图像对比图

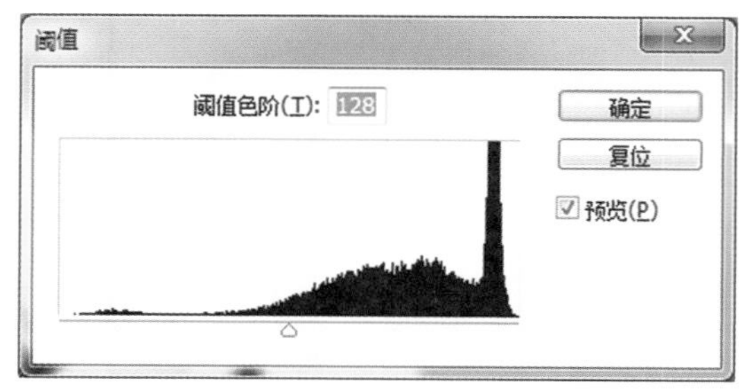

图 6-3-21 “阈值”对话框

在“阈值色阶”数值框中可输入 1～255 之间的阈值。数值少于 128，图片中黑色的面积会变小，总体图片变得更白；相反，数值大于 128，图片就会变暗。

(2) 通过调整“阈值色阶”的值可以得到不同的黑白对比图像，图 6-3-22 所示的图像为“阈值色阶”值为 168 的效果。

3. 色调均化

“色调均化”命令重新分布图像中各像素的亮度值，最暗的为黑色，最亮的为白色，中间像素则均匀分布。

方法：Ctrl+O，打开“素材\chapter6\19.jpg”，单击“图像”菜单，选择“调整”子菜单的“色调均化”命令，效果如图 6-3-23 所示。

(a)

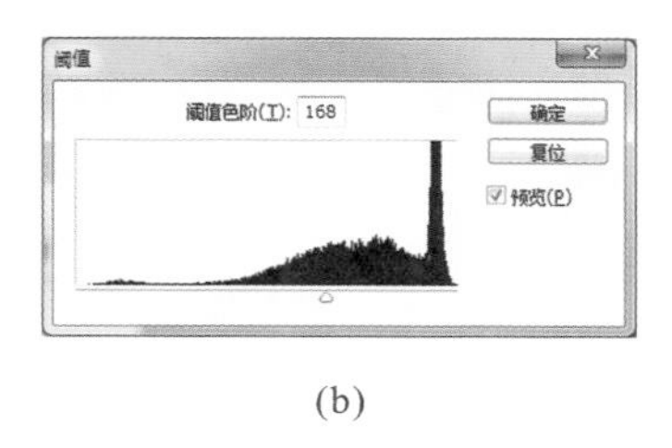

(b)

(c)

图 6-3-22 使用“阈值”命令调整后的图像效果

(a)

(b)

图6-3-23 使用“色调均化”命令调整图像对比图

4. 色调分离

“色调分离”命令指定图像中每个颜色通道的色调级别(或亮度值)，并将这些像素映射为最接近的一种色调上。例如选择色阶数字为 3 的时候，Photoshop 就会把通道中的每种单色分为 3 个层次，如红色通道就是把白色到红色过渡中的所有颜色三等分，每一等分归到一个单一的颜色，这样就得到了有阶梯效果的图片。色调分离可以做出一些类似矢量图的效果。

方法：(1)Ctrl+O，打开“素材\chapter6\20.jpg”，单击“图像”菜单，选择“调整”子菜单的“色调分离”命令，弹出图 6-3-24 所示的“色调分离”对话框。

色阶：数值越大，颜色过渡越细腻；反之，数值越小，图像的色块效果显示越明显。

(2) 图 6-3-25 显示的是“色阶”为 4 的调整效果。

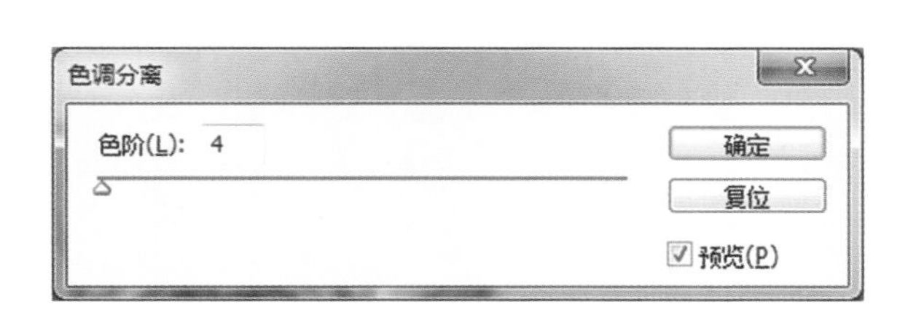

图 6-3-24 “色调分离”对话框

图 6-3-25 使用“色调分离”命令调整图像对比图

本章小结

本章主要介绍了 Photoshop CS5 中的图像色彩处理的方法。图像的色彩处理对于初学者来说是一个难点。一幅图像的品质，主要取决于该图像的色彩处理效果，所以对图像的色彩处理显得十分重要。如“色阶”“曲线”“色相/饱和度”“变化”等就是一些基本的调整色彩的方法，但在掌握这些命令之前要先掌握“颜色模式”的用法和含义。使用“色调分离”“色彩平衡”“色调均化”等命令都可以制作出高品质的图像效果，需要读者多做练习，融会贯通。

第7章 滤镜的使用

滤镜主要用来实现图像的各种特殊效果，它在 Photoshop 中具有非常神奇的作用。所有的 Photoshop 都将滤镜按分类放置在菜单中，使用时只需要从“滤镜”菜单中执行相应命令即可。滤镜的操作是非常简单的，但是真正用起来却很难恰到好处。滤镜通常需要与通道、图层等联合使用，才能取得最佳的艺术效果。如果想在最适当的时候应用滤镜到最适当的位置，除了平常的美术功底之外，还需要用户有熟练操控滤镜的能力，甚至需要具有很丰富的想象力，这样才能有的放矢地应用滤镜，发挥出艺术才华。

7.1 认识滤镜

当选择一种滤镜并将其应用到图像中时，滤镜就会通过分析整幅图像或选择区域中的每个像素的色度值和位置，采用数学方法计算，并用计算结果代替原来的像素，从而使图像产生随机化或预先确定的效果。滤镜在计算过程中将占用相当大的内存资源，因此，在处理一些较大的图像文件时，非常耗费时间，有时还可能会弹出对话框，提示系统资源不够。

Photoshop CS5 的滤镜功能主要有五个方面，分别是优化印刷图像、优化 Web 图像、提高工作效率、增强创意效果和创建三维效果。滤镜极大地增强了 Photoshop CS5 的功能，有了滤镜，用户就可以轻松地创造出艺术性很强的专业图像效果。

7.1.1 “滤镜”菜单的命令

Photoshop CS5 的各种滤镜按照类别都存放在“滤镜”菜单中，如图 7-1-1 所示。“滤镜”菜单的第 1 项为“上次滤镜操作”命令，单击该命令，会再次使用上次的滤镜效果。“抽出”“滤镜库”“液化”“消失点”和“图案生成器”命令是滤镜功能的扩展应用效果，其下方是 Photoshop CS5 归纳的滤镜组。如果在 Photoshop CS5 中安装了外挂滤镜，它们将会显示在该栏的下方。

7.1.2 滤镜使用方法

- 滤镜的应用效果，取决于用户对滤镜的熟悉程度及丰富的想象力。要对图像应用滤镜，只需单击相应的滤镜命令，并在打开的对话框中进行滤镜参数的设置，如图 7-1-2 所示。
- 在使用滤镜前，要先确定滤镜的作用范围，然后再执行滤镜命令。如果在使用滤镜时没有确定好滤镜的使用范围，滤镜命令就会对整个图像进行效果处理。

7.1.3 滤镜使用技巧

1. 使用键盘

在滤镜应用过程中，使用一些快捷键，可以大大减少操作时间。在 Photoshop CS5 中，一些常用的快捷键如下。

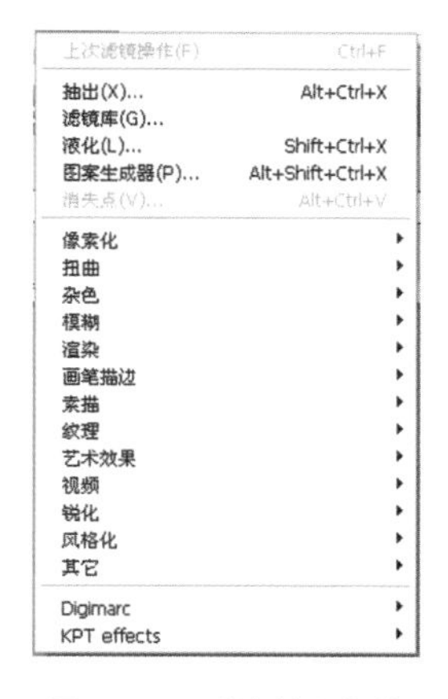

图 7-1-1 “滤镜”菜单

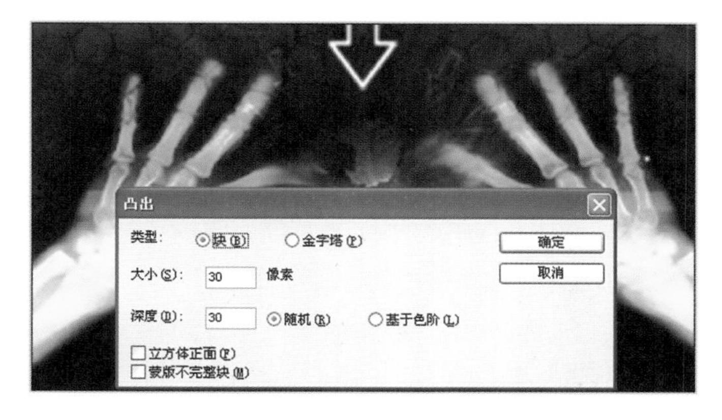

图 7-1-2 滤镜参数设置

- 按 Esc 键，可以取消当前正在操作的滤镜。
- 按 Ctrl+Z 组合键，可以还原执行滤镜操作前的图像画面。
- 按 Ctrl+F 组合键，可以再次应用上一次的滤镜效果。
- 按 Alt+Ctrl+F 组合键，可以弹出上一次应用的滤镜对话框。
- 在对图像应用滤镜效果之前，可按 Ctrl+J 组合键将图像复制并创建为新的图层。在对滤镜效果不满意时，可在按住 Alt 键的同时单击图层面板底部的“删除图层”按钮，删除该图层。

2. 操作技巧

- Photoshop CS5 是对所选择的图像范围进行滤镜效果处理的。如果在图像窗口中没有定义选区，则对整个图像进行处理；如果当前选中的是某一图层或某一通道，则只对当前图层或通道起作用。
- 如果只需要对图像的局部进行滤镜效果处理，可以对选取范围进行羽化处理，使该选区在应用滤镜效果后能够自然而渐进地与其他部分的图像结合，减少突兀感。
- 一般情况下，在工具箱中设置前景色和背景色不会对滤镜命令的使用产生影响，不过有些滤镜例外，它们创建的效果是通过使用前景色或背景色来完成的，在应用这些滤镜之前，需要设置好当前的前景色和背景色。
- 如果对滤镜操作不是很熟悉，可以先将滤镜的参数设置得小一点，然后再使用 Ctrl+F 组合键，多次应用滤镜效果，直至达到所需要的效果为止。
- 可以对特定图层单独应用滤镜，然后通过色彩混合合成图像。
- 可以对单一色彩通道或者是 Alpha 通道使用滤镜，然后合成图像，或者将 Alpha 通道中的滤镜效果应用到主图像画面中。
- 在“滤镜库”对话框中，按住 Alt 键，此时对话框中的“取消”按钮变成“复位”按钮，单击该按钮，可将滤镜设置恢复至刚打开对话框时的状态。
- 位图模式和索引颜色模式的图像不能使用滤镜，如 CMYK 和 Lab 颜色模式下的图像不可以应用“艺术效果”和“纹理”等滤镜。
- 在“滤镜库”对话框中设置滤镜参数时，将在图像窗口中显示其预览状态。
- 对文本图层和形状图层应用滤镜时，系统会提示先将其转换为普通图层之后才可以使用滤镜功能。

3. 如何提高工作效率

- 先对图像的一小部分使用滤镜，再对整个图像执行滤镜操作。
- 如果图像太大且遇到内存不足时，先对单个通道应用滤镜效果，再对 RGB 通道使用滤镜效果。
- 在低分辨率的文件备份上先试用滤镜，记录下所用滤镜的设置参数，再对高分辨率的原图应用该滤镜。

4. 常见滤镜操作

- 单击“滤镜库”对话框中的“+”或“-”按钮，可以增大或减小预览图像的显示比例；或者按住 Ctrl 键的同时，单击预览框，增大显示比例；按住 Alt 键的同时，单击预览框，减小显示比例。

- 将鼠标指针移至预览框，当鼠标指针变形状时，按住鼠标左键并拖拽，即可移动预览框中的图像。

7.2 独立滤镜的使用

打开 Photoshop CS5 的“滤镜”菜单，如图 7-2-1 所示，可以看到五个独立滤镜：“抽出”“滤镜库”“液化”“图案生成器”和“消失点”。

7.2.1 抽出滤镜

“抽出”命令提供了一种将复杂图像从背景中分离出来的方法，此命令主要用来分离非常纤细的、具有复杂的边缘且很难选择的物体。如图 7-2-2 所示，利用“抽出”滤镜抠出图像以后，效果如图 7-2-3 所示。

图 7-2-1 独立滤镜

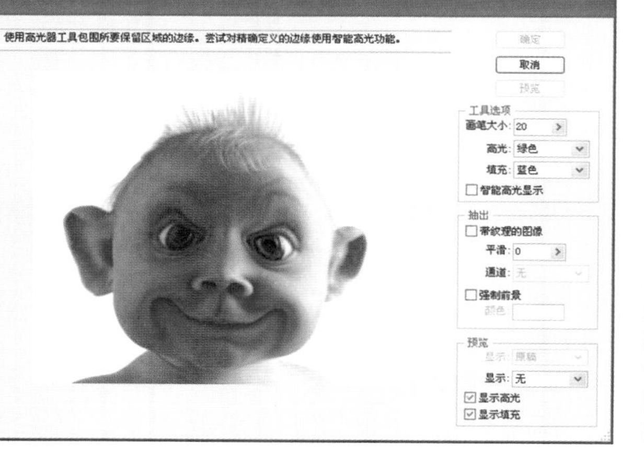

图 7-2-2 原图（“抽出”对话框）

图 7-2-3 抽出滤镜

7.2.2 滤镜库

Photoshop CS5 中的滤镜库整合了“扭曲”“画笔描边”“素描”“纹理”“艺术效果”和“风格化”6 种滤镜功能，通过该滤镜库，可对图像应用这 6 种滤镜功能的效果。打开一张图片，执行“滤镜”→“滤镜库”命令，弹出的“滤镜库”对话框，如图 7-2-4 所示。

7.2.3 液化滤镜

“液化”命令是 Photoshop CS5 中修饰图像和创建艺术效果的强大工具，利用它可以逼真地模拟液体流动的效果，可以非常方便地制作推、拉、旋转、反射、折叠和膨胀图像等各种效果。打开一幅图像，执行“滤镜”→“液化”命令，弹出图 7-2-5 所示的“液化”对话框。

➡注意：“液化”命令可将液化滤镜应用于 8 位/通道或 16 位/通道图像，但不能用于索引颜色模式、位图模式或多通道模式的图像。

图 7-2-6 所示就是利用“向前变形工具”作用于嘴角、眼角后得到的苦脸效果。

7.2.4 图案生成器

图案生成器是 Photoshop CS5 提供的一个制作图案的工具滤镜，它是根据选取图像的部分或当前剪贴板中的图像来生成的很多种图案。

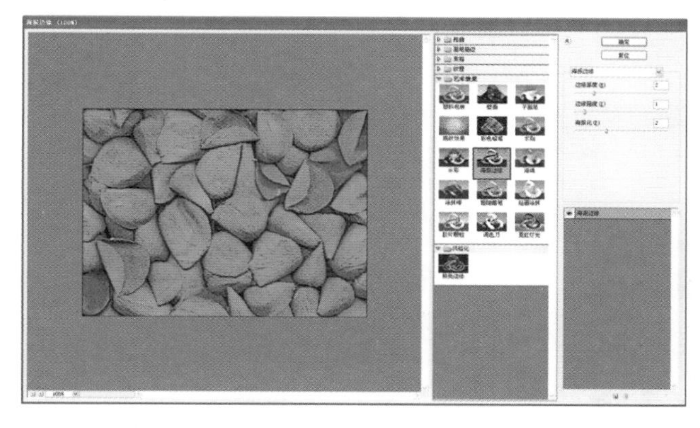

图 7-2-4 滤镜库

图 7-2-5 液化滤镜参数设置

在打开的图像中，使用选择工具选择需要制作图案的样本区域，执行"滤镜"→"图案生成器"命令，打开图7-2-7所示的对话框。

图 7-2-6 液化效果

图 7-2-7 图案生成器

在"图案生成器"对话框中，如果反复单击"生成"按钮，可以得到各种基于原样本的图案效果，并且在"拼贴历史记录"区域中通过导向按钮可以查看这些图案；如果在"拼贴历史记录"区域中单击"存储预设图案"按钮，可以将当前图案保存为预设图案；如果单击"从历史记录中删除拼贴"按钮，可以删除当前图案。

图7-2-8所示为基于图7-2-7所示选区样本所产生的各种图案效果。

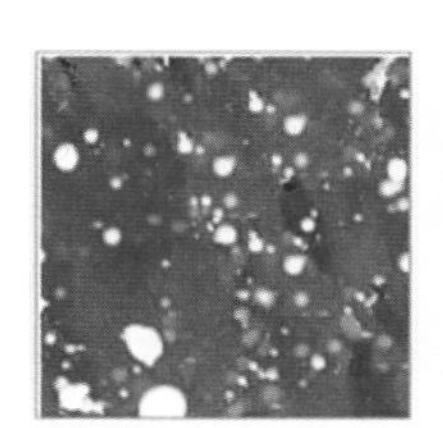
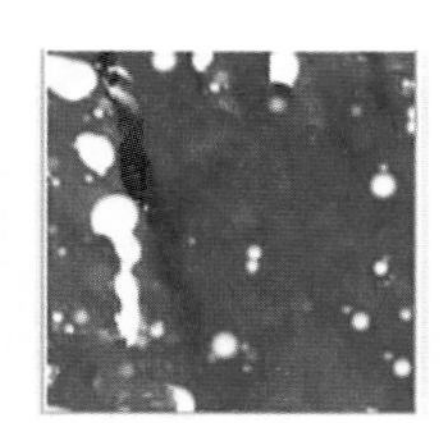
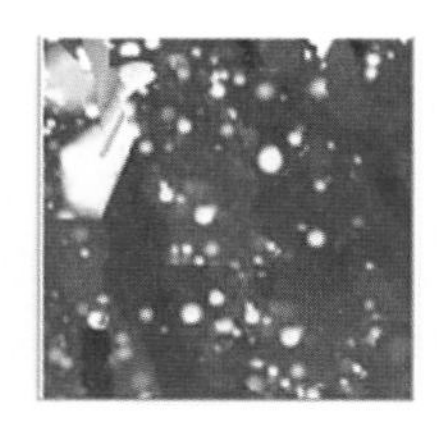
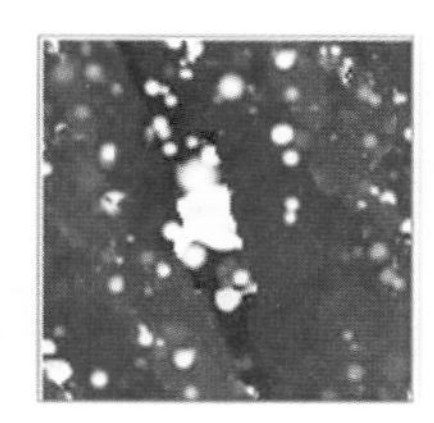
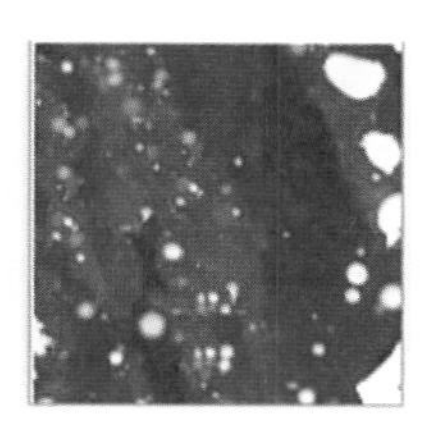

图 7-2-8 图案生成效果

7.2.5 消失点

消失点滤镜是Photoshop CS5的新增功能，解决了之前修补工具无法自动处理空间透视的问题，该滤镜允许用户在对选定的图像区域进行拷贝、喷绘、粘贴图像等操作时，会自动应用透视原理，按照透视的角度和比例来自动适应图像的修改，从而大大节约精确设计和修饰照片所需的时间。

执行"滤镜"→"消失点"命令，弹出"消失点"对话框，如图7-2-9所示，我们的目标是去除画面上的水管和刷子，使小狗更加突出。在以前的版本中，通常会用到图章工具，但是图章工具只是把类似的图像"复制"到我们想覆盖的位置，不具有"透视"功能，用起来很不方便，在此使用"消失点"命令较适合。

在"消失点"对话框中，用编辑平面工具在合适的位置上画一个矩形，画好后，矩形边框颜色是红色说明透视不正确，若透视正确，矩形边框颜色应为蓝色。用编辑平面工具拖动刚才画好的矩形的四个顶点，使矩形边框颜色成为蓝色，然后拖动矩形，使矩形所在位置符合想要的区域，如图 7-2-10 所示。

图 7-2-9 “消失点”对话框

(a)

(b)

图 7-2-10 拖动矩形

在选框工具状态下，按住 Alt 键，拖动选区，将其移动到水管的位置上，注意观察边缘覆盖的位置。运用同样的操作使刷子也“消失”，最终效果如图 7-2-11 所示。

图 7-2-11 效果图(消失点)

7.3 其他滤镜的使用

7.3.1 像素化滤镜组

像素化滤镜组的作用是将图像分成一定的区域，将这些区域转变为相应的色块，再由色块构成图像，类似于网格、马赛克等纹理的效果，其中包括 7 种不同效果的滤镜命令。原图如图 7-3-1 所示。

1. 彩块化

彩块化滤镜将图像色彩相似的像素点归成统一色彩的大小及形状各异的色块，形成具有手绘感觉的图像，效果如图 7-3-2 所示。

图 7-3-1 原图(像素化滤镜组)

图 7-3-2 彩块化

2．彩色半调

“彩色半调”命令将每一个通道划分为矩形栅格，然后将像素添加进每一个栅格，并用圆形替换矩形，从而使图像的每一个通道实现扩大的半色调网屏效果。执行该命令时，弹出“彩色半调”对话框，进行参数设置后的最终效果如图 7-3-3 所示。

3．点状化

“点状化”命令与“晶格化”命令相似，不同的是，它将图像分成不连续的小晶块，其缝隙用背景色填充。“点状化”对话框中“单元格大小”选项决定画面中生成单元格的大小，数值越大，生成的单元格越大，最终效果如图7-3-4所示。

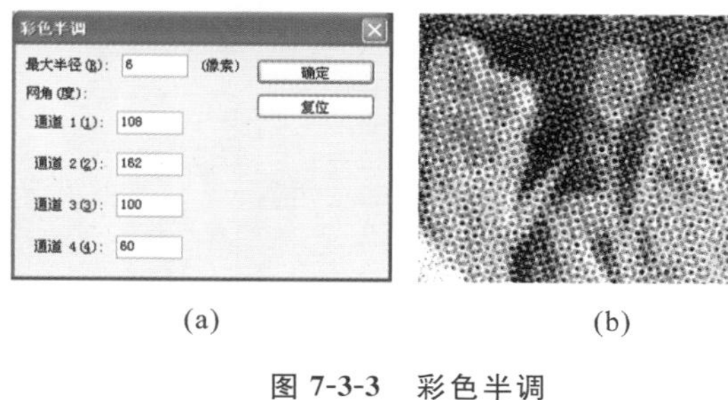

(a) (b)

图 7-3-3 彩色半调

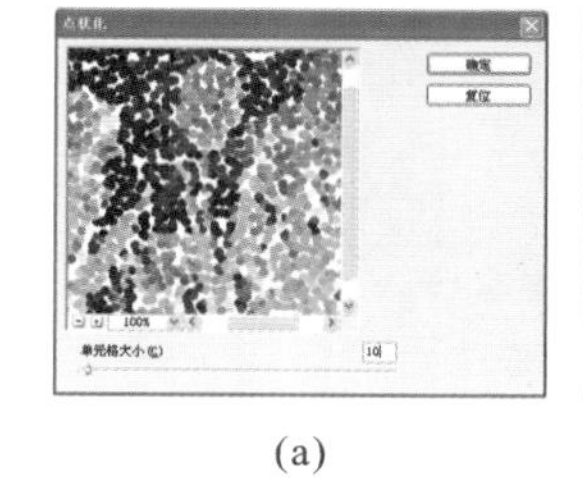

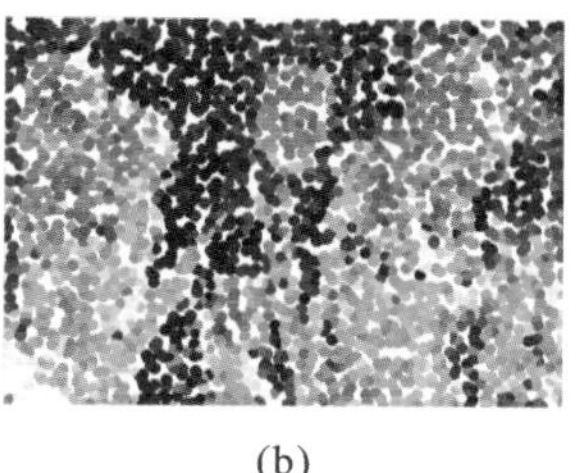

(a) (b)

图 7-3-4 点状化

4．晶格化

使用“晶格化”命令可以使图像像素结块生成为单一颜色的多边形栅格。“晶格化”对话框中“单元格大小”选项决定画面中生成单元格的大小，数值越大，生成的单元格越大，最终效果如图 7-3-5 所示。

5．马赛克

“马赛克”命令首先将画面中的像素分组，然后将其转换成颜色单一的方块，使图像生成马赛克效果。“马赛克”对话框中“单元格大小”选项决定画面中生成单元格的大小，数值越大，生成的单元格越大，最终效果如图 7-3-6 所示。

(a) (b)

图 7-3-5 晶格化

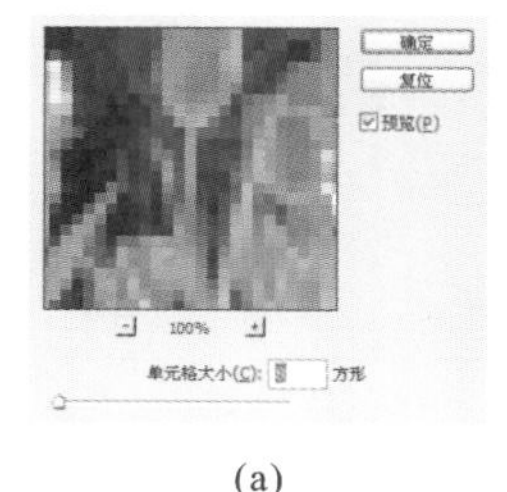

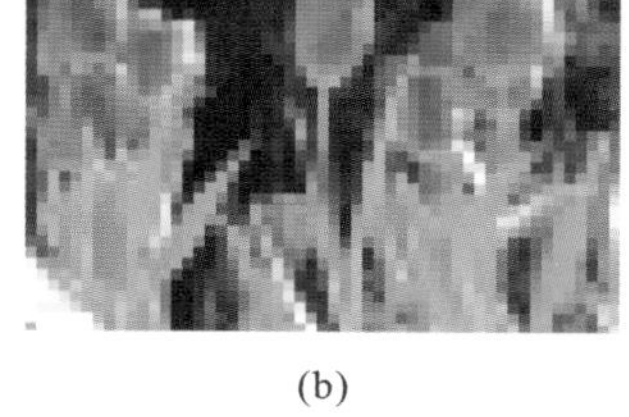

(a) (b)

图 7-3-6 马赛克

6．碎片

碎片滤镜以方块形式将图像重复四次，逐次降低透明度，产生一种不稳的效果。最终效果如图 7-3-7 所示。

7．铜版雕刻

“铜版雕刻”命令是用点、线条或笔画重新生成图像，且图像的颜色被饱和。它是一种特殊半调网屏图案，其中以随机分布的旋涡状曲线和小孔取代普通半调网点。在“铜版雕刻”对话框中的“类型”下拉列表中可以任意选择网格模式，使图像生成不同网格的画面效果。最终效果如图 7-3-8 所示。

图 7-3-7 碎片

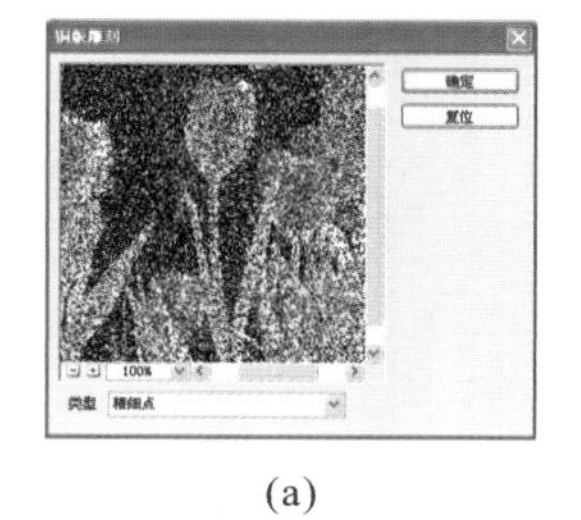

(a) (b)

图 7-3-8 铜版雕刻

7.3.2 扭曲滤镜组

扭曲滤镜的使用,使图像产生三维或其他形式的扭曲。扭曲滤镜的效果一般较为强烈,用于选择的、羽化的图像区域,使整体图像效果显得更为精细。原图如图 7-3-9 所示。

1. 波浪

使用“波浪”命令可以生成强烈的波纹效果,并可对波长和振幅进行控制,效果如图 7-3-10 所示。

图 7-3-9 原图(扭曲滤镜组)

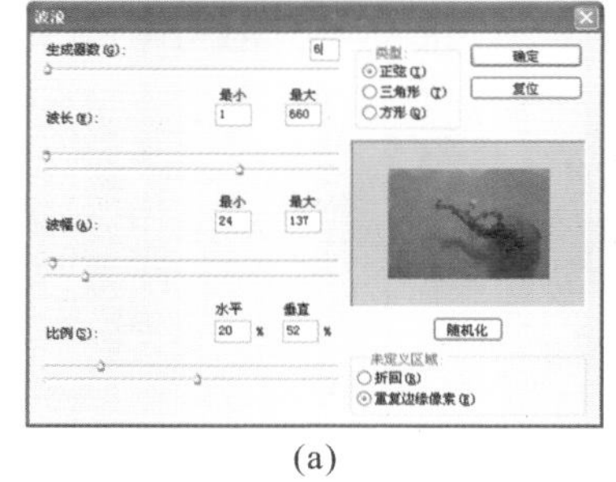

(a)

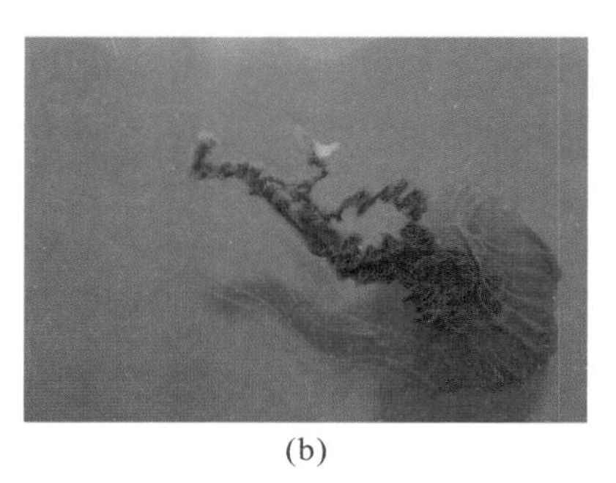

(b)

图 7-3-10 波浪

2. 波纹

选择“波纹”命令所生成的效果类似于水面波纹。进行设置后的最终效果如图 7-3-11 所示。

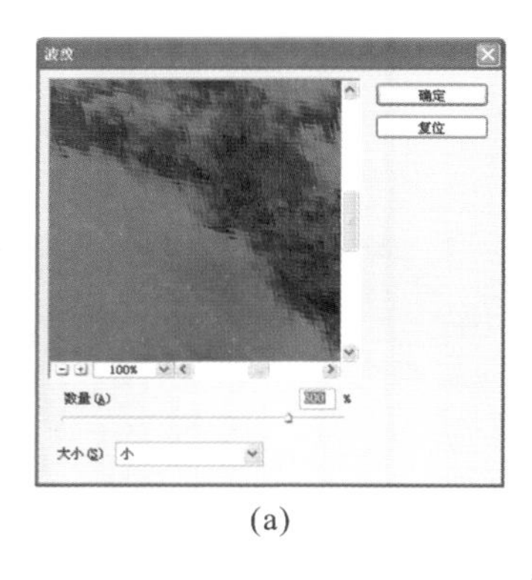

(a)

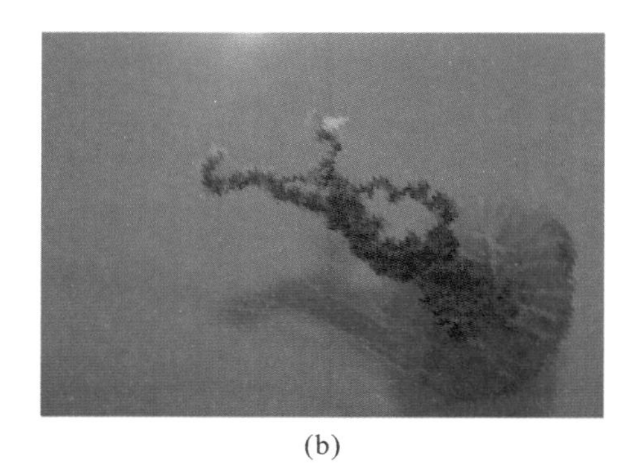

(b)

图 7-3-11 波纹

3. 玻璃

使用“玻璃”命令可以产生类似画布置于玻璃下的效果。进行设置后的最终效果,如图 7-3-12 所示。

4. 海洋波纹

选择“海洋波纹”命令将在画面的表面生成一种随机性间隔的波纹,产生类似于画面置于水下的效果。执行该命令时,将弹出“海洋波纹”对话框,如图 7-3-13 所示。

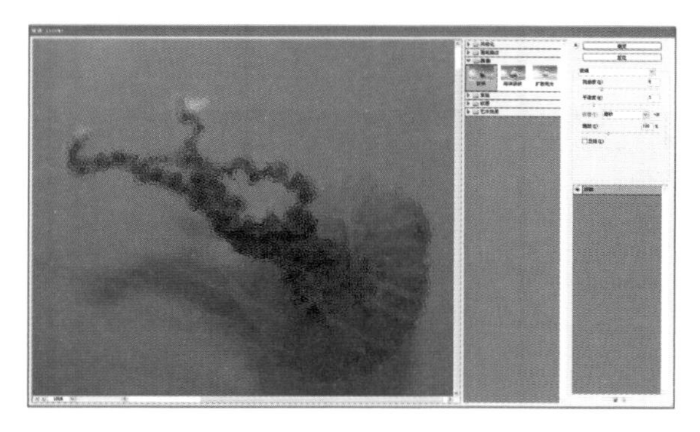

图 7-3-12 玻璃

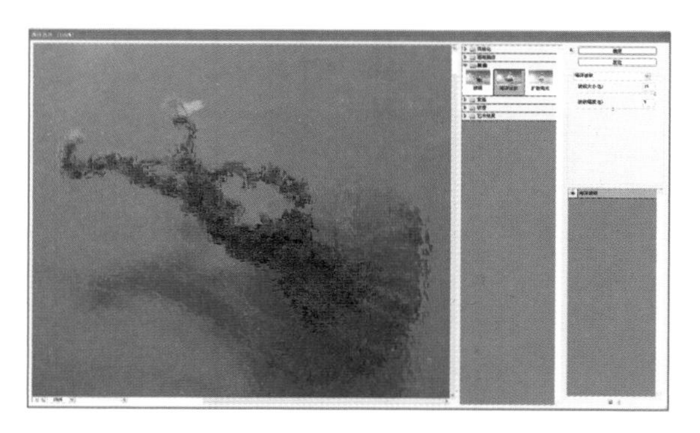

图 7-3-13 海洋波纹

5. 极坐标

"极坐标"命令用于使图像产生强烈的变形。执行该命令时，将弹出"极坐标"对话框，设置后形成的最终效果如图 7-3-14 所示。

6. 挤压

选择"挤压"命令可以对图像向外或向内进行挤压。执行该命令时，将弹出"挤压"对话框，"数量"可以是负值，也可以是正值。当数量为负值时，图像向外挤压，且数值越小，挤压程度越大；当数量为正值时，图像向内挤压，且数值越大，挤压程度越大。设置后的最终效果如图 7-3-15 所示。

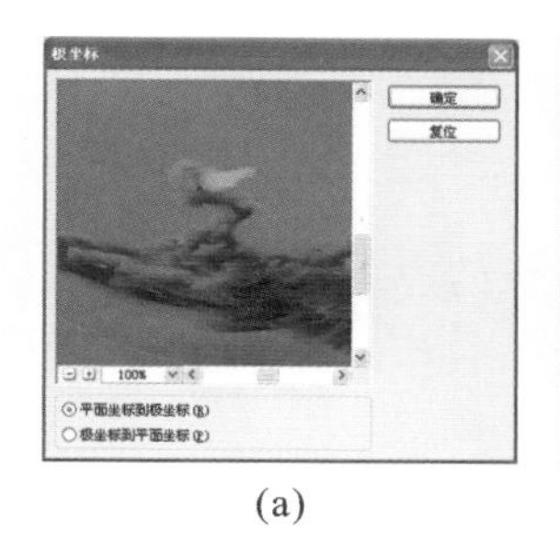

(a)

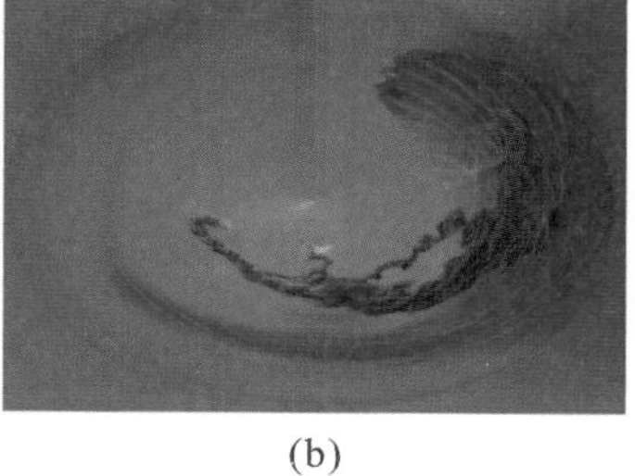

(b)

图 7-3-14　极坐标

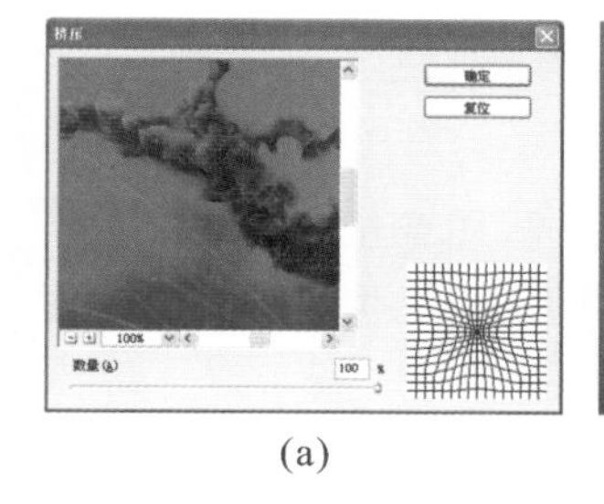

(a)

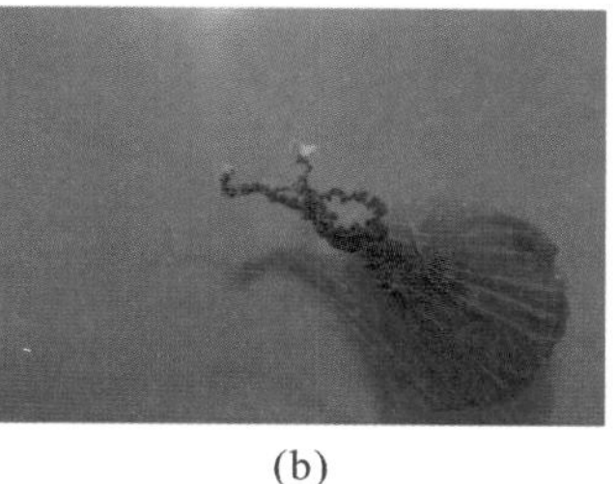

(b)

图 7-3-15　挤压

7. 扩散亮光

使用"扩散亮光"命令，可以对图像的高光区域用背景色填充，以散射图像上的高光，使图像产生发光效果。执行该命令时，弹出"扩散亮光"对话框，设置后的最终效果如图 7-3-16 所示。

8. 切变

切变滤镜可以使图像按指定曲线进行变形。执行该命令时，弹出"切变"对话框，设置后的最终效果如图 7-3-17所示。

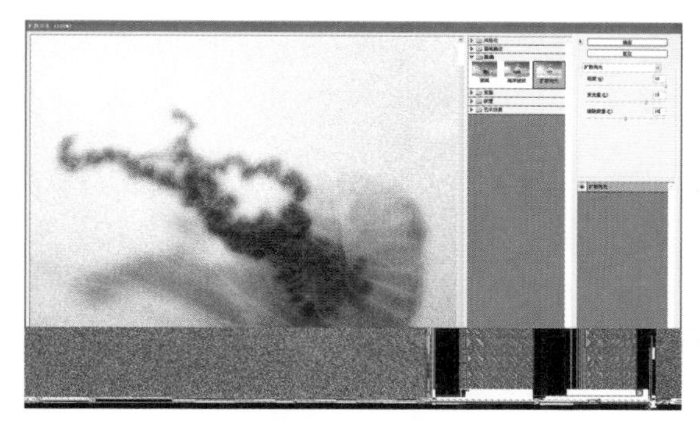

图 7-3-16　扩散亮光

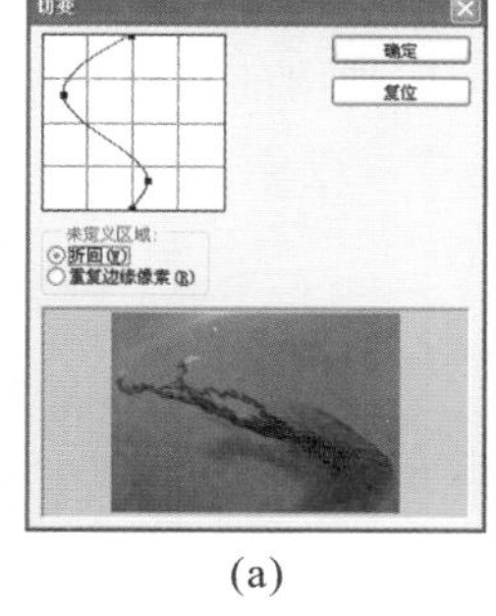

(a)

(b)

图 7-3-17　切变

9. 球面化

使用"球面化"命令可以将图像挤压，产生图像包在球面或柱面上的立体效果。执行该命令时，将弹出"球面化"对话框，设置后的最终效果如图 7-3-18 所示。

10. 水波

使用"水波"命令所生成的效果类似于平静的水面波纹。执行该命令时，将弹出"水波"对话框，设置后的最终效果如图 7-3-19 所示。

11. 旋转扭曲

选择"旋转扭曲"命令将以图像或选择区域的中心来对图像进行旋转扭曲变形。在对图像进行旋转扭曲后，图像或选择区域的中心扭曲程度要比边缘的扭曲强烈。执行该命令时，将弹出"旋转扭曲"对话框，设置后的最终效果如图 7-3-20 所示。

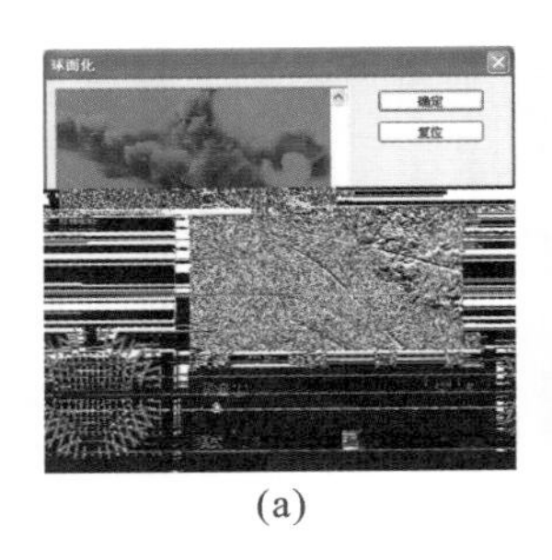

(a)

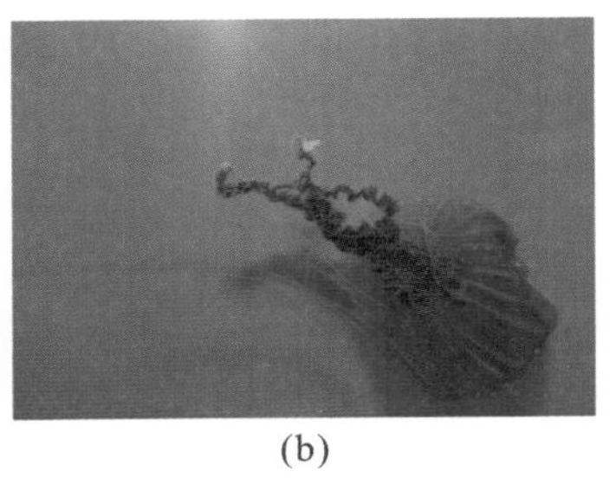

(b)

图 7-3-18　球面化

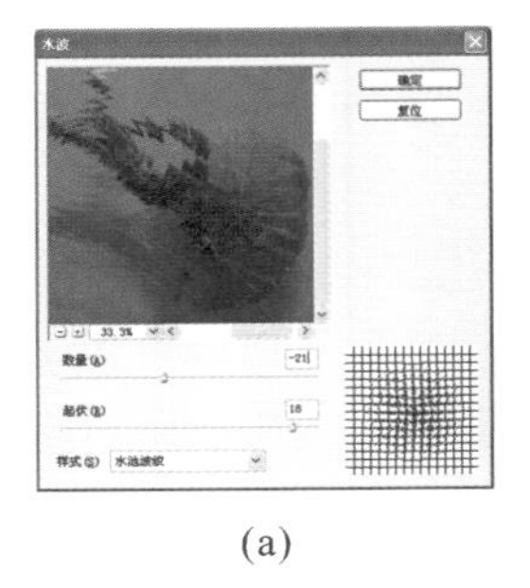

(a)

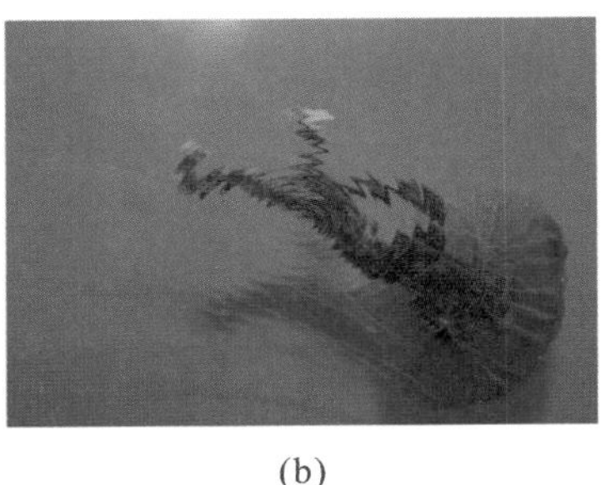

(b)

图 7-3-19　水波

12. 置换

使用“置换”命令可以使一幅图像按照另一幅图像的纹理进行变形，最终用两幅图像的纹理将两幅图像组合在一起。用来置换前一幅图像的图像被称为置换图。执行该命令时，将弹出“置换”对话框，选择一个要置换的图像，设置后的最终效果如图 7-3-21 所示。

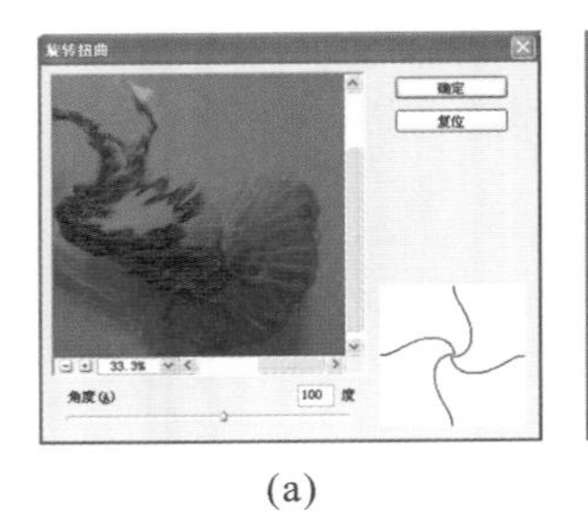

(a)

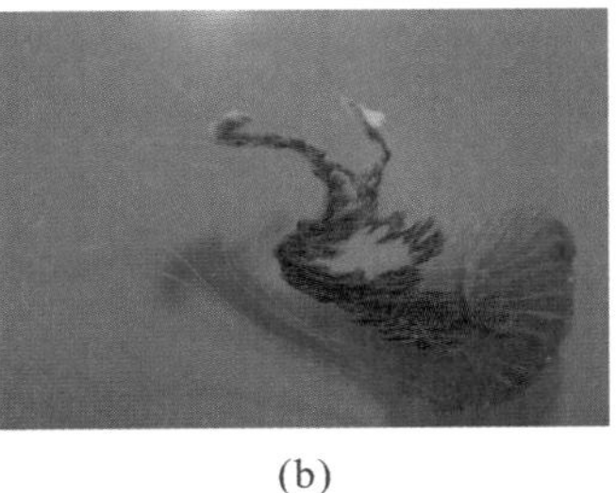

(b)

图 7-3-20　旋转扭曲

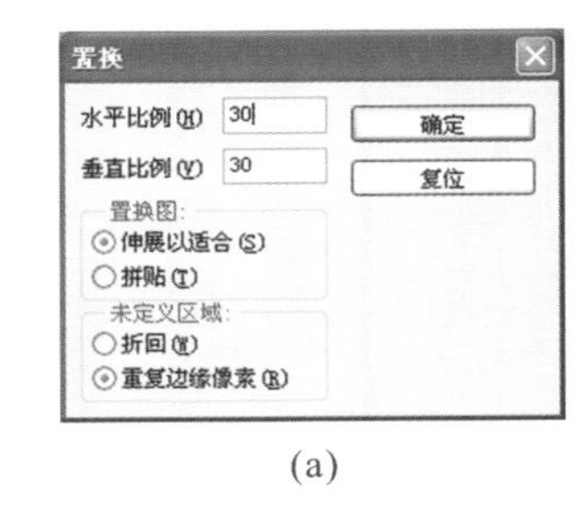

(a)

(b)

图 7-3-21　置换

7.3.3　杂色滤镜组

杂色滤镜组中的滤镜用于添加或去掉图像中的杂点。使用该组滤镜可以创建不同寻常的纹理或去掉图像中有缺陷的区域(如图像扫描时带的一些灰尘或原稿上的划痕等)，也可用这些滤镜生成一些特殊的底纹。原图如图 7-3-22 所示。

1. 减少杂色

“减少杂色”命令是在基于影响整个图像或各个通道的用户设置保留边缘的同时减少杂色。执行该命令时，将弹出“减少杂色”对话框，设置后的最终效果如图 7-3-23 所示。

图 7-3-22　原图(杂色滤镜组)

图 7-3-23　减少杂色

2. 蒙尘与划痕

选择“蒙尘与划痕”命令可以查找图像中的小缺陷，将其融入周围的图像中，使其在清晰化的图像和隐藏的缺陷之间达到平衡。执行该命令时，将弹出“蒙尘与划痕”对话框，设置后的最终效果如图 7-3-24 所示。

3. 去斑

去斑滤镜用于检测图像的边缘(发生显著颜色变化的区域)并模糊出那些边缘外的所有选区。该操作会移去杂色，同时保留细节。图 7-3-25 所示为执行“去斑”命令前后效果的对比。

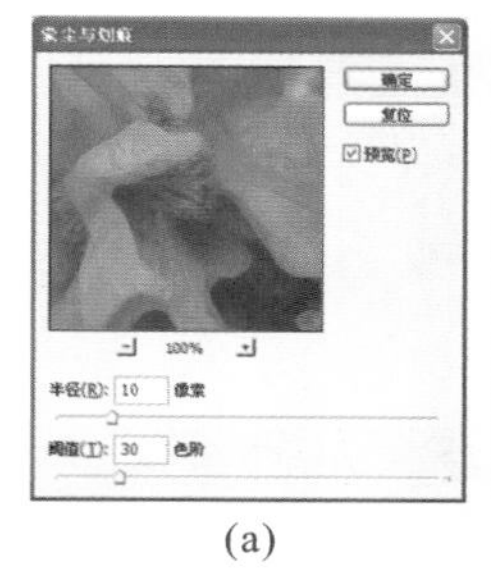

(a)

(b)

图 7-3-24 蒙尘与划痕

(a)

(b)

图 7-3-25 去斑

4. 添加杂色

使用“添加杂色”命令可以将一定数量的杂色以随机的方式引入图像中，并可以使混合时产生的色彩有散漫的效果。执行该命令时，将弹出“添加杂色”对话框，设置后的最终效果如图 7-3-26 所示。

5. 中间值

中间值通过混合选区中像素的亮度来减少图像的杂色。设置后的最终效果如图 7-3-27 所示。

(a)

(b)

图 7-3-26 添加杂色

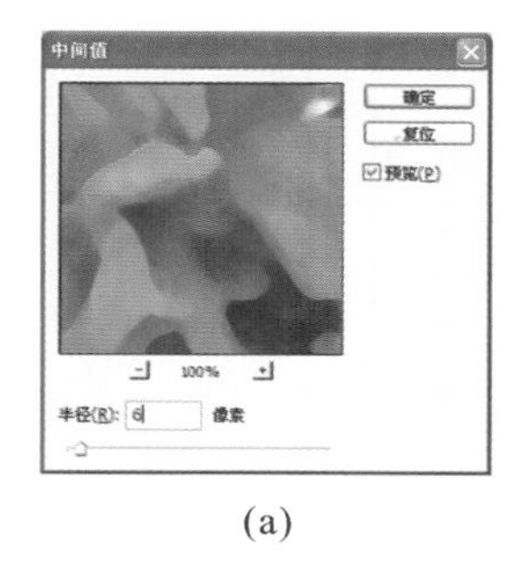

(a)

(b)

图 7-3-27 中间值

7.3.4 模糊滤镜组

使用模糊滤镜组可以对图像进行模糊处理，可以利用此滤镜组来突出画面中的某一部分；对画面中颜色变化较大的区域进行模糊，可以使画面变得较为柔和平滑；同样，可以利用此滤镜组去除画面中的杂色。原图如图 7-3-28 所示。

1. 表面模糊

使用“表面模糊”命令在保留边缘的同时模糊图像。此滤镜用于创建特殊效果并消除杂色或粒度。执行该命令时，将弹出“表面模糊”对话框，设置后的最终效果如图 7-3-29 所示。

2. 动感模糊

使用“动感模糊”命令可以使图像产生模糊运动的效果，类似于物体高速运动时曝光的摄影手法。设置后的最终效果如图 7-3-30 所示。

3. 方框模糊

“方框模糊”命令是在相邻像素的平均颜色值的基础上来模糊图像的。此滤镜用于创建特殊效果。可以调整用于计算给定像素的平均值的区域大小，半径越大，产生的模糊效果越好。设置后的最终效果如图 7-3-31

所示。

图 7-3-28　原图(模糊滤镜组)

(a)　　(b)

图 7-3-29　表面模糊

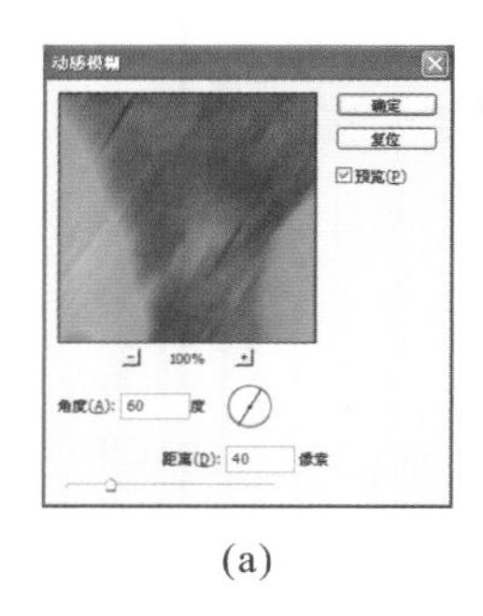

(a)

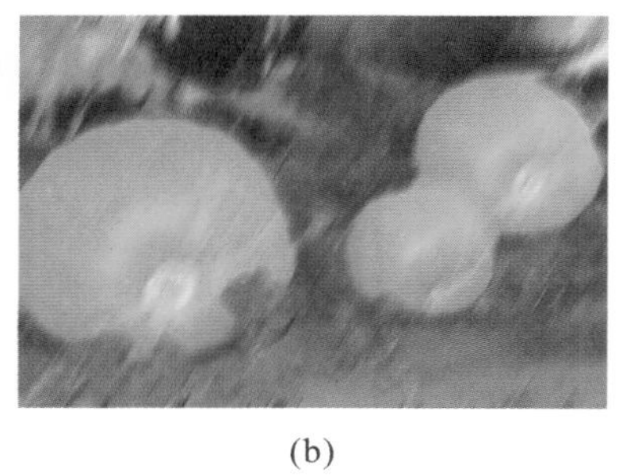

(b)

图 7-3-30　动感模糊

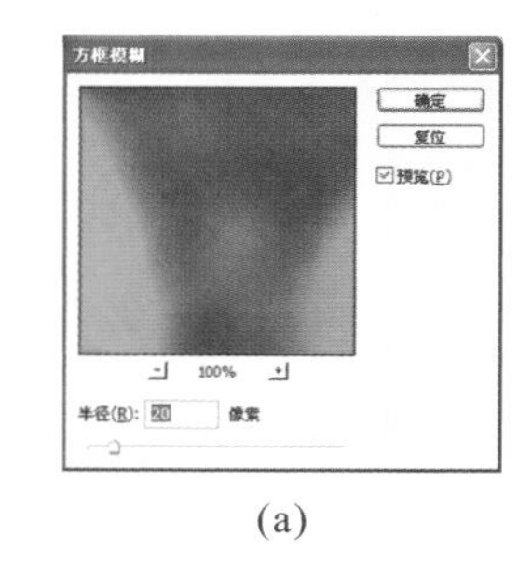

(a)

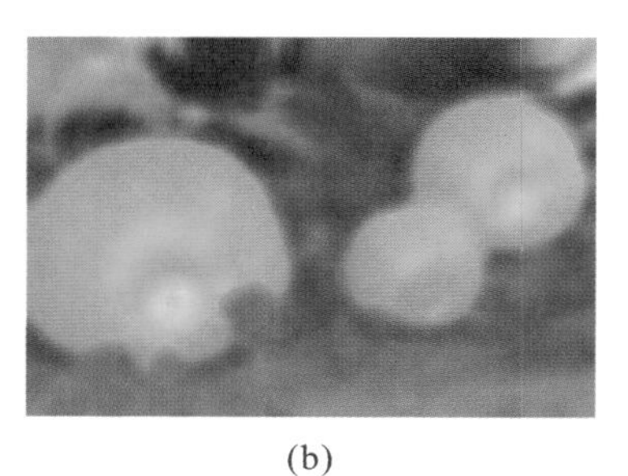

(b)

图 7-3-31　方框模糊

4. 高斯模糊

用户可以直接根据高斯算法中的曲线调节像素的色值，通过控制模糊半径控制模糊程度，造成难以辨认的浓厚的图像模糊。高斯模糊滤镜主要用于制作阴影、消除边缘锯齿、去除明显边界和突起。设置后的最终效果如图 7-3-32 所示。

5. 进一步模糊

使用“进一步模糊”命令与“模糊”命令对图像所产生的模糊效果基本相同，但使用“进一步模糊”命令要比“模糊”命令产生的图像模糊效果更加明显。

6. 径向模糊

使用“径向模糊”命令可以使图像产生旋转或放射的模糊运动效果。执行该命令时，将弹出“径向模糊”对话框，设置后的最终效果如图 7-3-33 所示。

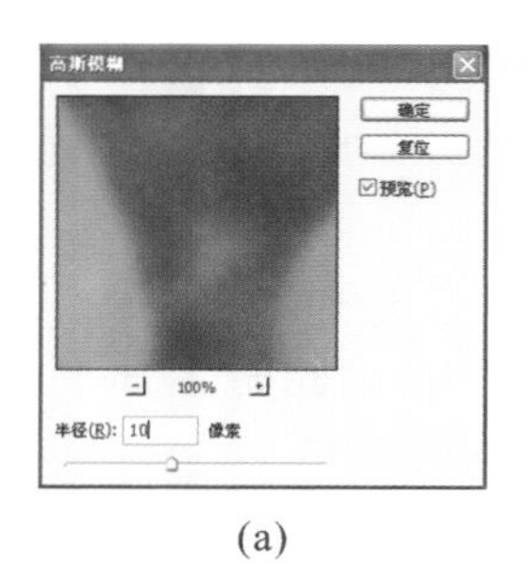

(a)

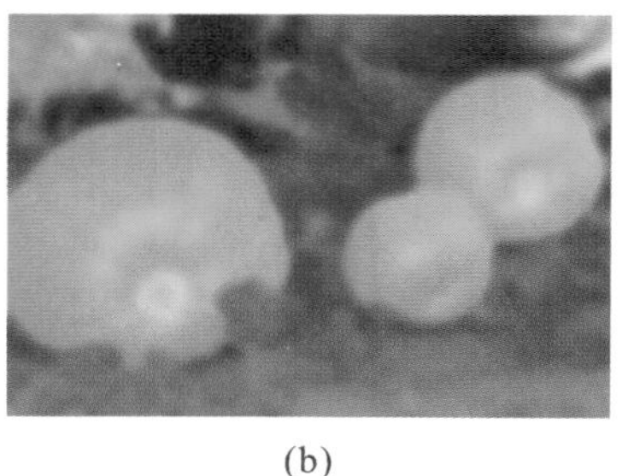

(b)

图 7-3-32　高斯模糊

(a)

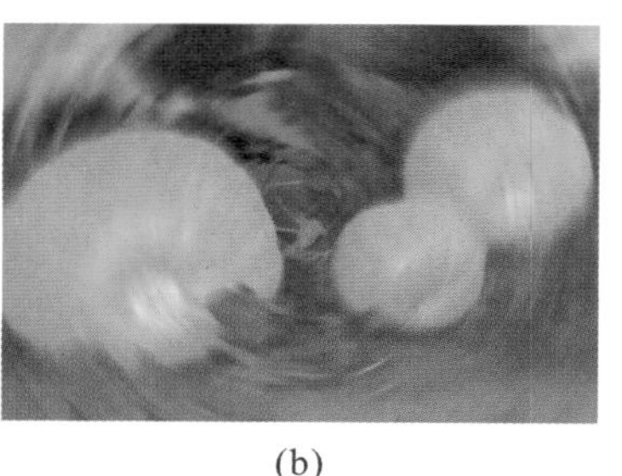

(b)

图 7-3-33　径向模糊

7. 镜头模糊

使用“镜头模糊”命令向图像中添加模糊以产生更窄的景深效果，以便使图像中的一些对象在焦点内，而使另一些区域变模糊。设置后的最终效果如图 7-3-34 所示。

8. 模糊

选择"模糊"命令可以使图像产生极其轻微的模糊效果，只有多次使用此命令后才可以看出图像模糊的效果，直接执行此命令，系统将自动对图像进行处理。

9. 平均

"平均"命令用于找出图像或选区的平均颜色，然后用该颜色填充图像或选区以创建平滑的外观。选中南瓜后的效果如图 7-3-35 所示。

图 7-3-34 镜头模糊

图 7-3-35 平均

10. 特殊模糊

当画面中有微弱变化的区域时，便可以使用"特殊模糊"命令。执行"特殊模糊"命令后，将弹出"特殊模糊"对话框，选择"叠加边缘"模式会把当前图像一些纹理的边缘变为白色，设置后的效果如图 7-3-36 所示。

11. 形状模糊

"形状模糊"命令是使用指定的形状内核来创建模糊。执行该命令时，将弹出"形状模糊"对话框，从"自定形状预设"列表中选取一种形状，并使用"半径"滑块来调整其大小，设置后的最终效果如图 7-3-37 所示。

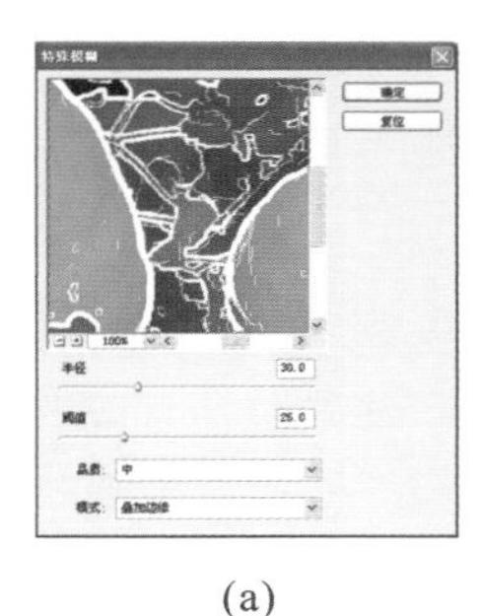

(a)

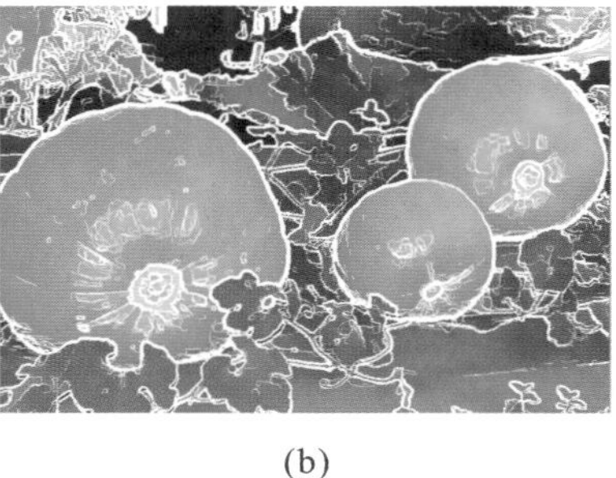

(b)

图 7-3-36 特殊模糊

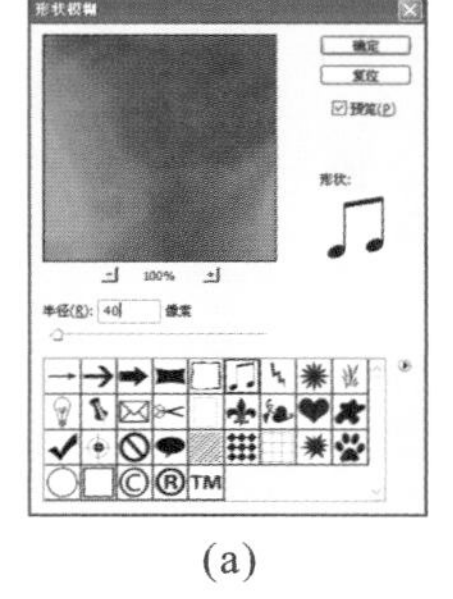

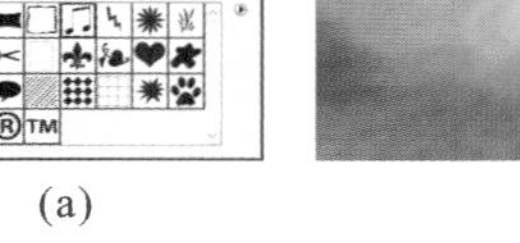

(a)

(b)

图 7-3-37 形状模糊

7.3.5 渲染滤镜组

使用渲染滤镜组可以在画面中制作立体、云彩和光照等特殊效果。其中"光照效果"命令可以绘制出非常漂亮的纹理图像，"云彩""分层云彩""纤维"及"镜头光晕"命令同样也都是很有用的命令。原图如图 7-3-38 所示。

1. 分层云彩

"分层云彩"命令是根据当前图像的颜色，产生与原图像有关的云彩效果，其方式与"差值"模式混合颜色的方式相同。设置后的最终效果如图 7-3-39 所示。

2. 光照效果

选择"光照效果"命令可绘制出多种奇妙的灯光纹理效果，此命令是软件中非常重要的一个命令。执行该命令时，将弹出“光照效果”对话框，设置后的最终效果如图 7-3-40 所示。

图 7-3-38　原图（渲染滤镜组）

图 7-3-39　分层云彩

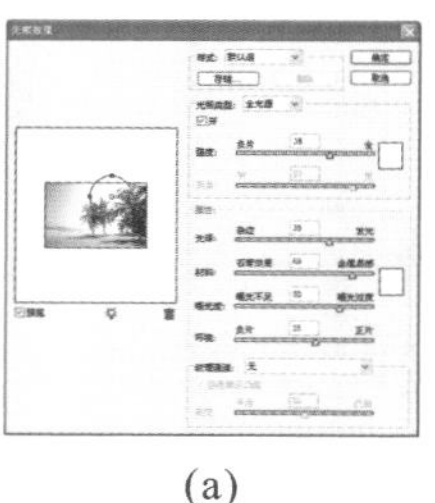

(a)

(b)

图 7-3-40　光照效果

3. 纤维

“纤维”命令是根据前景色与背景色在画面中生成类似于纤维的效果，执行该命令时，将弹出“纤维”对话框，设置后的最终效果如图 7-3-41 所示。

4. 镜头光晕

选择“镜头光晕”命令可以使图像产生摄像机镜头的眩光效果。执行该命令时，将弹出“镜头光晕”对话框，设置后的最终效果如图 7-3-42 所示。

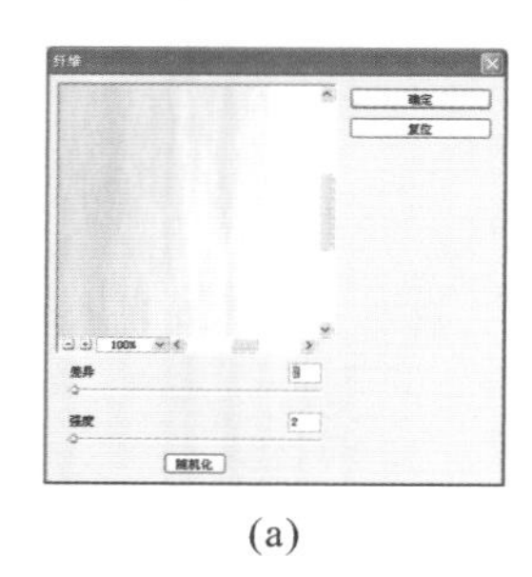

(a)

(b)

图 7-3-41　纤维

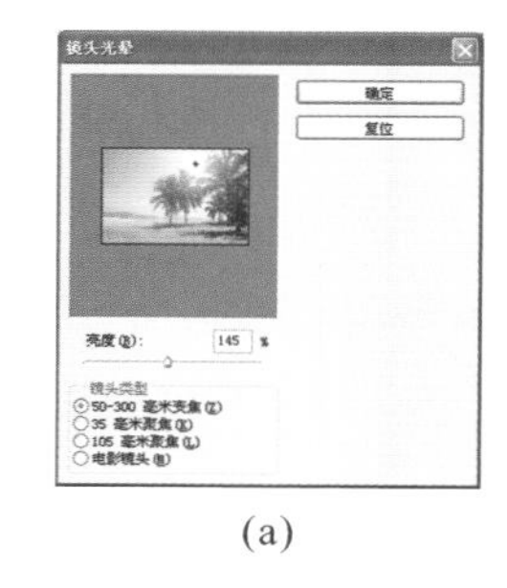

(a)

(b)

图 7-3-42　镜头光晕

5. 云彩

“云彩”命令是根据前景色与背景色在画面中生成类似于云彩的效果，此命令没有对话框，每次使用此命令时，所生成画面效果都会有所不同。设置后的最终效果如图 7-3-43 所示。

7.3.6　画笔描边滤镜组

运用画笔描边滤镜组可以使图像产生绘画效果，其工作原理为在图形中增加颗粒、杂色或纹理，从而使图像产生多样的绘画效果。原图如图 7-3-44 所示。

图 7-3-43　云彩

图 7-3-44　原图（画笔描边滤镜组）

1. 成角的线条

当选择“成角的线条”命令时，系统将以对角线方向的线条描绘图像。在画面中较亮的区域与较暗的区域分别使用两种不同角度的线条进行描绘。执行该命令时，将弹出“成角的线条”对话框，设置后的最终效果如图

7-3-45 所示。

2. 墨水轮廓

“墨水轮廓”命令是用圆滑的细线重新描绘图像的细节，从而使图像产生钢笔油墨画的风格。执行该命令时，将弹出“墨水轮廓”对话框，设置后的最终效果如图 7-3-46 所示。

图 7-3-45　成角的线条

图 7-3-46　墨水轮廓

3. 喷溅

使用“喷溅”命令可以在图像中产生颗粒飞溅的效果。执行该命令时，将弹出“喷溅”对话框，设置后的最终效果如图 7-3-47 所示。

4. 喷色描边

“喷色描边”命令是用颜料按照一定的角度在画面中喷射，以重新绘制图像。执行该命令时，将弹出“喷色描边”对话框，设置后的最终效果如图 7-3-48 所示。

图 7-3-47　喷溅

图 7-3-48　喷色描边

4. 强化的边缘

选择“强化的边缘”命令可以对图像中不同颜色之间的边缘进行加强处理。执行该命令时，将弹出“强化的边缘”对话框，设置后的最终效果如图 7-3-49 所示。

6. 深色线条

“深色线条”命令可以在画面中用短而密的线条绘制图像中的深色区域，用较长的白色线条描绘图像中的浅色区域。执行该命令时，将弹出“深色线条”对话框，设置后的最终效果如图 7-3-50 所示。

7. 烟灰墨

“烟灰墨”命令可以使图像产生一种类似于毛笔在宣纸上绘画的效果。执行该命令时，将弹出“烟灰墨”对话框，设置后的最终效果如图 7-3-51 所示。

图 7-3-49　强化的边缘

图 7-3-50　深色线条

8. 阴影线

使用"阴影线"命令可以使图像中产生一种类似于用铅笔绘制交叉线的效果。执行该命令时，将弹出"阴影线"对话框，设置后的最终效果如图 7-3-52 所示。

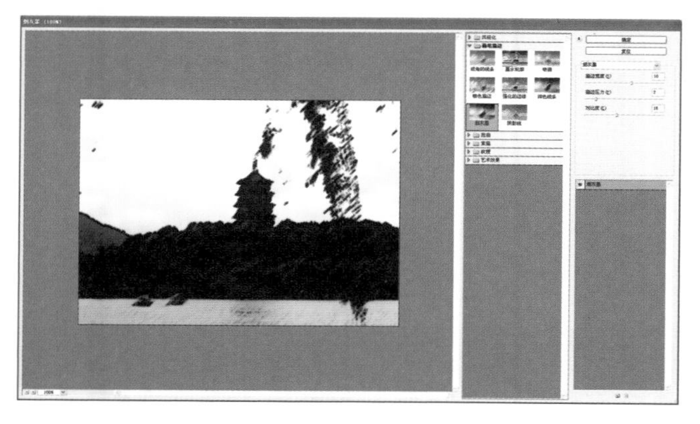

图 7-3-51　烟灰墨

图 7-3-52　阴影线

7.3.7 素描滤镜组

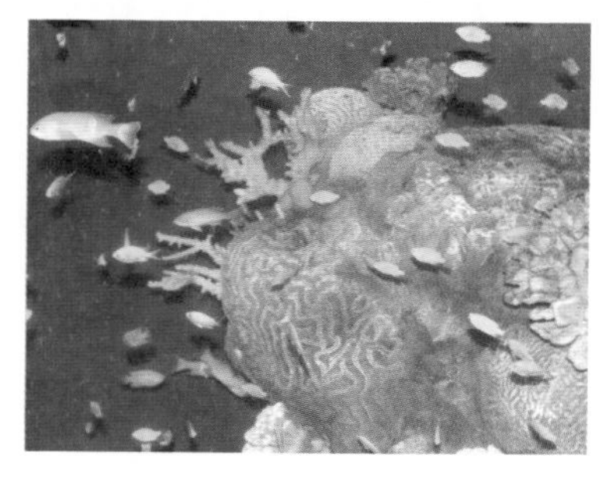

图 7-3-53　原图(素描滤镜组)

素描滤镜组主要对图像进行快速描绘，可产生速写的图像效果，也可以用于产生手绘和艺术效果。原图如图 7-3-53 所示。

1. 半调图案

选择"半调图案"命令可根据当前工具箱中的前景色与背景色重新给图像进行颜色的添加，使图像产生一种网纹图案的效果。设置后的最终效果如图 7-3-54 所示。

2. 便条纸

"便条纸"命令使用当前前景色、背景色创建一种立体效果，以模拟真实的凹凸的便条纸。它适用于简单的黑白插图，或从一幅灰度图快速创建立体的彩色效果，设置后的最终效果如图 7-3-55 所示。

3. 粉笔和炭笔

使用"粉笔和炭笔"命令可以使用前景色在图像上绘制出粗糙高亮区域，使用背景色在图像上绘制出中间色调，使用的前景色为炭笔，背景色为粉笔。设置后的最终效果如图7-3-56所示。

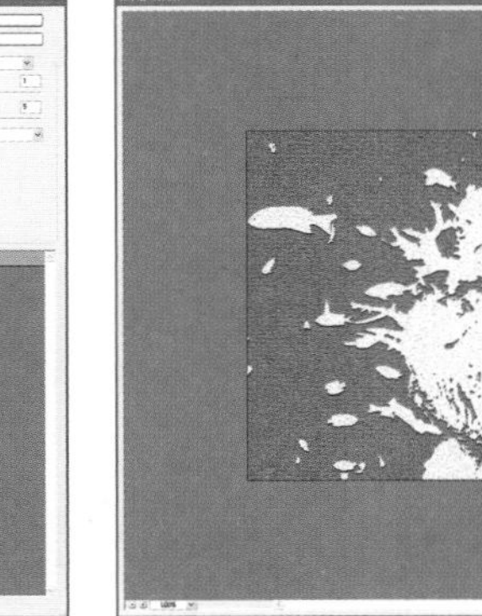

图 7-3-54　半调图案

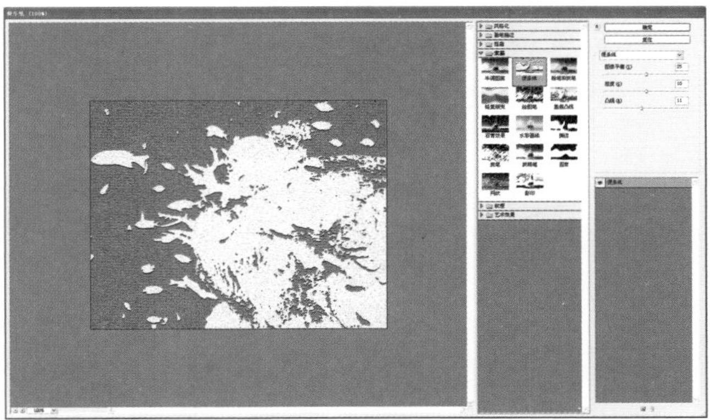

图 7-3-55　便条纸

4. 铬黄渐变

使用“铬黄渐变”命令可以根据原图像的明暗分布情况产生磨光的金属效果。设置后的最终效果如图7-3-57所示。

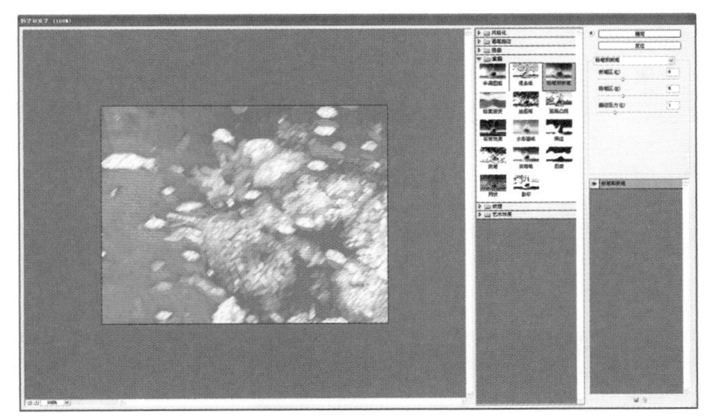

图 7-3-56　粉笔和炭笔

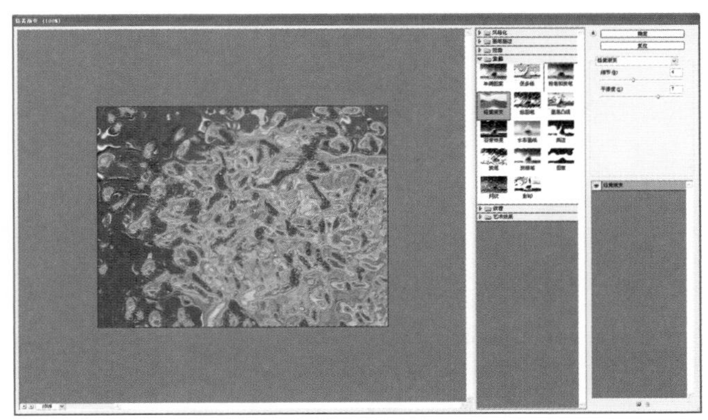

图 7-3-57　铬黄渐变

5. 绘图笔

使用“绘图笔”命令可以用前景色以对角方向重新绘制图像。设置后的最终效果如图 7-3-58 所示。

6. 基底凸现

“基底凸现”命令用于使图像产生凹凸起伏的雕刻效果，且用前景色对画面中的较暗区域进行填充，较亮区域用背景色进行填充。设置后的最终效果如图 7-3-59 所示。

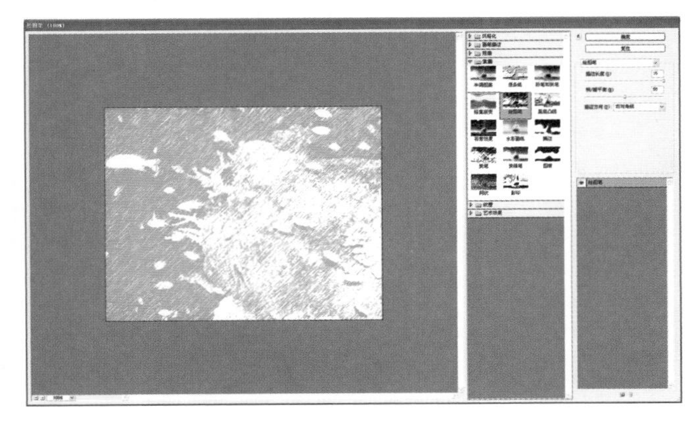

图 7-3-58　绘图笔

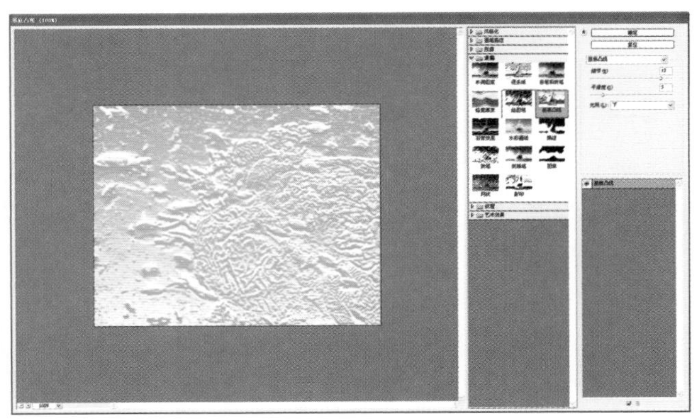

图 7-3-59　基底凸现

7. 石膏效果

“石膏效果”命令用于使图像产生阴影突出的石膏效果。设置后的最终效果如图 7-3-60 所示。

8. 水彩画纸

“水彩画纸”命令用于产生潮湿的纸上作画的溢出混合效果。设置后的最终效果如图 7-3-61 所示。

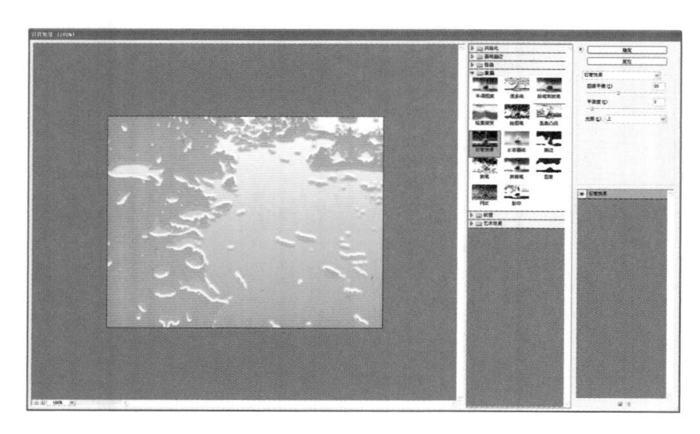

图 7-3-60　石膏效果

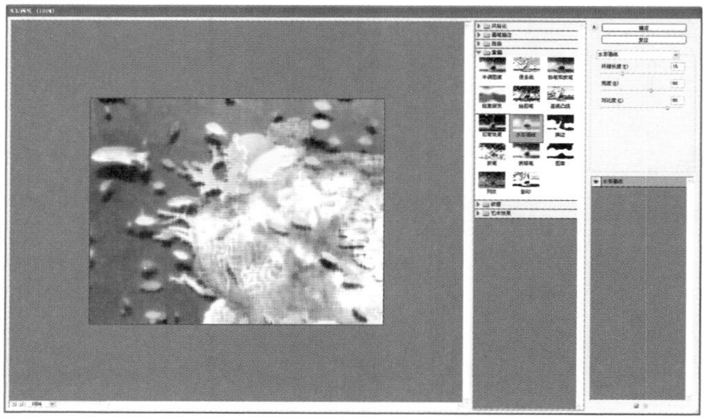

图 7-3-61　水彩画纸

9. 撕边

使用“撕边”命令可以使图像产生用粗糙的颜色边缘模拟碎纸片的效果。设置后的最终效果如图 7-3-62 所示。

10. 炭笔

使用“炭笔”命令可以用前景色在背景色上重新绘制图案。在绘制的图像中,用粗线绘制图像的主要边缘,用细线绘制图像的中间色调。设置后的最终效果如图 7-3-63 所示。

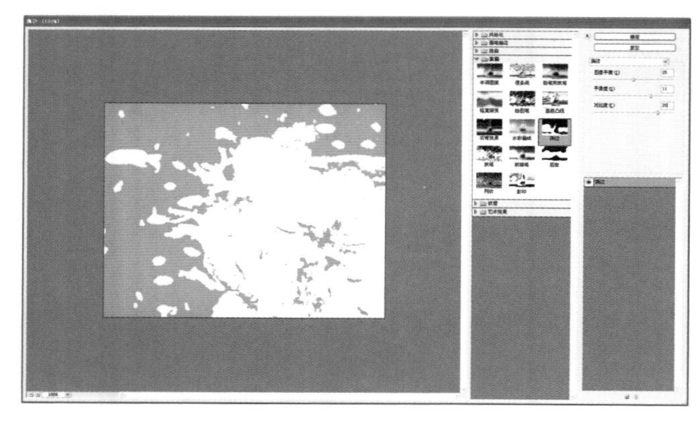

图 7-3-62　撕边

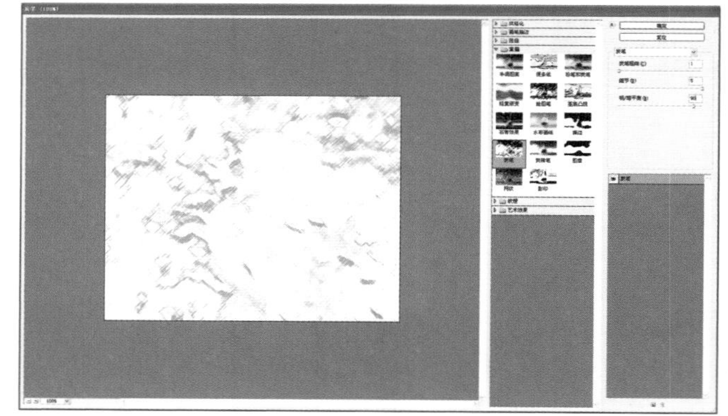

图 7-3-63　炭笔

11. 炭精笔

使用“炭精笔”命令产生的效果类似于用前景色绘制画面中较暗的部分,用背景色绘制画面中较亮的部分,产生蜡笔绘制的感觉。设置后的最终效果如图 7-3-64 所示。

12. 图章

使用“图章”命令对图像所产生的效果与现实中的图章相似,在进行图章的模拟时,图像部分为前景色,其余部分为背景色。设置后的最终效果如图 7-3-65 所示。

13. 网状

使用“网状”命令可以产生透过网格向背景色上绘制半固体的前景色效果。设置后的最终效果如图 7-3-66 所示。

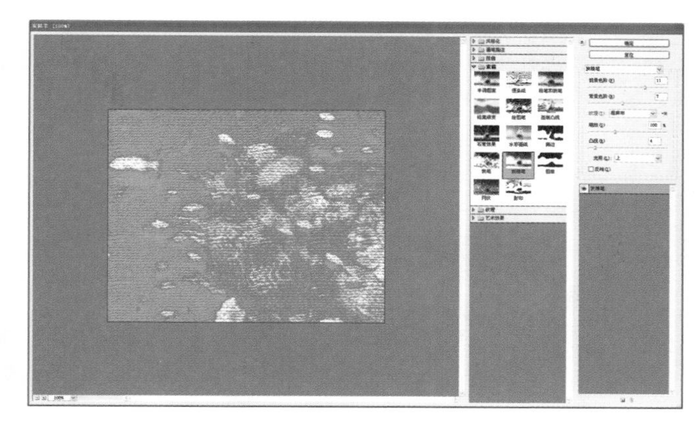

图 7-3-64 炭精笔

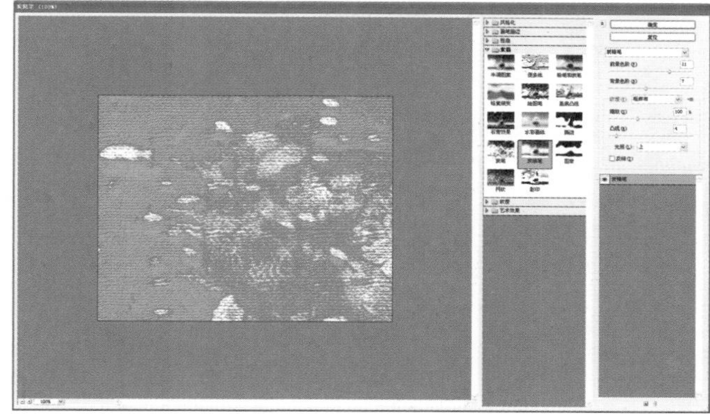

图 7-3-65 图章

14. 影印

使用“影印”命令可以模仿由前景色和背景色两种不同颜色影印图像的效果。设置后的最终效果如图7-3-67所示。

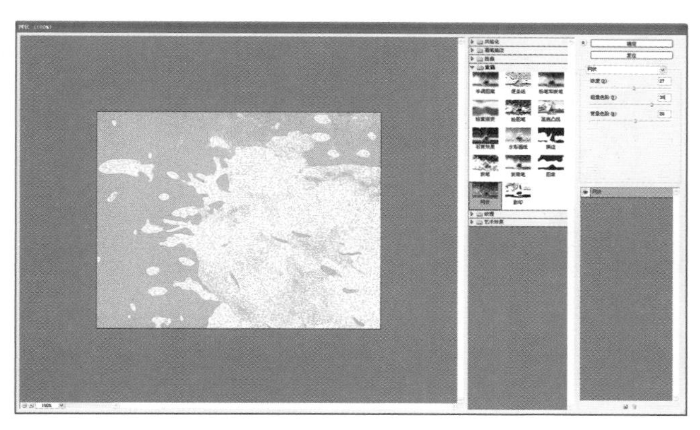

图 7-3-66 网状

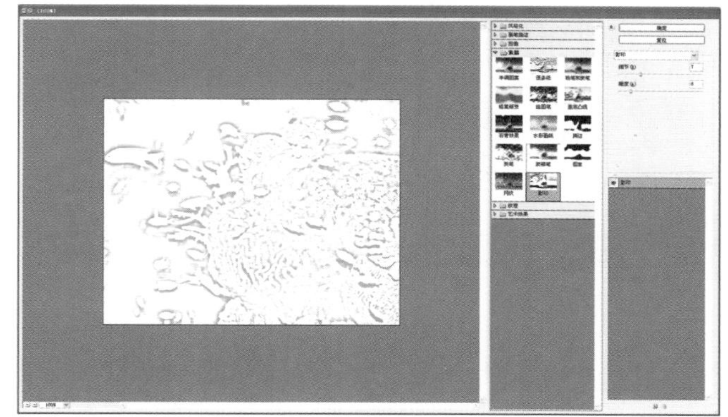

图 7-3-67 影印

7.3.8 纹理滤镜组

纹理滤镜组中的滤镜模拟具有深度感或物质感的外观，使图像产生各种各样的纹理过渡的变形效果，常用来创建图像的凹凸纹理和材质效果。原图如图7-3-68 所示。

图 7-3-68 原图（纹理滤镜组）

1. 龟裂缝

使用“龟裂缝”命令可使画面上形成许多纹理，类似于在粗糙的石膏表面绘画的效果。设置后的最终效果如图 7-3-69 所示。

2. 颗粒

使用“颗粒”命令可以利用颗粒使画面生成不同的纹理效果，当选择不同的颗粒类型时，画面所生成的纹理不同。设置后的最终效果如图 7-3-70 所示。

3. 马赛克拼贴

使用“马赛克拼贴”命令可以将画面分割成若干形状的小块，并在小块之间增加深色的缝隙。设置后的最终效果如图 7-3-71 所示。

4. 拼缀图

使用“拼缀图”命令可以将图像分为若干小方块，如同现实中的瓷砖。设置后的最终效果如图 7-3-72 所示。

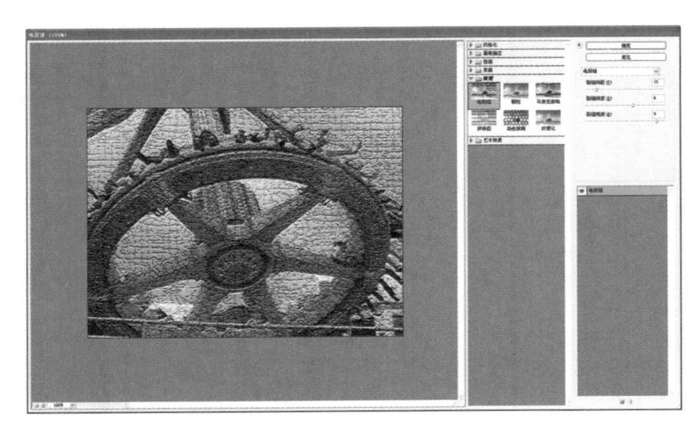

图 7-3-69　龟裂缝

图 7-3-70　颗粒

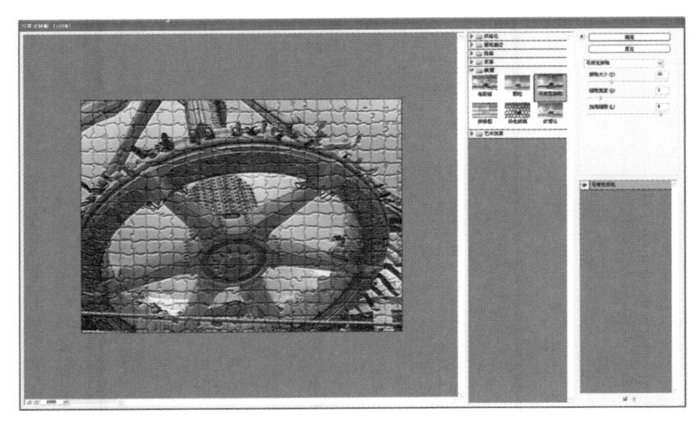

图 7-3-71　马赛克拼贴

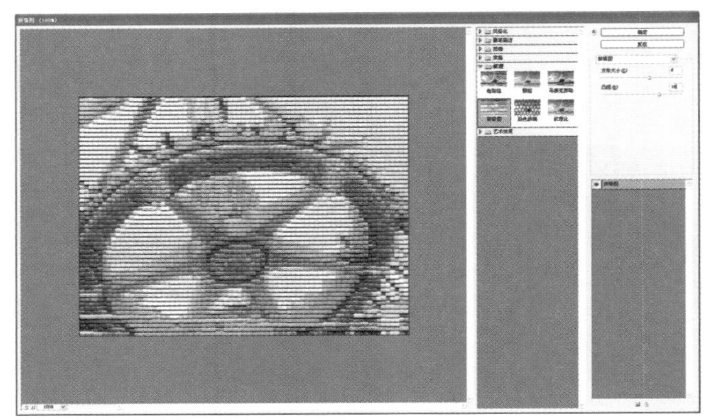

图 7-3-72　拼缀图

5. 染色玻璃

"染色玻璃"命令用于在画面中生成玻璃的模拟效果，生成玻璃块之间的缝隙将用前景色进行填充，图像中的多个细节将会随玻璃的生成而消失。设置后的最终效果如图 7-3-73 所示。

6. 纹理化

使用"纹理化"命令可以任意选择一种纹理样式，从而在画面中生成一种纹理效果。设置后的最终效果如图 7-3-74 所示。

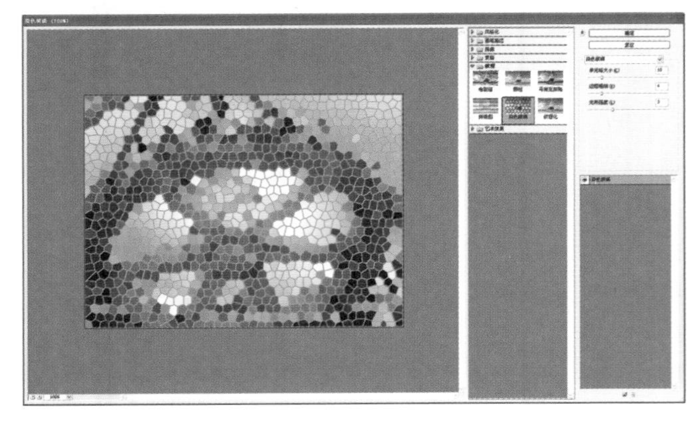

图 7-3-73　染色玻璃

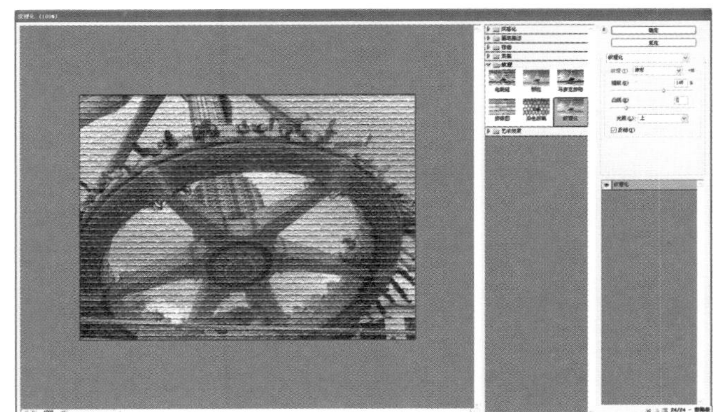

图 7-3-74　纹理化

7.3.9　艺术效果滤镜组

使用艺术效果滤镜组可以使图像产生多种不同风格的艺术效果，其中包括 15 种滤镜命令。原图如图

7-3-75所示。

1. 壁画

使用“壁画”命令可以在图像的边缘添加黑色，并增加反差的饱和度，从而使图像产生古壁画的效果。设置后的最终效果如图 7-3-76 所示。

2. 彩色铅笔

使用“彩色铅笔”命令可以模拟各种颜色的铅笔在单一颜色的背景上绘制图像，绘图的图像中较明显的边缘被保留，并带粗糙的阴影线外观。设置后的最终效果如图 7-3-77 所示。

图 7-3-75 原图(艺术效果滤镜组)

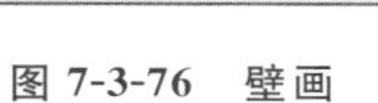

图 7-3-76 壁画

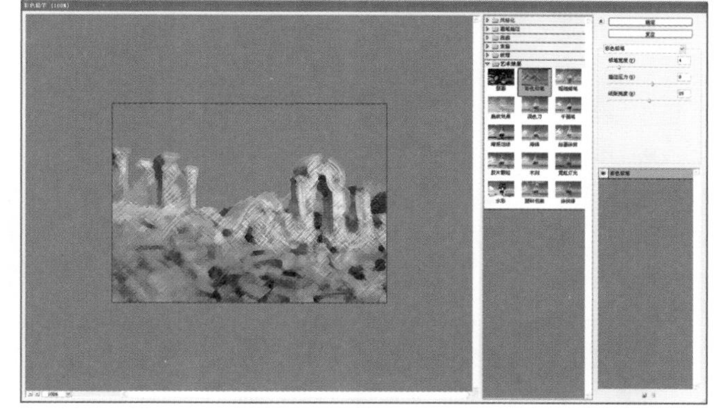

图 7-3-77 彩色铅笔

3. 粗糙蜡笔

使用“粗糙蜡笔”命令可以产生彩色画笔在布满纹理的图像中描绘的效果。设置后的最终效果如图 7-3-78 所示。

4. 底纹效果

使用“底纹效果”命令可以根据纹理和颜色产生一种纹理喷绘的图像效果，也可以用来创建布料或油画效果。设置后的最终效果如图 7-3-79 所示。

图 7-3-78 粗糙蜡笔

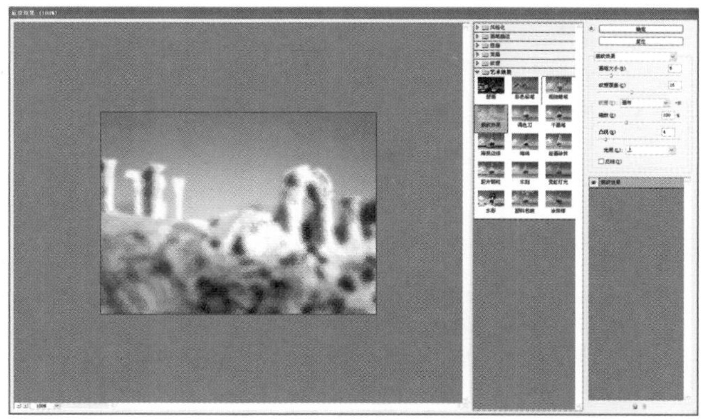

图 7-3-79 底纹效果

5. 调色刀

使用“调色刀”命令可以制作类似于用刀子刮去图像的细节，从而产生画布的效果。设置后的最终效果如图 7-3-80 所示。

6. 干画笔

使用“干画笔”命令可以通过减少图像的颜色来简化图像的细节，使图像有类似于油画和水彩画之间的效果。设置后的最终效果如图 7-3-81 所示。

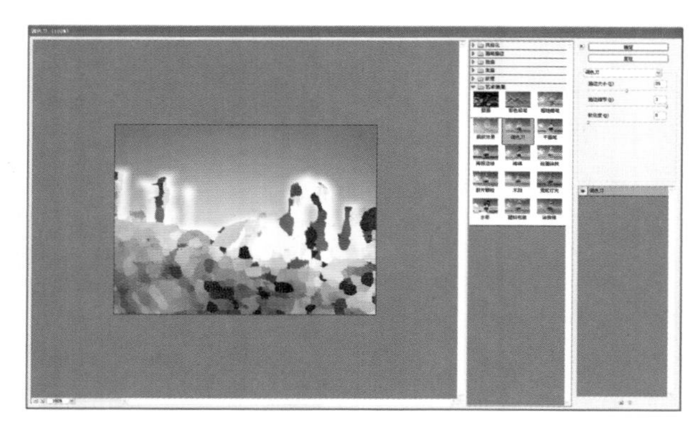

图 7-3-80　调色刀

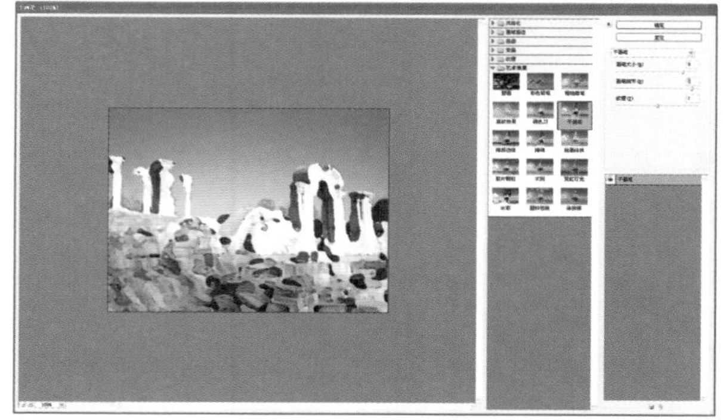

图 7-3-81　干画笔

7. 海报边缘

使用"海报边缘"命令可以减少原图像中的颜色，查找图像的边缘，并描成黑色的外轮廓。设置后的最终效果如图 7-3-82 所示。

8. 海绵

使用"海绵"命令可以模拟直接使用海绵在画面中绘画的效果。设置后的最终效果如图 7-3-83 所示。

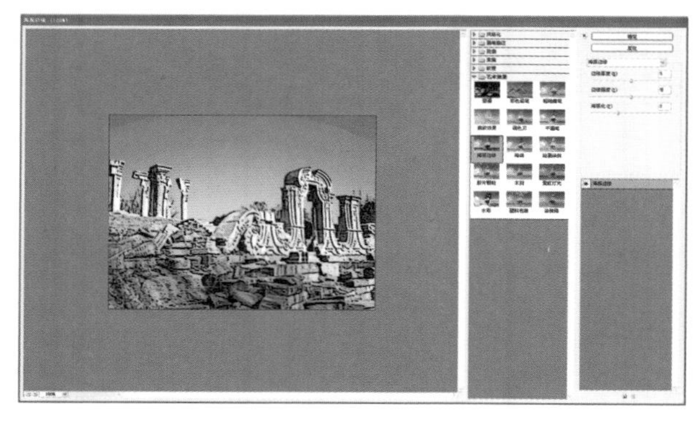

图 7-3-82　海报边缘

图 7-3-83　海绵

9. 绘画涂抹

"绘画涂抹"命令可以看作一组滤镜菜单的组合运用，它可以使图像产生模糊的艺术效果。设置后的最终效果如图 7-3-84 所示。

10. 胶片颗粒

使用"胶片颗粒"命令可以在画面中的暗色调与中间色调之间添加颗粒，使画面看起来色彩更为均匀平衡。设置后的最终效果如图 7-3-85 所示。

图 7-3-84　绘画涂抹

图 7-3-85　胶片颗粒

11. 木刻

使用“木刻”命令可以将画面中相近的颜色利用一种颜色进行代替，并且减少画面中原有的颜色，使图像看起来是由几种颜色所绘制而成的。设置后的最终效果如图 7-3-86 所示。

12. 霓虹灯光

使用“霓虹灯光”命令可以为图像添加类似霓虹灯一样的发光效果。设置后的最终效果如图 7-3-87 所示。

图 7-3-86 木刻

图 7-3-87 霓虹灯光

13. 水彩

使用“水彩”命令可以通过简化图像的细节，改变图像边界的色调及饱和图像的颜色等，使其产生一种类似于水彩风格的图像效果。设置后的最终效果如图 7-3-88 所示。

14. 塑料包装

使用“塑料包装”命令可以增加图像中的高光并强化图像中的线条，产生一种表现质感很强的塑料包装效果。设置后的最终效果如图 7-3-89 所示。

图 7-3-88 水彩

图 7-3-89 塑料包装

15. 涂抹棒

使用“涂抹棒”命令可以使画面中较暗的区域被密而短的黑色线条涂抹。设置后的最终效果如图 7-3-90 所示。

7.3.10 视频滤镜组

使用视频滤镜组可以将视频图像转换成普通的图像，同样可以将普通的图像转换成视频图像。该滤镜组包括以下 2 个命令。

1. NTSC 颜色

使用“NTSC 颜色”命令可以把一幅 RGB 图像中的一系列颜色恢复成电视的全部色彩，减少条纹及渗色，将图像转化成电视可以接收的信号颜色。

2. 逐行

使用“逐行”命令可以将图像中异常的交错线清除，从而达到光滑图像的效果。该命令适用于那些使用视频捕获卡和视频源（例如录像机）捕获到的图像，将视频信息组合在一起，以创建位图图像。

7.3.11 锐化滤镜组

使用锐化滤镜组可以将模糊的图像变得清晰，它主要通过增加相邻像素之间的对比度来使模糊图像变得清晰。原图如图 7-3-91 所示。

图 7-3-90 涂抹棒

图 7-3-91 原图（锐化滤镜组）

1. USM 锐化

USM 锐化是显示图像边缘细节的最精巧方法。它以较低的“半径”值产生较锐利的效果，以较高的“半径”值产生柔和的、高对比度的效果；较低的“阈值”可以使许多像素的对比增强，而较高的“阈值”则导致大量的像素不被锐化。设置后的最终效果如图 7-3-92 所示。

2. 进一步锐化

“进一步锐化”命令可以放大图像之间的反差，从而使图像产生较为清楚的效果。此命令相当于多次执行“锐化”命令对图像进行锐化的效果。使用“锐化”和“进一步锐化”命令与“模糊”和“进一步模糊”命令产生的效果恰好相反。最终效果如图 7-3-93 所示。

3. 锐化

锐化滤镜提供了最基本的像素对比增强功能，可以使图像的边缘产生轮廓锐化的效果。最终效果如图 7-3-94所示。

4. 锐化边缘

“锐化边缘”命令对图像的边缘轮廓进行锐化，它增强了图像的高对比区，使用它有助于显示图像中微小的细节。最终效果如图 7-3-95 所示。

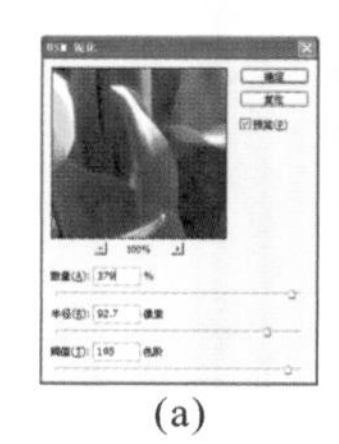

(a)

(b)

图 7-3-92 USM 锐化

图 7-3-93 进一步锐化

图 7-3-94 锐化

图 7-3-95 锐化边缘

5. 智能锐化

智能锐化滤镜具有 USM 锐化滤镜所没有的锐化控制功能。用户可以设置锐化算法，或控制在阴影和高光区域中进行的锐化量。设置后的最终效果如图 7-3-96 所示。

7.3.12 风格化滤镜组

风格化滤镜组通过替换像素、增强相邻像素的对比度，使图像产生加粗、夸张的效果。原图如图 7-3-97 所示。

1. 查找边缘

"查找边缘"命令将图像中低反差区变成白色，中反差变成灰色，而高反差边界变成黑色，硬边变成细线，柔边变成较粗的线。最终效果如图 7-3-98 所示。

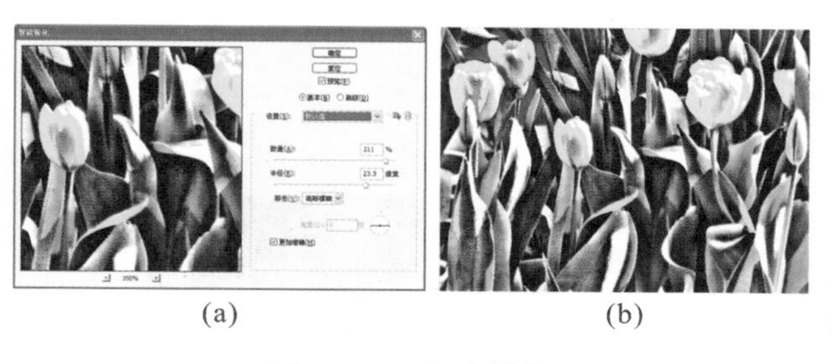
(a)

(b)

图 7-3-96 智能锐化

图 7-3-97 原图(风格化滤镜组)

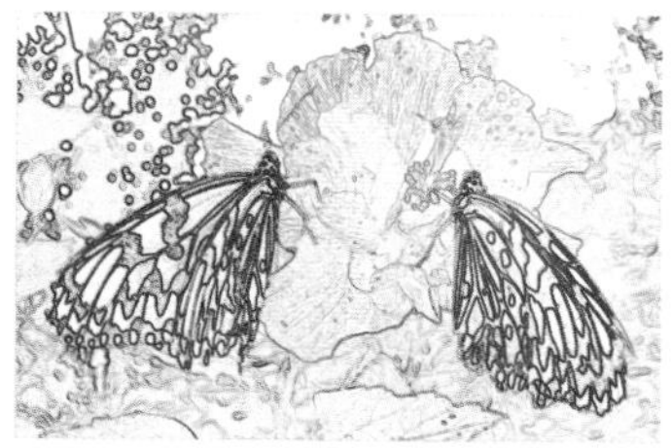
图 7-3-98 查找边缘

2. 等高线

使用"等高线"命令可以在画面中的每一个通道的亮区和暗区边缘位置勾画轮廓线，产生颜色的细线条。设置后的最终效果如图 7-3-99 所示。

3. 风

使用"风"命令可以按照图像边缘的像素颜色增加水平线，产生起风的效果，此命令只对图像边缘起作用，例如可以利用此命令来制作火焰字等艺术效果。设置后的最终效果如图 7-3-100 所示。

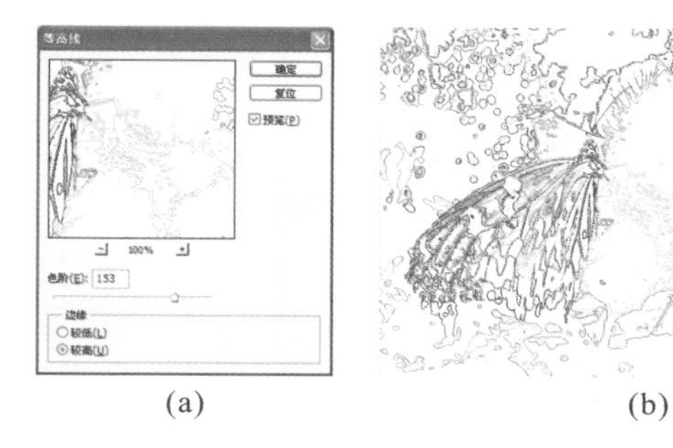
(a)

(b)

图 7-3-99 等高线

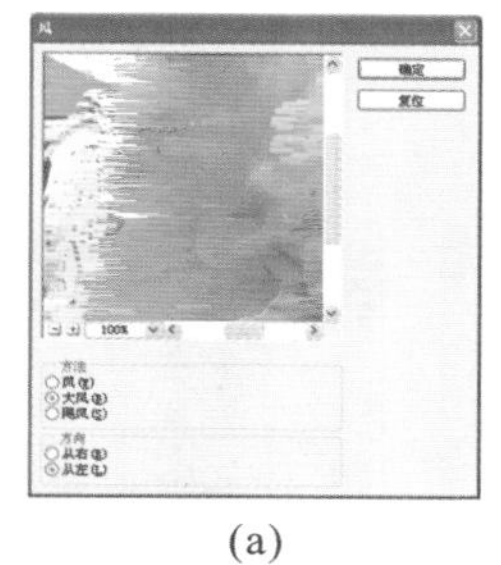
(a)

(b)

图 7-3-100 风

4. 浮雕效果

使用"浮雕效果"命令可以通过勾画图像，或者选择区域的轮廓和降低周围的色值来生成凹凸不平的浮雕效果。设置后的最终效果如图 7-3-101 所示。

5. 扩散

使用"扩散"命令可以对画面中的像素进行搅乱，并将其进行扩散，使其产生透过玻璃观察图像的效果。设置后的最终效果如图 7-3-102 所示。

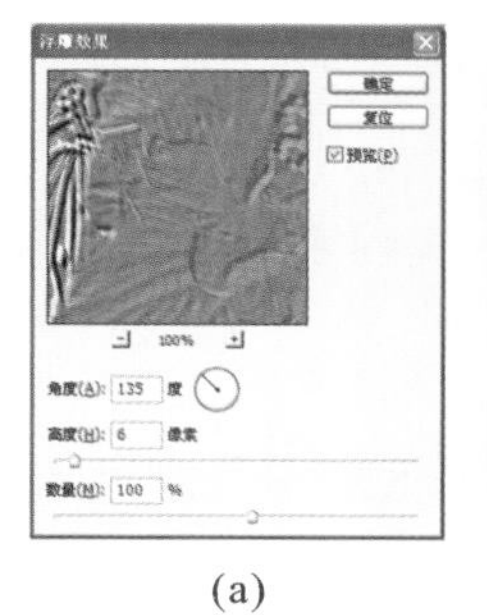
(a)

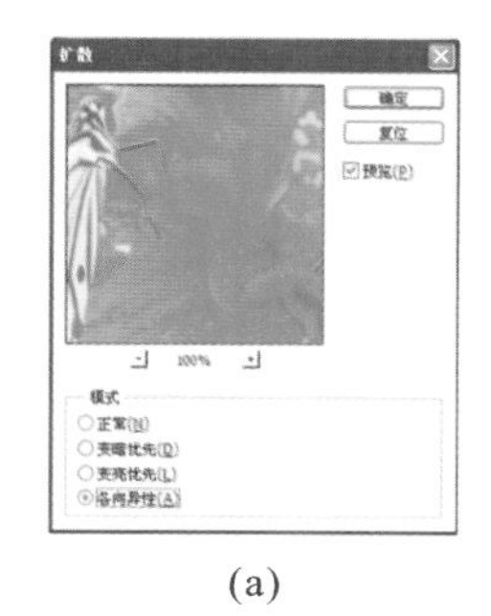
(b)

图 7-3-101 浮雕效果

(a)

(b)

图 7-3-102 扩散

6．拼贴

使用“拼贴”命令将图像分成大小相同但间隔随机变化的一系列平铺方块。设置后的最终效果如图7-3-103所示。

7．曝光过度

使用“曝光过度”命令能创建图像正片、反片的混合效果，对灰度图像使用能产生艺术效果。设置后的最终效果如图 7-3-104 所示。

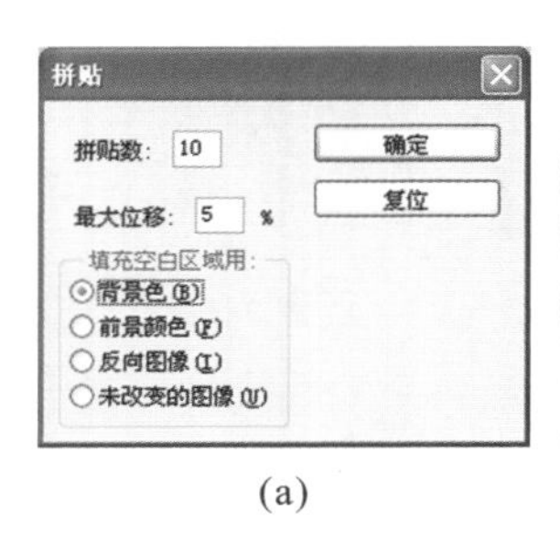

(a)

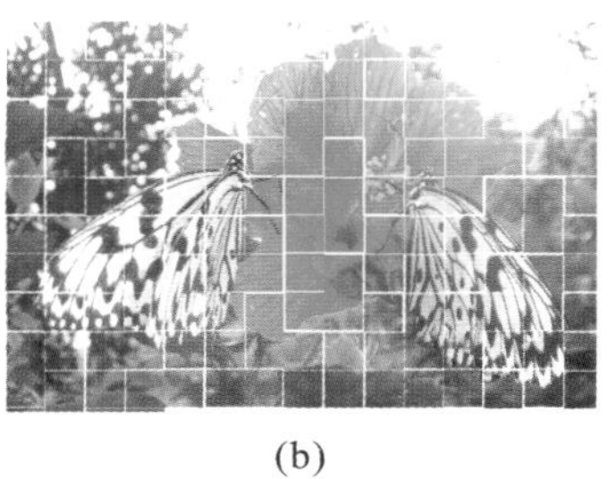

(b)

图 7-3-103　拼贴

图 7-3-104　曝光过度

8．凸出

使用“凸出”命令可以将画面转化为立方体或锥体的三维效果。设置后的最终效果如图 7-3-105 所示。

9．照亮边缘

“照亮边缘”命令用于对画面中的像素边缘进行搜索，然后使其产生发光的效果。设置后的最终效果如图 7-3-106 所示。

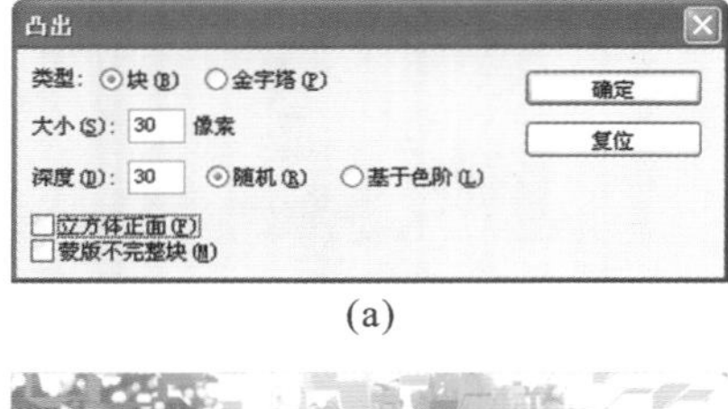

(a)

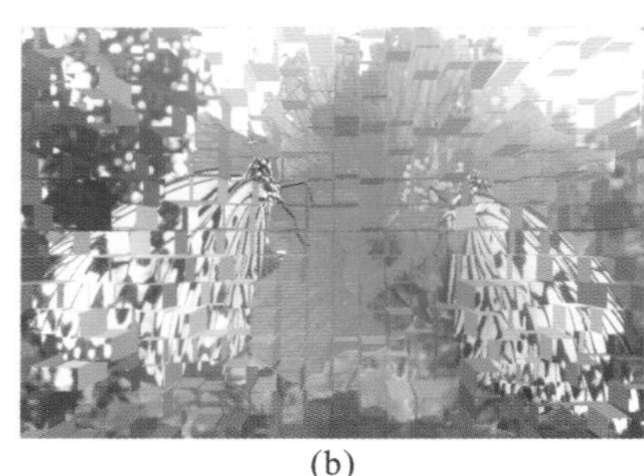

(b)

图 7-3-105　凸出

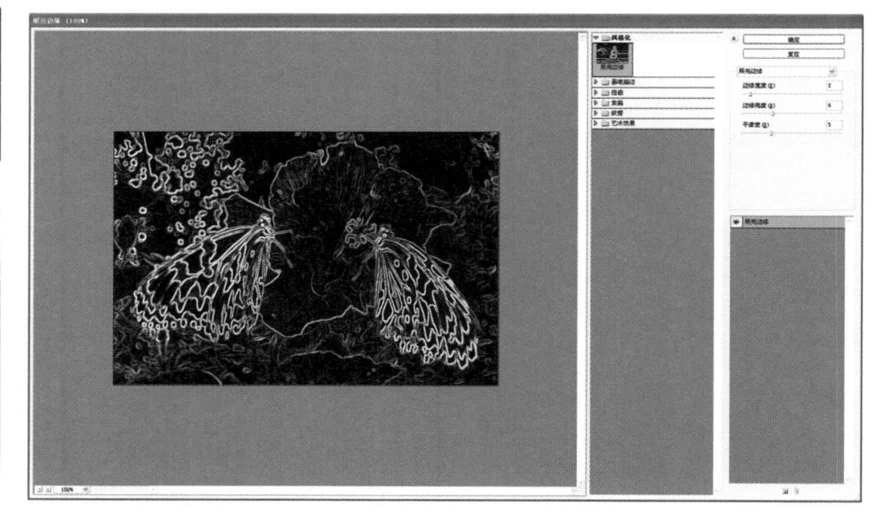

图 7-3-106　照亮边缘

7.3.13　其他滤镜组

图 7-3-107　原图(其他滤镜组)

原图如图 7-3-107 所示。

1．高反差保留

使用“高反差保留”命令可以把图像的高反差区域从低反差区域中分离出来，该命令与“图像”→“陷印”命令结合使用，可以形成比“查找边缘”更好的单线图或用于图像分离。设置后的最终效果如图 7-3-108 所示。

2．位移

使用“位移”命令可以使图像进行垂直或水平移动。设置后的最终效果如图

7-3-109所示。

(a) (b)

图 7-3-108 高反差保留

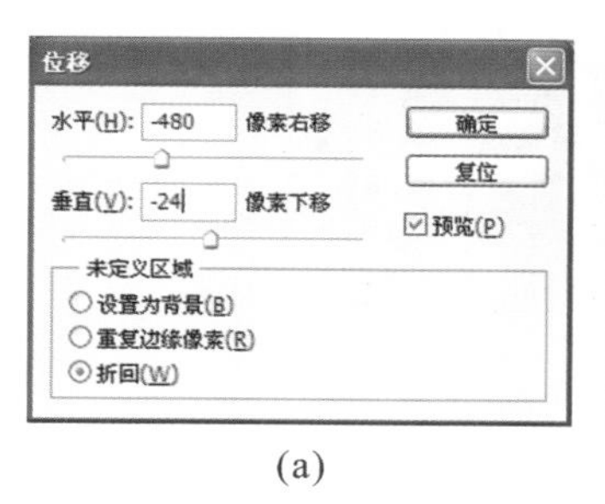

(a) (b)

图 7-3-109 位移

3. 自定

使用“自定”命令可以自己设置滤镜，在弹出的“自定”对话框中输入数值可以计算图像的亮度，当输入正值时，图像相应地变亮；输入负值时，图像相应地变暗。设置后的最终效果如图 7-3-110 所示。

4. 最大值

使用“最大值”命令可以对画面中的亮区进行扩大，对画面中的暗区进行缩小。在指定的半径中，首先搜索像素中的亮度最大值并利用该像素替换其他像素。设置后的最终效果如图 7-3-111 所示。

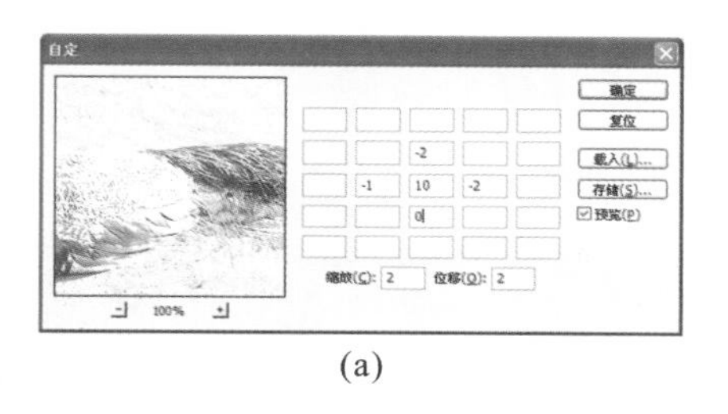

(a) (b)

图 7-3-110 自定

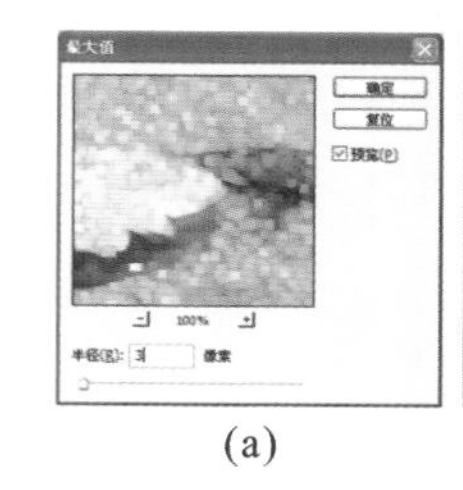

(a) (b)

图 7-3-111 最大值

5. 最小值

使用“最小值”命令可以对画面中的亮区进行缩小，对画面中的暗区进行扩大。在指定的半径中，首先搜索像素中的亮度最小值并利用该像素替换其他像素。设置后的最终效果如图 7-3-112 所示。

7.3.14 Digimarc 滤镜组

可以将版权信息添加到 Photoshop 图像中，并通知用户图像的版权使用 Digimarc PictureMarc 技术的数字水印加以保护。水印可以数字和打印的形式长久保存，并且在经历典型的图像编辑和文件格式转换后仍然存在，当打印出图像然后扫描回计算机时，仍可检测到水印。

在图像中嵌入数字水印可使查看者获得关于图像创作者的完整联系信息。该功能对于将作品给他人使用的图像创作者特别有价值。拷贝带有嵌入水印的图像时，也将拷贝水印和与水印相关的任何信息。

1. 嵌入水印

若要嵌入水印，必须首先向 Digimarc Corporation 注册，获得唯一的创作者 ID，然后将创作者 ID 连同版权年份或限制使用的标识符等信息一起嵌入到图像中。设置对话框如图 7-3-113 所示。

2. 读取水印

读取水印滤镜可以判断图像中是否有水印。该滤镜没有要设置的参数。使用该滤镜后，将弹出识别结果，提示框如图 7-3-114 所示。

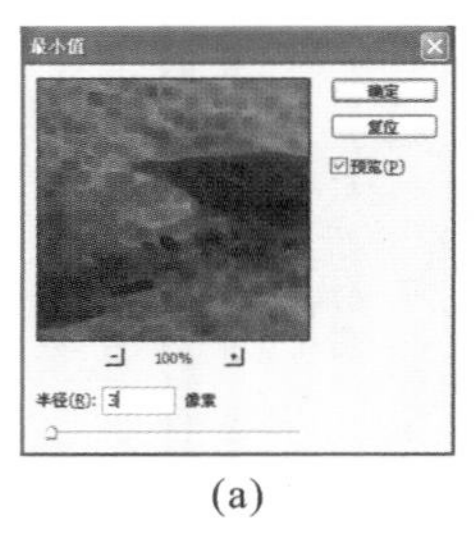

(a)

(b)

图 7-3-112 最小值

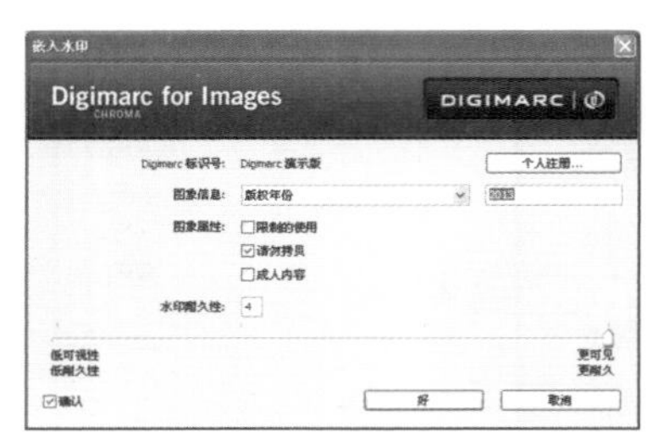

图 7-3-113 嵌入水印

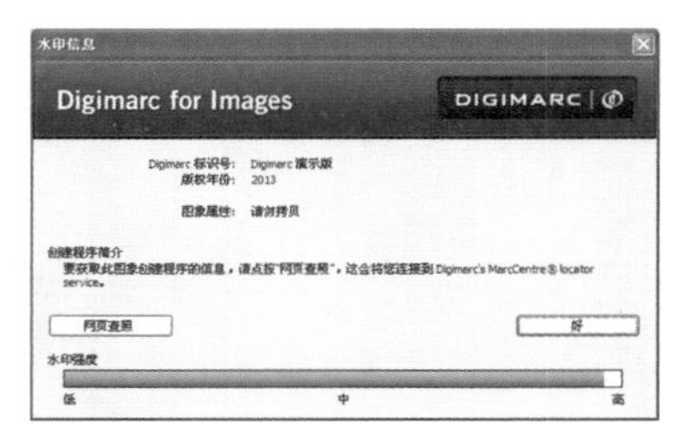

图 7-3-114 读取水印

7.3.15 外挂滤镜

外挂滤镜能够通过不同的方式改变像素数据，以达到对图像进行抽象、艺术化的特殊处理效果。外挂滤镜种类繁多，其中比较常用的外挂滤镜有 KPT 系列、Eye Candy 系列、PhotoTools、Xenofex 和 Ulead Type 等。Photoshop 外挂滤镜基本上要安装在 Photoshop 所在路径中的 Plug-Ins 目录中，主要有如下几种不同的安装情况。

有些外挂滤镜具备自动搜索 Photoshop 目录的功能，会把滤镜部分安装在 Photoshop 目录中，把启动部分安装在 Program Files 中。这种软件如果没有注册过，每次启动计算机后都会弹出一个提示注册的对话框。

有些外挂滤镜不具备自动搜索功能，所以必须手工选择安装路径，而且必须在 Photoshop 的 Plug-Ins 目录下才能成功安装，否则会弹出安装错误的对话框。

还有些滤镜不需要安装，只要直接将其拷贝到 Plug-Ins 目录下就可以使用了。外挂滤镜安装完成后，不需要重启计算机，只要重新启动 Photoshop 就可以使用了。启动 Photoshop 后，打开“滤镜”菜单，在“滤镜”菜单的下方会排列出外挂滤镜的名称，如图 7-3-115 所示，运用效果如图 7-3-116 所示。

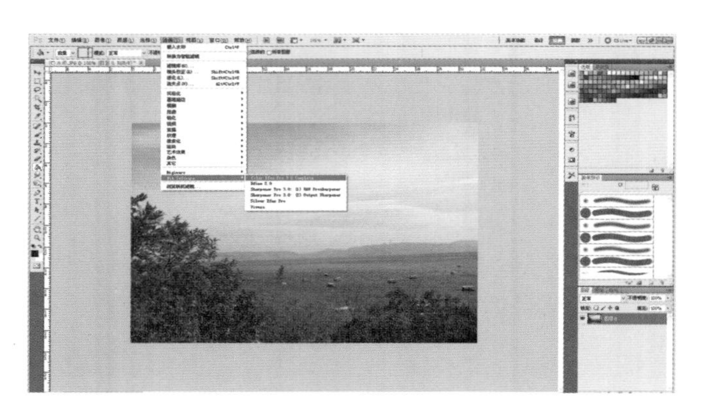
图 7-3-115 外挂滤镜

图 7-3-116 外挂滤镜运用效果

7.4 滤镜叠加使用实例——《冰与火之歌》海报

以美国电视剧《冰与火之歌》为主题，制作一张宣传海报。

7.4.1 文字特效

1. 冰

(1) 新建文件，黑底白字，按住 Ctrl 键后，单击文字图层，使其载入文本图层，如图 7-4-1 所示。

(2) 按住 Ctrl+E 键向下合并图层，将背景图层转换为普通图层，如图 7-4-2 所示。

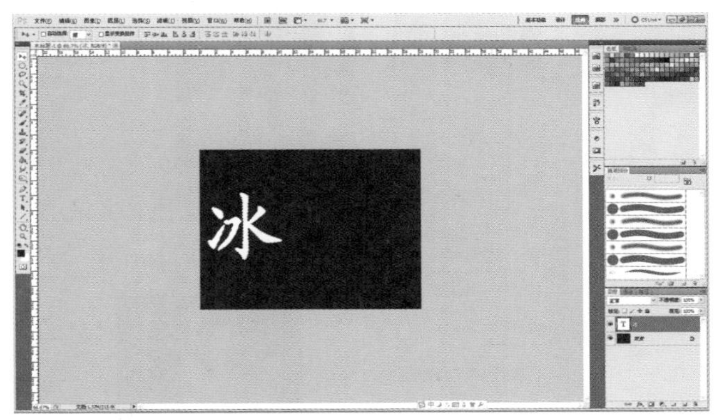

图 7-4-1　载入文本图层(冰)

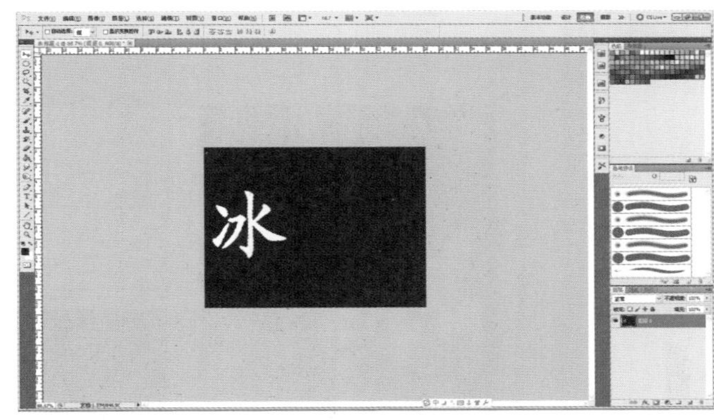

图 7-4-2　转换图层(冰)

(3) 执行“选择”→“反向”命令，然后执行“滤镜”→“像素化”→“晶格化”命令，在弹出的“晶格化”对话框中进行参数设置，如图 7-4-3 所示。

(4) 执行“选择”→“反向”命令，然后执行“滤镜”→“杂色”→“添加杂色”命令，在弹出的“添加杂色”对话框中进行参数设置，如图 7-4-4 所示。

(5) 执行“滤镜”→“模糊”→“高斯模糊”命令，在弹出的“高斯模糊”对话框中进行参数设置，如图 7-4-5 所示。

(6) 顺时针 90°旋转画布，执行 2 次风格化下的风滤镜，如图 7-4-6 所示。

图 7-4-3　晶格化(冰)

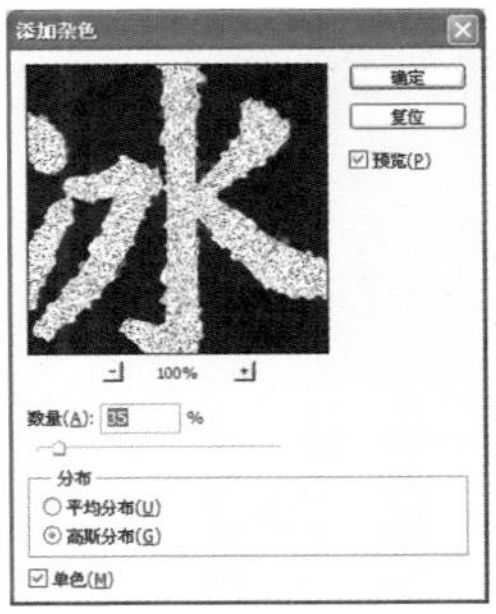

图7-4-4　添加杂色(冰)

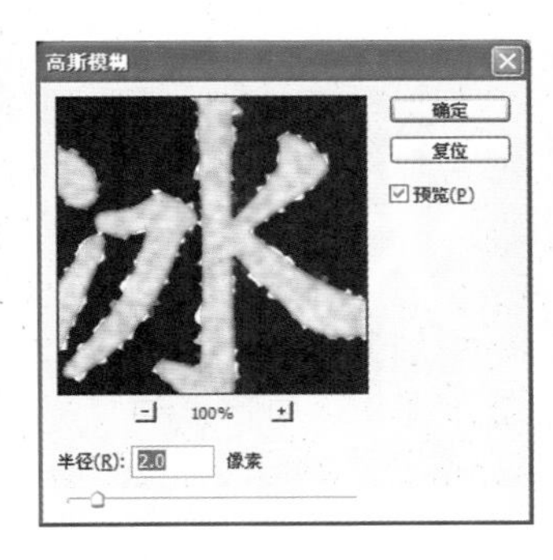

图 7-4-5　高斯模糊(冰)

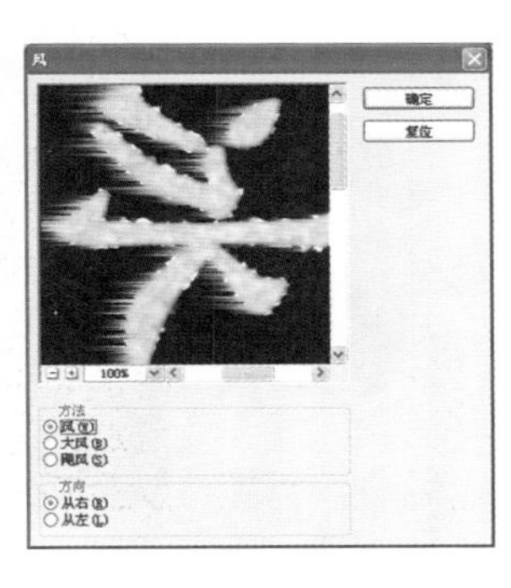

图 7-4-6　风滤镜(冰)

(7) 逆时针 90°旋转画布，执行“色相/饱和度”命令，在弹出的对话框中进行参数设置(蓝色、着色)，如图 7-4-7所示。

(8) 执行“滤镜”→“像素化”→“晶格化”命令，在弹出的对话框中按图 7-4-8 所示进行参数设置。

(9) 最终效果如图 7-4-9 所示。

2. 火

(1) 新建图层，白字，复制图层并栅格化，如图 7-4-10 所示。

(2) 旋转画布，执行三次风格化下的风滤镜，如图 7-4-11 所示。

(3) 执行“滤镜”→“模糊”→“高斯模糊”命令，在弹出的对话框中设置半径为 4 像素，如图 7-4-12 所示。

(4) 色相/饱和度调整为橘黄色，着色，如图 7-4-13 所示。

(5) 盖印图层，色相/饱和度调整为红色，模式为颜色减淡，如图 7-4-14 所示。

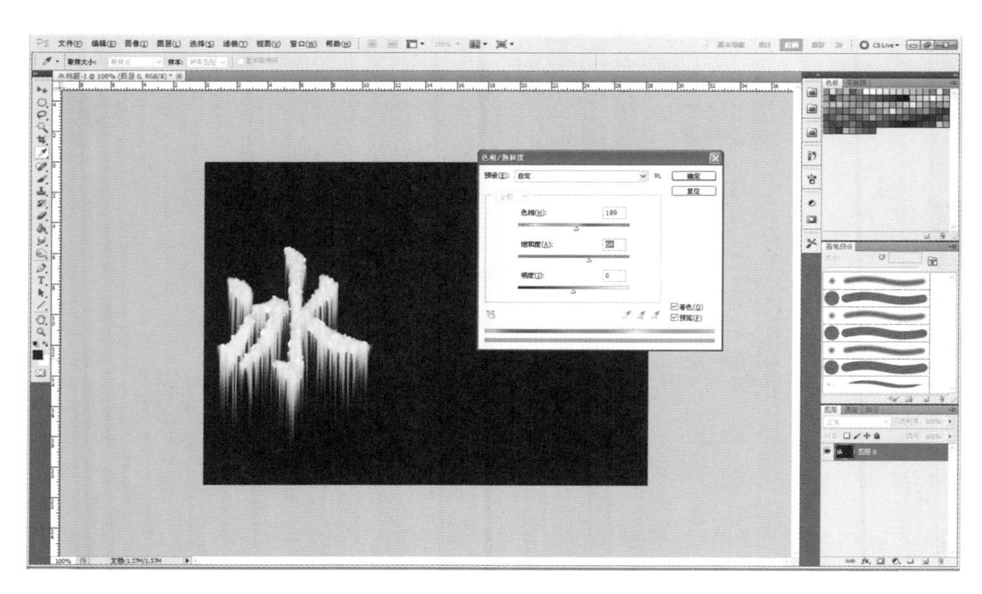

图 7-4-7　着色（冰）

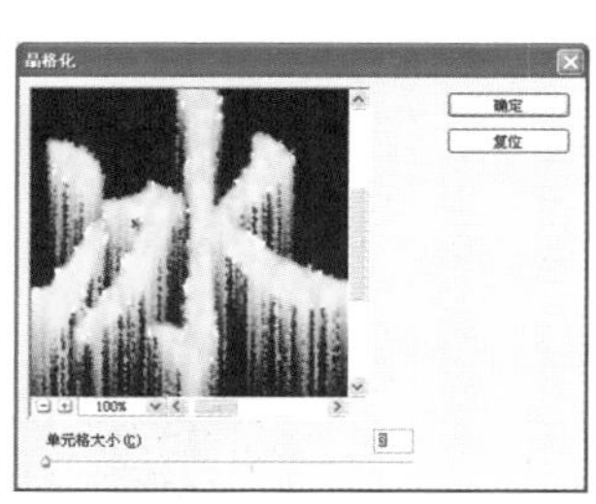

图 7-4-8　晶格化（冰）

图 7-4-9　冰效果

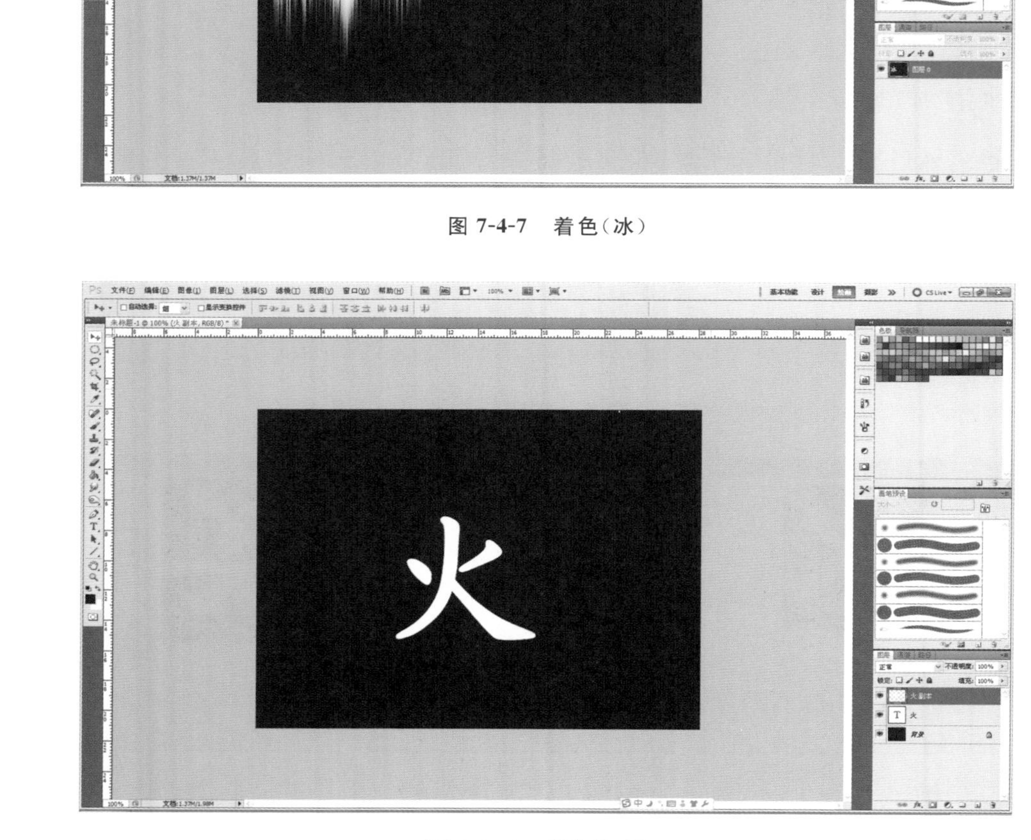

图 7-4-10　栅格化（火）

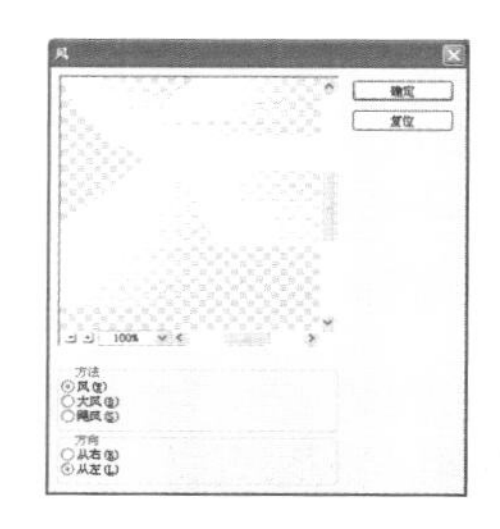

图 7-4-11　风滤镜（火）

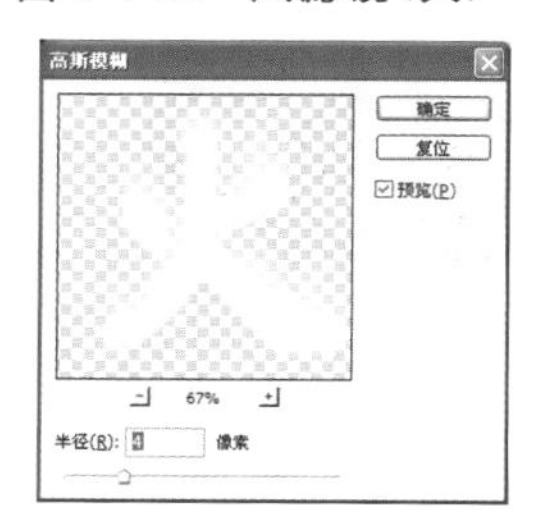

图 7-4-12　高斯模糊（火）

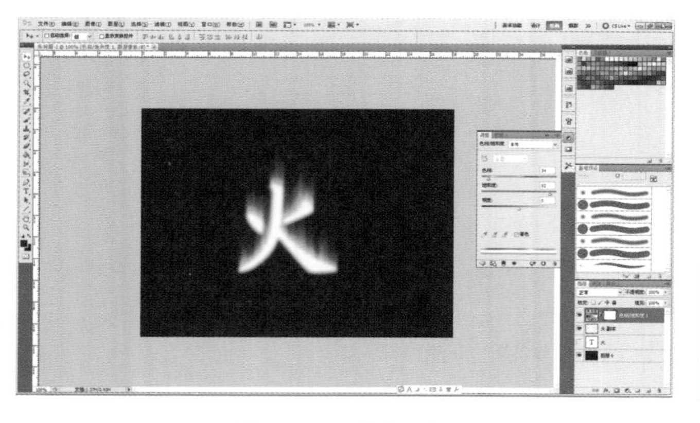

图 7-4-13　着色（火）

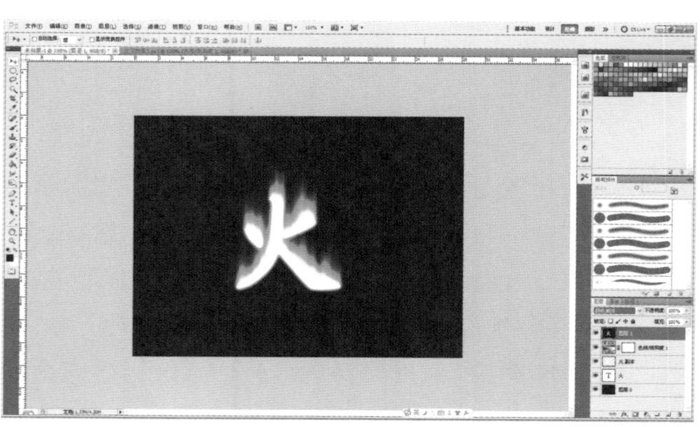

图 7-4-14　模式修改

(6) 盖印图层,使用液化命令和涂抹工具做出火苗效果,如图 7-4-15 和图 7-4-16 所示。

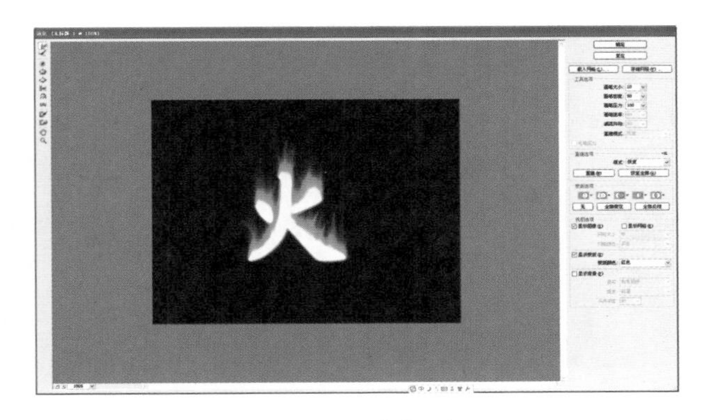

图 7-4-15　液化(火)

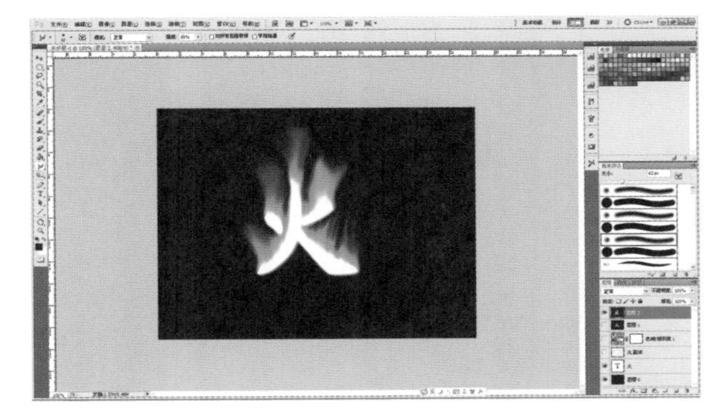

图 7-4-16　涂抹(火)

(7) 将文本图层置于顶部,渐变叠加,如图 7-4-17 所示。

(8) 盖印图层,执行"滤镜"→"模糊"→"高斯模糊"命令,在弹出的"高斯模糊"对话框(见图 7-4-18)中设置半径为 6.0 像素,模式为正片叠底。

(9) 最终效果如图 7-4-19 所示。

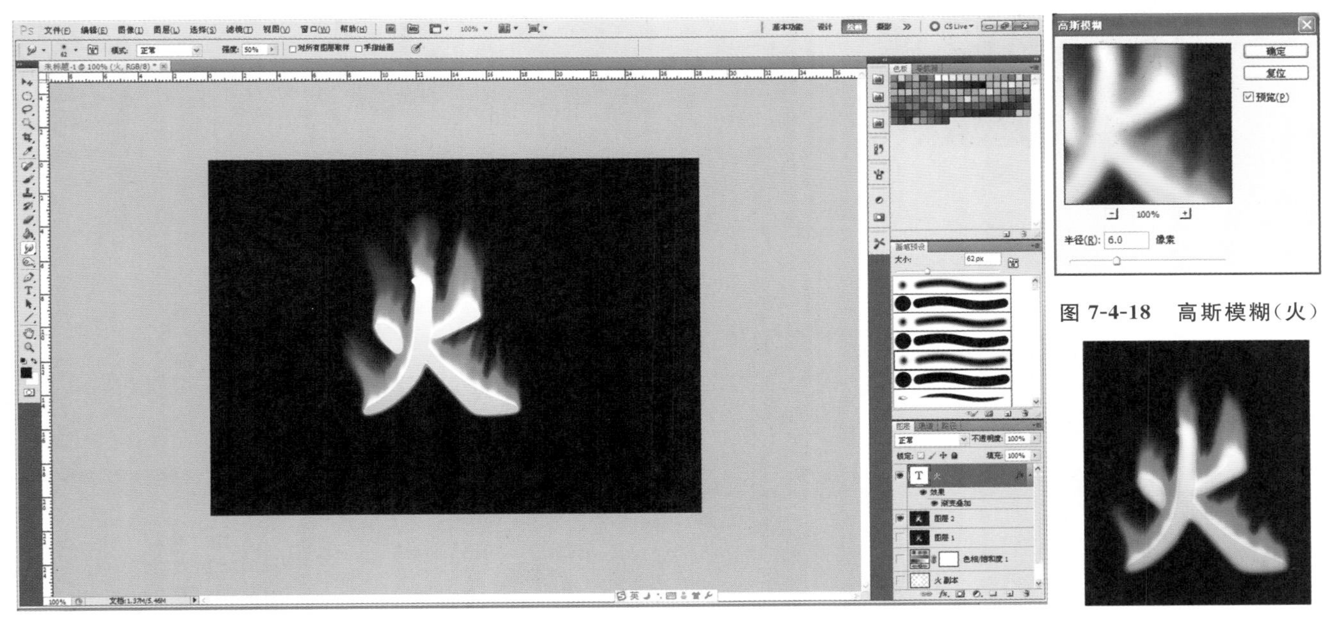

图 7-4-17　渐变叠加(火)

图 7-4-18　高斯模糊(火)

图 7-4-19　火效果

3. 其他文字

为"与""之歌"文本分别添加相应的图层样式,效果如图 7-4-20 所示。

7.4.2　背景及角色

1. 背景

为背景添加滤镜库中的粗糙蜡笔滤镜,并调整其参数,效果如图 7-4-21 所示。

2. 角色

(1) 打开角色 1 素材,利用椭圆选框工具选择脸部,如图 7-4-22 所示。

(2) 羽化 10 像素后,反向,按 Delete 键删除背景,如图 7-4-23 所示。

图 7-4-20　文字效果

图 7-4-21　背景

图 7-4-22　选择脸部

图 7-4-23　羽化后删除背景

利用同样的方法，选择其他角色，并调整相应位置，如图 7-4-24 所示。

（3）分别合并左、右三个角色图层为左边、右边两个图层，并添加滤镜库中的胶片颗粒滤镜，设置相关参数，如图 7-4-25 所示。

图 7-4-24　选择其他角色并调整位置

图 7-4-25　胶片颗粒滤镜

（4）为了突出冰与火的色调，分别调整左边、右边两个图层的色彩平衡为－100、＋100，如图 7-4-26 所示。

7.4.3　整合

（1）将文本、角色和背景进行整合，适当调整大小，如图 7-4-27 所示。

（2）最终效果如图 7-4-28 所示。

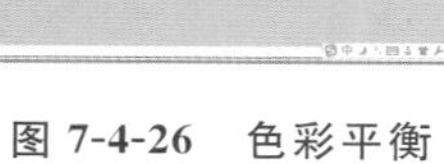

图 7-4-26　色彩平衡

图 7-4-27　调整文本、角色和背景的大小

图 7-4-28　海报最终效果

本章小结

只有熟练掌握滤镜的使用方法，才能制作出奇妙的图像效果。本章介绍了滤镜的基础知识，具体使用效果，需要读者在实际操作中多揣摩。

第8章 综合实例

8.1 广告设计

本案例是 CK 香水广告，将人物和背景都制作成淡水彩效果，运用水彩笔触给人一种浪漫、流线的美感，使整体色调充满女性的魅力，体现 CK 香水的吸引力。

Step1：运用照亮边缘滤镜制作背景风景的线稿。

执行“文件”→“新建”命令，设置好名称、宽度、高度和分辨率，单击“确定”按钮，如图 8-1-1 所示。

执行“文件”→“打开”命令，并将所需文件拖拽至当前文件中，使用“自由变换”命令适当调整图像的大小和位置，如图 8-1-2 所示。

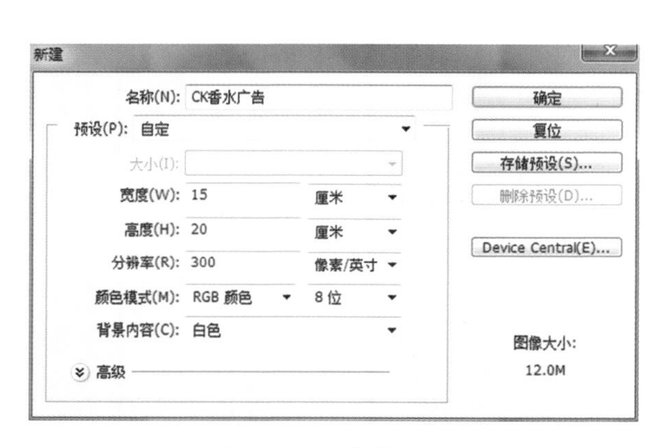

图 8-1-1　广告设计(1)

图 8-1-2　广告设计(2)

执行“滤镜”→“滤镜库”命令，在弹出的对话框中的“风格化”选项组中选择“照亮边缘”选项，然后按快捷键 Alt+Ctrl+U 执行“去色”命令，继续按快捷键 Ctrl+I，执行“反相”命令，如图 8-1-3 所示。

Step2：载入工具预设，绘制水彩底纹。

新建图层，执行“编辑”→“预设管理器”命令，在弹出的“预设管理器”对话框中的“预设类型”下拉列表中选择“工具”，再单击“载入”按钮，载入“画笔预设. tpl”工具，然后单击画笔工具，在“工具预设”选取器中选择水彩笔笔刷，在画面中涂抹，绘制出水彩般流动的色彩，然后调整图层顺序至风景线稿下方，并调整线稿图层的混合模式为“叠加”，如图 8-1-4 所示。

(a)　(b)

图 8-1-3　广告设计(3)

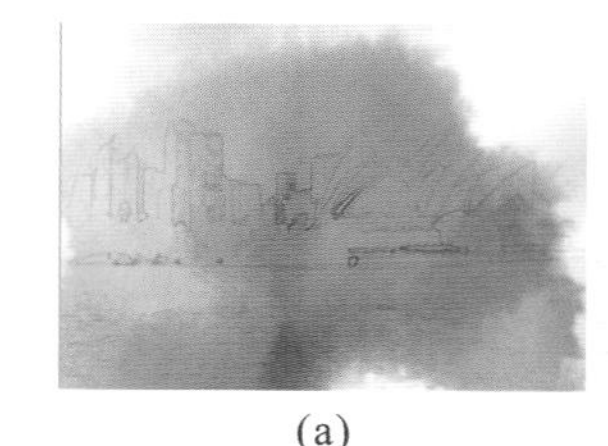

(a)　(b)

图 8-1-4　广告设计(4)

执行“文件”→“打开”命令，打开“人物.jpg”文件，使用魔棒工具选择白色背景，执行“选择”→“反向”命令，选择人物，并将其拖拽到当前文件中，使用“自由变换”命令调整图像大小和位置，如图 8-1-5 所示。

单击图层面板中的“创建新的填充或调整图层”按钮，在弹出的菜单中选择“可选颜色”命令，右键单击，在弹出的快捷菜单中选择“创建剪贴蒙版”命令，这样“选取颜色”只能对人物起作用，并在其属性面板中调整“黄色”和“红色”选项的参数，如图 8-1-6 所示。

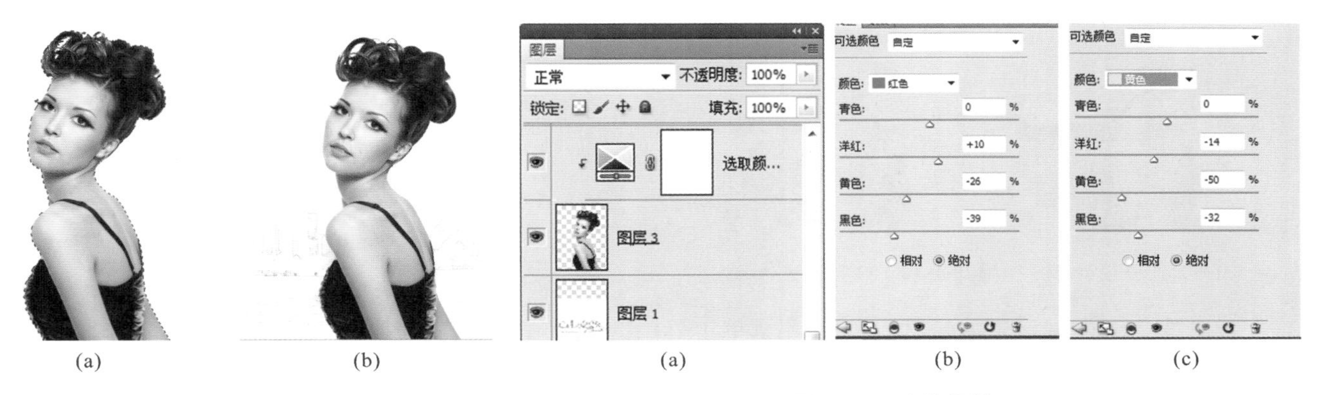

(a) (b) (a) (b) (c)

图 8-1-5　广告设计(5)　　图 8-1-6　广告设计(6)

Step3：运用扩散亮光滤镜制作绘画效果。

选择人物图层及其调整图层，按快捷键 Alt+Ctrl+E 合并图层，得到“选取颜色 1(合并)”图层，然后执行“滤镜”→“滤镜库”命令，在弹出的对话框中的“扭曲”选项组中选择“扩散亮光”选项，设置参数(见图 8-1-7)后单击“确定”按钮，然后设置图层的混合模式为“正片叠底”。

完成后分别选择风景线稿图层及水彩背景图层，然后单击“添加图层蒙版”按钮，添加图层蒙版，并使用黑色画笔在蒙版上涂抹，使其隐藏与人物交叠部分的线稿部分，减淡与人物交叠出的背景颜色，如图 8-1-8 所示。

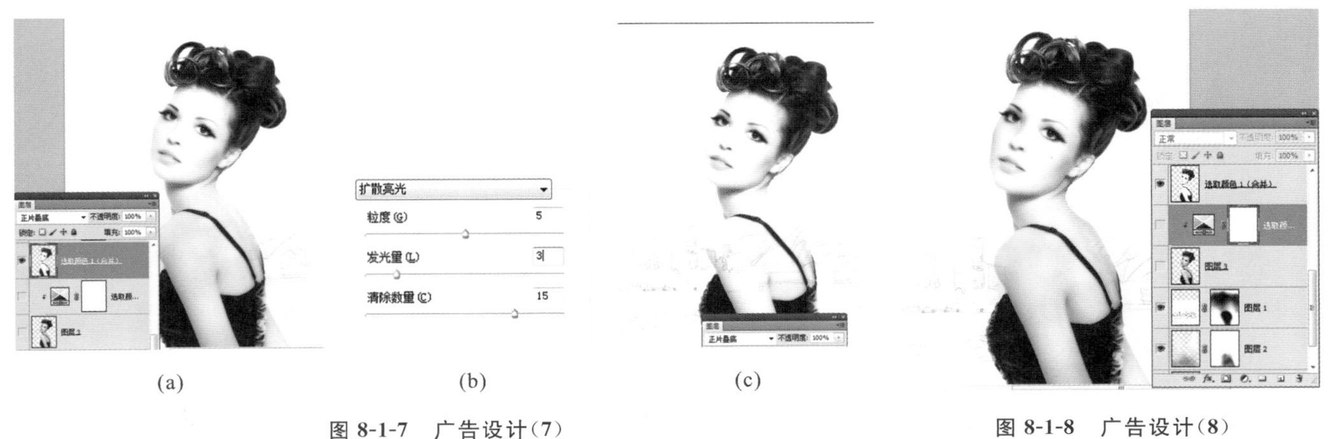

(a) (b) (c)

图 8-1-7　广告设计(7)　　图 8-1-8　广告设计(8)

Step4：运用“照亮边缘”命令调整人物的色调。

复制“选取颜色 1(合并)”图层得到“选取颜色 1(合并)副本”图层，执行“滤镜”→“滤镜库”命令，在弹出的对话框中的“风格化”选项组中选择“照亮边缘”选项，然后按快捷键 Alt+Ctrl+U 执行“去色”命令，再按快捷键 Alt+Ctrl+G 创建剪贴蒙版，如图 8-1-9 所示。最后在该图层创建图层蒙版，用黑色画笔涂抹，如图 8-1-10 所示。

Step5：运用图层混合模式增加人物色调的层次感。

新建“图层 4”，在人物头发和衣服上画出淡粉色，并修改图层的混合模式为“颜色加深”，如图 8-1-11 所示。

现在画面整体亮度过高，新建“图层 5”，在人物边缘部分画出淡粉色，并修改图层的混合模式为“正片叠底”，如图 8-1-12 所示。

在图层 3 下方新建“图层 6”，并用画笔工具在人物周围部分画出淡粉色，让人物与背景更加融合，修改图层的混合模式为“正片叠底”，如图 8-1-13 所示。

图 8-1-9　广告设计(9)　图 8-1-10　广告设计(10)

(a)

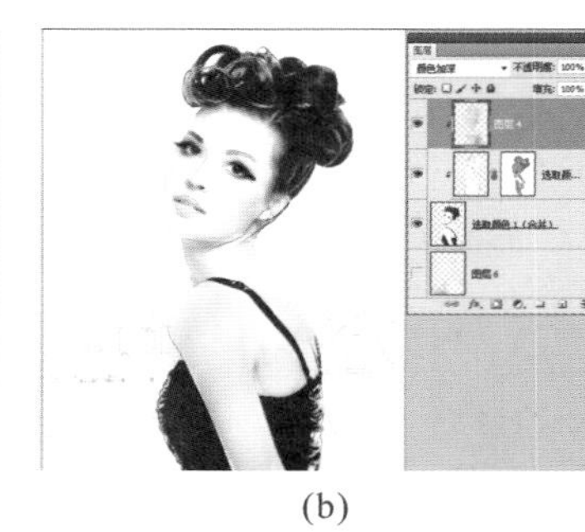

(b)

图 8-1-11　广告设计(11)

新建“图层 7”，并设置前景色为白色，用画笔工具中的粉笔在人物身上绘制高光，增强立体感，如图 8-1-14 所示。

Step6：载入香水图片，输入文字，完善广告内容。

执行“文件”→“打开”命令，打开“香水.jpg”文件，使用魔棒工具选择白色背景，执行“选择”→“反向”命令，选择香水，并将其拖拽到当前文件中，使用“自由变换”命令调整图像大小和位置，如图 8-1-15 所示，使用文字工具输入文字，最终完善整个广告的内容。

图 8-1-12　广告设计(12)

图 8-1-13　广告设计(13)

图 8-1-14　广告设计(14)

Step7：最终效果如图 8-1-16 所示。

图 8-1-15　广告设计(15)

图 8-1-16　最终效果(广告设计)

8.2 海报设计

海报是一种信息传递的艺术，是一种大众化的宣传工具。本案例在表现强烈的视觉效果时，刻意对画面中的某一元素进行夸张放大处理，这样视觉冲击力更强烈。使用饱和度较低的色调作为背景，通过对手印图像的特写处理，形成色调鲜明、视觉冲击力十足的画面。

Step1：使用调整图层降低图像饱和度。

执行“文件”→“新建”命令，设置好名称、宽度、高度和分辨率，单击“确定”按钮，如图 8-2-1 所示。

执行“文件”→“置入”命令，置入“纸张.jpg”，调整纸张的大小和位置，按回车键确认，如图 8-2-2 所示，单击图层面板中的“创建新的填充或调整图层”按钮，选择“色相/饱和度”命令，在弹出的“色相/饱和度”对话框中设置参数，降低图像的饱和度，如图 8-2-3 所示。

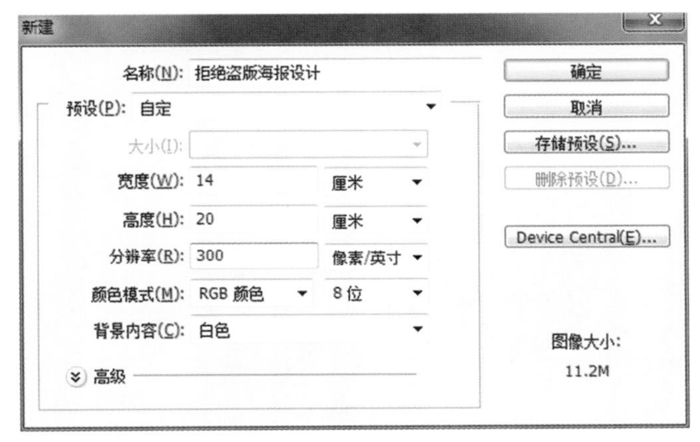

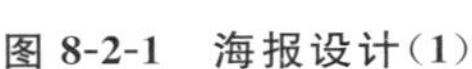
图 8-2-1 海报设计(1)

图 8-2-2 海报设计(2)

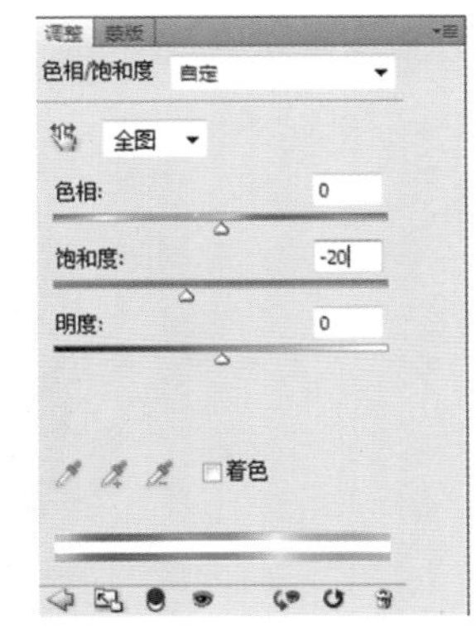

图 8-2-3 海报设计(3)

Step2：抠取木箱图像。

执行“文件”→“打开”命令，打开“木箱.jpg”文件，使用钢笔工具为木箱图像绘制路径，完成后按下鼠标右键，执行“建立选区”命令，在弹出的“建立选区”对话框中单击“确定”按钮，如图 8-2-4 所示。

(a)

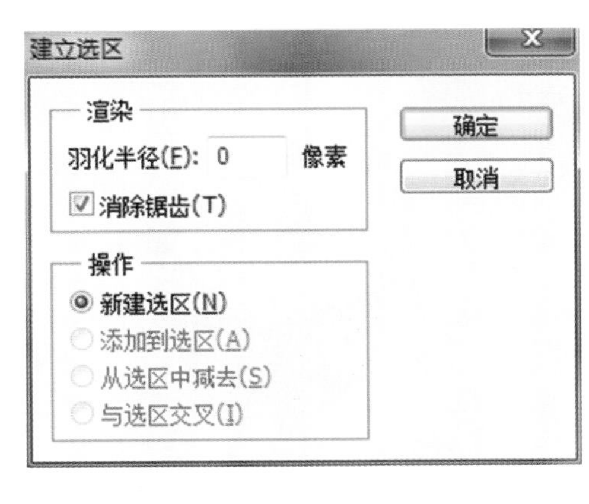

(b)

图 8-2-4 海报设计(4)

使用快捷键 Ctrl+C 复制木箱，使用 Ctrl+V 将其粘贴在制作海报的文件中，按快捷键 Ctrl+T 出现自由变换控制框，在按住 Shift 键的同时拖动右上角的控制点，以调整其大小和位置，完成后按回车键确定变换操作，如图8-2-5所示。

Step3：调整木箱色调并制作阴影。

单击图层面板中的“创建新的填充或调整图层”按钮，选择“纯色”命令，设置颜色为橘黄色（RGB：233，183，74），并设置该图层的混合模式为“线性加深”，不透明度为 60%，如图 8-2-6 所示。

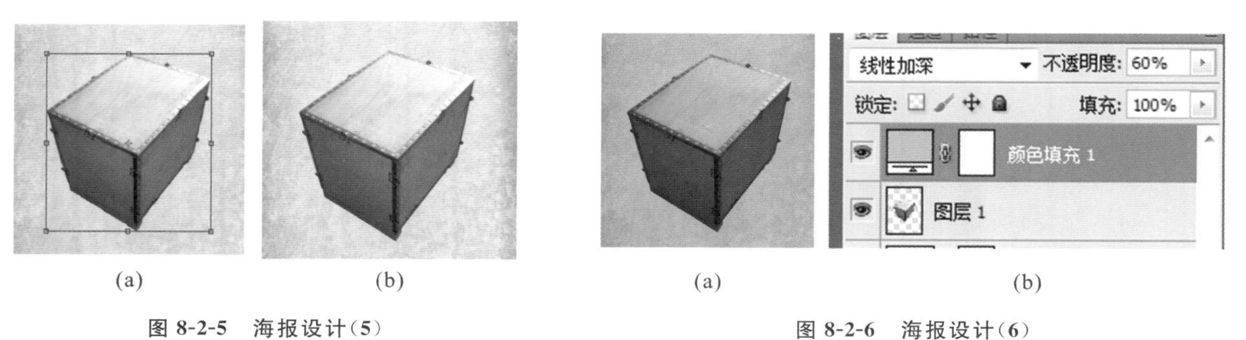

(a) (b)

图 8-2-5　海报设计(5)

(a) (b)

图 8-2-6　海报设计(6)

利用多边形套索工具绘制除金属边缘外的选区，完成后执行“选择”→“反向”命令，选择“纯色”图层的蒙版，填充黑色，如图 8-2-7 所示。

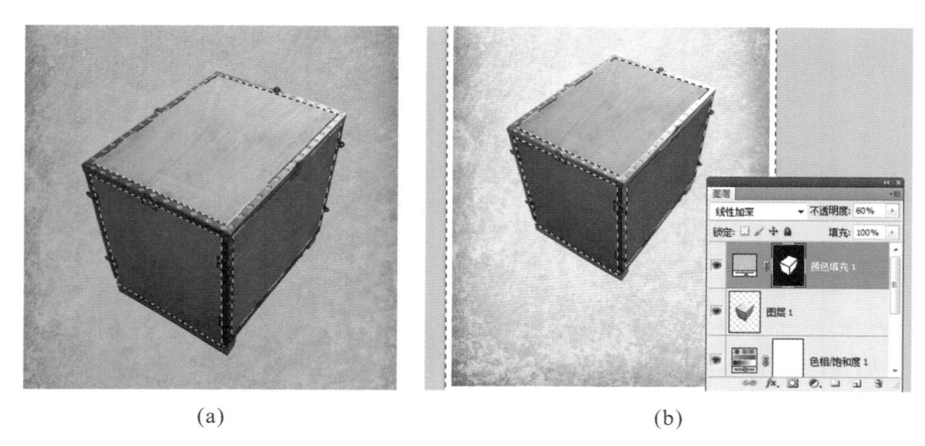

(a) (b)

图 8-2-7　海报设计(7)

新建“图层 2”，使用多边形套索工具绘制一个不规则的选区，选择渐变工具并打开渐变工具的编辑窗口，为选区填充黑色到透明的线性渐变颜色，如图 8-2-8 所示。再运用高斯模糊滤镜对该图像进行模糊处理，设置其图层不透明度为 82%，形成了木箱的投影效果，如图 8-2-9 所示。

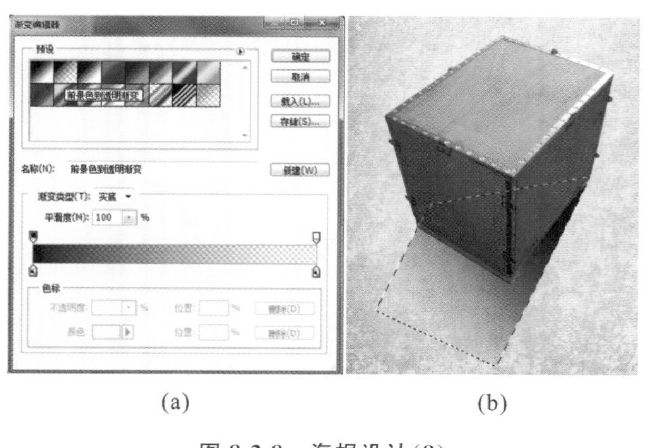

(a) (b)

图 8-2-8　海报设计(8)

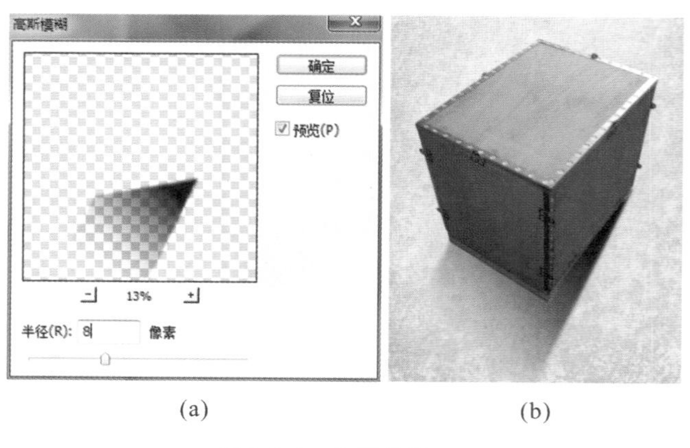

(a) (b)

图 8-2-9　海报设计(9)

Step4：制作红色的图标图像。

新建“组 1”，在组 1 中新建图层 3，使用矩形选框工具 在画布中绘制一个矩形，填充红色，保持选区处于选择状态，新建图层 4，执行“选择”→“修改”→“收缩”命令，使选区收缩 15 像素，如图 8-2-10 所示。

执行“编辑”→“描边”命令，描边宽度为 5px，颜色为白色，位置居中，如图 8-2-11 所示。

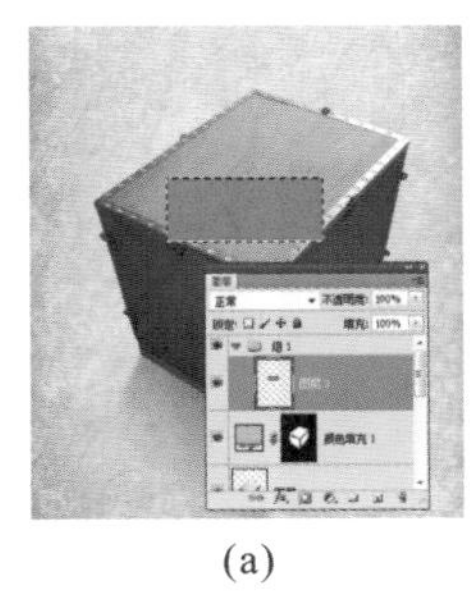

(a)

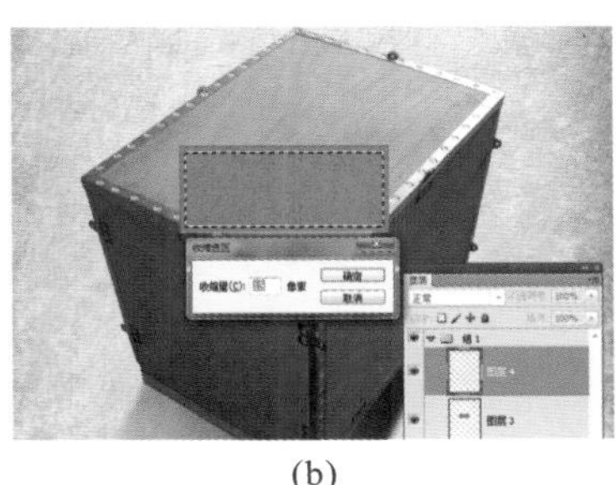

(b)

图 8-2-10 海报设计(10)

(a)

(b)

图 8-2-11 海报设计(11)

执行“文件”→“置入”命令，置入“骷髅.png”，复制一个骷髅副本，并使用横排文字工具 输入文字，调整其位置和大小，按快捷键 Alt+Ctrl+E 盖印“组 1”得到新图层“组 1(合并)”，按快捷键 Ctrl+J 复制图层得到“组 1(合并)副本”并关闭“组 1”显示，如图 8-2-12 所示。

在“组 1(合并)”图层上按快捷键 Ctrl+T，出现自由变换控制框，右键单击，执行“扭曲”操作并调整其外形后按回车键确认。使用同样的方法将“组 1(合并)副本”进行扭曲操作，如图 8-2-13 所示。

Step5：制作手印图像，增强视觉效果。

按 Ctrl 键的同时单击“组 1(合并) 副本”图层缩览图将其载入选区，然后新建图层并为其填充黑色到透明的线性渐变颜色，设置该图层的混合模式为“正片叠底”，不透明度为 50%，形成暗部图像效果，如图 8-2-14 所示。执行“文件”→“置入”命令，置入“手印.png”，设置其图层混合模式为“线性加深”，并调整其大小和位置，如图 8-2-15 所示。

图 8-2-12 海报设计(12)

图 8-2-13 海报设计(13)

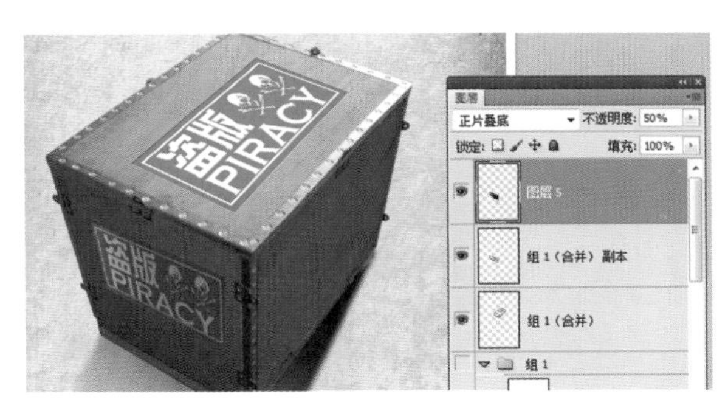

图 8-2-14 海报设计(14)

Step6：完善画面的艺术感并输入文字。

执行“文件”→“置入”命令，置入“斑点.jpg”，双击“斑点”图层，打开“图层样式”对话框，勾选“颜色叠加”，并使用横排文字工具 输入文字，调整文字的大小和位置，如图 8-2-16 所示。在画面的下方多次输入文字，选中部分文字，相应地调整其颜色，以丰富画面效果，如图 8-2-17 所示。

Step7：最终效果如图 8-2-18 所示。

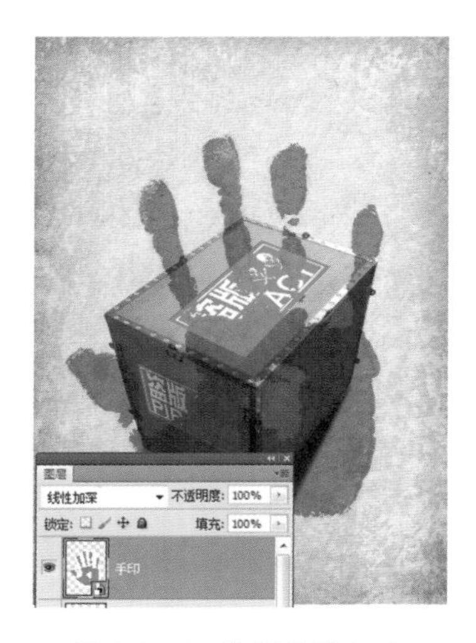

图 8-2-15　海报设计(15)

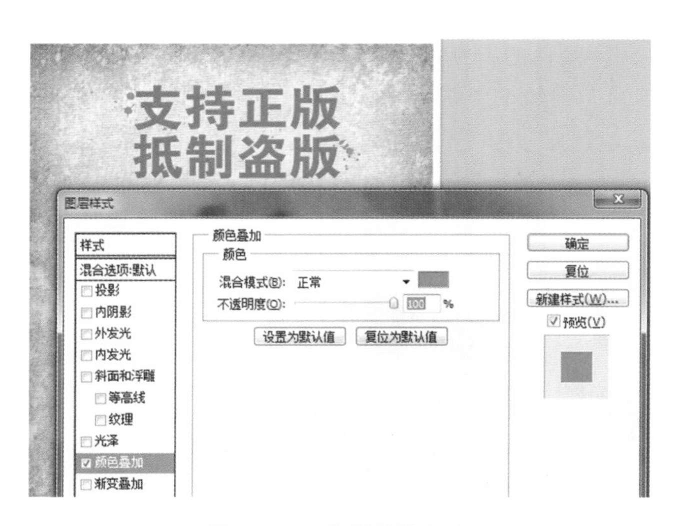

图 8-2-16　海报设计(16)

图 8-2-17　海报设计(17)

图 8-2-18　海报设计(18)

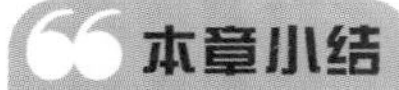

本章小结

本章介绍了两个实例——广告设计和海报设计，综合运用了 Photoshop CS5 的多种功能。